界面进行学习，比如单击 13.2 爱弗兰咖啡包装设计 ，打开如图3所示的界面。

当前学习的
课程名称

播放、暂停按钮

返回到上一界面

打开帮助信息

退出光盘演示界面

快退按键　　快进按键　　按住鼠标滑块并拖动，可以指定学习的进度　　拖动滑块可以调节音量大小

图3　进入学习界面

4．在任意界面中，单击"退出"按钮退出多媒体学习，显示如图4所示的界面，将完全结束程序运行。

图4　退出界面

二、运行环境

本光盘可以运行于Windows 2000/XP/Vista/7的操作系统下。

注意：本书配套光盘中的文件，仅供学习和练习时使用，未经许可不能用于任何商业行为。

三、使用注意事项

1．本教学光盘中所有视频文件均采用TSCC视频编码进行压缩，如果发现光盘中的视频不能正确播放，请在主界面中，单击"安装视频解码器"按钮，安装解码器，然后再运行本光盘，即可正确播放视频文件了。

2．放入光盘，程序自动运行，或者执行start.exe文件。

3．本程序运行最佳屏幕分辨率为1024×768，否则将出现意想不到的错误。

四、技术支持

对本书及光盘中的任何疑问和技术问题，可发邮件至：bookshelp@163.com与作者联系。

视频名称：1.1 CorelDraw X6的工作界面
光盘路径：DVD \movie\1.1 CorelDraw X6的工作界面.avi
视频时间：17分57秒

视频名称：1.2 设置标尺
光盘路径：DVD \movie\1.2 设置标尺.avi
视频时间：8分22秒

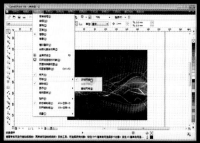

视频名称：1.3 设置网格
光盘路径：DVD \movie\1.3 设置网格.avi
视频时间：5分40秒

视频名称：1.4 设置辅助线
光盘路径：DVD \movie\1.4 设置辅助线.avi
视频时间：11分49秒

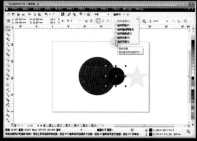

视频名称：1.5 设置贴齐
光盘路径：DVD \movie\1.5 设置贴齐.avi
视频时间：4分51秒

视频名称：2.1 文件的新建
光盘路径：DVD \movie\2.1 文件的新建.avi
视频时间：4分55秒

视频名称：2.2 打开现有文件
光盘路径：DVD \movie\2.2 打开现有文件.avi
视频时间：1分46秒

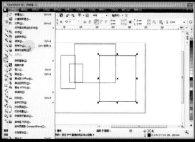

视频名称：2.3 保存与关闭文件
光盘路径：DVD \movie\2.3 保存与关闭文件.avi
视频时间：2分29秒

视频名称：2.4 查看文档信息
光盘路径：DVD \movie\2.4 查看文档信息.avi
视频时间：2分37秒

视频名称：2.5 插入、删除与重命名页面
光盘路径：DVD \movie\2.5 插入、删除与重命名页面.avi
视频时间：5分30秒

视频名称：2.6 切换页面与转换页面方向
光盘路径：DVD \movie\2.6 切换页面与转换页面方向.avi
视频时间：2分45秒

视频名称：2.7 设置页面大小、标签、版面与背景
光盘路径：DVD \movie\2.7 设置页面大小、标签、版面与背景.avi
视频时间：6分37秒

视频名称：2.8 视图显示控制
光盘路径：DVD \movie\2.8 视图显示控制.avi
视频时间：8分20秒

视频名称：2.9 使用图层控制对象
光盘路径：DVD \movie\2.9 使用图层控制对象.avi
视频时间：9分22秒

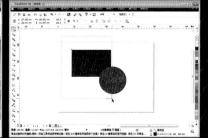

视频名称：3.1 选取对象
光盘路径：DVD \movie\3.1 选取对象.avi
视频时间：5分44秒

视频名称：3.2 剪切、复制、再制与删除对象
光盘路径：DVD \movie\3.2 剪切、复制、再制与删除对象.avi
视频时间：6分00秒

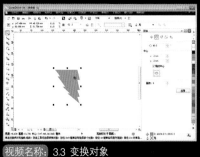

视频名称：3.3 变换对象
光盘路径：DVD \movie\3.3 变换对象.avi
视频时间：12分07秒

视频名称：3.4 改变对象的堆叠顺序
光盘路径：DVD \movie\3.4 改变对象的堆叠顺序.avi
视频时间：7分25秒

视频名称：3.5 群组与结合对象
光盘路径：DVD \movie\3.5 群组与结合对象.avi
视频时间：6分21秒

视频名称：3.6 对齐与分布对象
光盘路径：DVD \movie\3.6 对齐与分布对象.avi
视频时间：6分17秒

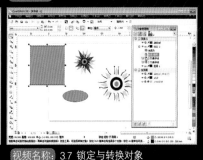

视频名称：3.7 锁定与转换对象
光盘路径：DVD \movie\3.7 锁定与转换对象.avi
视频时间：7分41秒

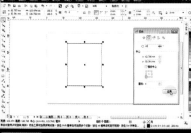

视频名称：4.1 矩形和3点矩形工具
光盘路径：DVD \movie\4.1 矩形和3点矩形工具.avi
视频时间：9分33秒

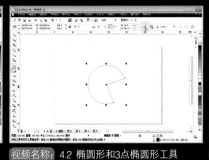

视频名称：4.2 椭圆形和3点椭圆形工具
光盘路径：DVD \movie\4.2 椭圆形和3点椭圆形工具.avi
视频时间：4分12秒

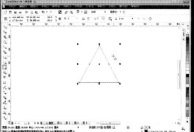

视频名称：4.3 多边形工具
光盘路径：DVD \movie\4.3 多边形工具.avi
视频时间：2分50秒

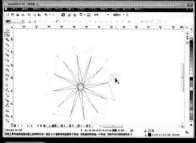

视频名称：4.4 星形和复杂星形工具

光盘路径：DVD \movie\4.4 星形和复杂星形工具.avi

视频时间：3分26秒

视频名称：4.5 螺纹工具

光盘路径：DVD \movie\4.5 螺纹工具.avi

视频时间：3分43秒

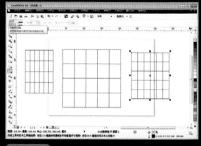

视频名称：4.6 图纸工具

光盘路径：DVD \movie\4.6 图纸工具.avi

视频时间：2分26秒

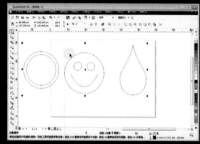

视频名称：4.7 形状工具

光盘路径：DVD \movie\4.7 形状工具.avi

视频时间：3分50秒

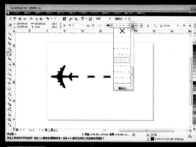

视频名称：4.8 手绘工具

光盘路径：DVD \movie\4.8 手绘工具.avi

视频时间：7分09秒

视频名称：4.9 贝塞尔工具

光盘路径：DVD \movie\4.9 贝塞尔工具.avi

视频时间：4分15秒

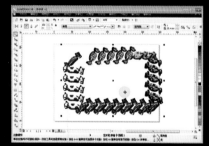

视频名称：4.10 艺术笔工具

光盘路径：DVD \movie\4.10 艺术笔工具.avi

视频时间：12分19秒

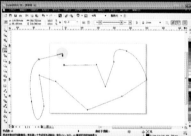

视频名称：4.11 钢笔工具

光盘路径：DVD \movie\4.11 钢笔工具.avi

视频时间：5分45秒

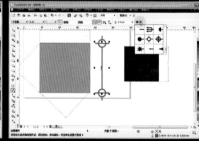

视频名称：4.12 度量工具

光盘路径：DVD \movie\4.12 度量工具.avi

视频时间：11分48秒

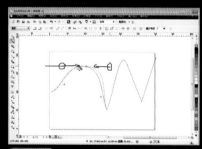

视频名称：4.13 编辑曲线对象

光盘路径：DVD \movie\4.13 编辑曲线对象.avi

视频时间：11分52秒

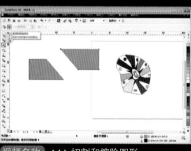

视频名称：4.14 切割和擦除图形

光盘路径：DVD \movie\4.14 切割和擦除图形.avi

视频时间：6分18秒

视频名称：5.1 涂抹笔刷工具

光盘路径：DVD \movie\5.1 涂抹笔刷工具.avi

视频时间：4分23秒

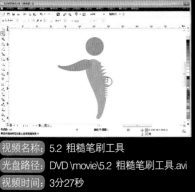

视频名称：5.2 粗糙笔刷工具
光盘路径：DVD \movie\5.2 粗糙笔刷工具.avi
视频时间：3分27秒

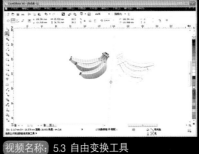

视频名称：5.3 自由变换工具
光盘路径：DVD \movie\5.3 自由变换工具.avi
视频时间：6分10秒

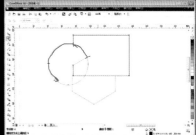

视频名称：5.4 删除虚拟线段
光盘路径：DVD \movie\5.4 删除虚拟线段.avi
视频时间：3分17秒

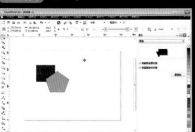

视频名称：5.5 造形图形
光盘路径：DVD \movie\5.5 造形图形.avi
视频时间：9分56秒

视频名称：6.1 选择调色板
光盘路径：DVD \movie\6.1 选择调色板.avi
视频时间：1分46秒

视频名称：6.2 创建与编辑调色板
光盘路径：DVD \movie\6.2 创建与编辑调色板.avi
视频时间：5分51秒

视频名称：6.3 编辑轮廓线
光盘路径：DVD \movie\6.3 编辑轮廓线.avi
视频时间：8分02秒

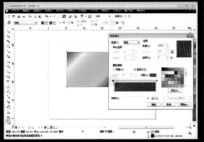

视频名称：6.4 填充对象
光盘路径：DVD \movie\6.4 填充对象.avi
视频时间：14分29秒

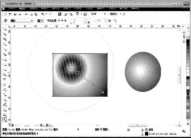

视频名称：6.5 使用交互式填充工具
光盘路径：DVD \movie\6.5 使用交互式填充工具.avi
视频时间：6分39秒

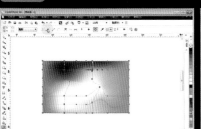

视频名称：6.6 使用网状填充工具
光盘路径：DVD \movie\6.6 使用网状填充工具.avi
视频时间：3分47秒

视频名称：7.1 调和效果
光盘路径：DVD \movie\7.1 调和效果.avi
视频时间：18分34秒

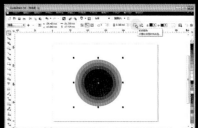

视频名称：7.2 轮廓效果
光盘路径：DVD \movie\7.2 轮廓效果.avi
视频时间：7分20秒

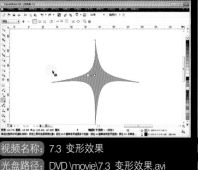

视频名称：7.3 变形效果

光盘路径：DVD \movie\7.3 变形效果.avi

视频时间：8分49秒

视频名称：7.4 阴影效果

光盘路径：DVD \movie\7.4 阴影效果.avi

视频时间：6分40秒

视频名称：7.5 封套、立体化和透明效果

光盘路径：DVD \movie\7.5 封套、立体化和透明效果.avi

视频时间：13分50秒

视频名称：8.1 创建与编辑文本

光盘路径：DVD \movie\8.1 创建与编辑文本.avi

视频时间：15分25秒

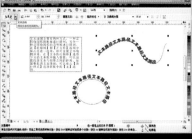

视频名称：8.2 文本的特殊编辑

光盘路径：DVD \movie\8.2 文本的特殊编辑.avi

视频时间：11分52秒

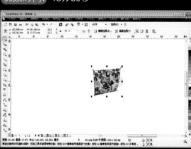

视频名称：9.1 导入与编辑位图

光盘路径：DVD \movie\9.1 导入与编辑位图.avi

视频时间：9分11秒

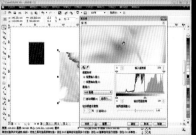

视频名称：9.2 调整位图的颜色和色调

光盘路径：DVD \movie\9.2 调整位图的颜色和色调.avi

视频时间：4分27秒

视频名称：9.3 位图的颜色遮罩

光盘路径：DVD \movie\9.3 位图的颜色遮罩.avi

视频时间：3分50秒

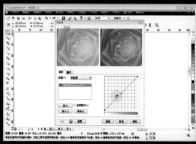

视频名称：9.4 更改位图的颜色模式

光盘路径：DVD \movie\9.4 更改位图的颜色模式.avi

视频时间：8分03秒

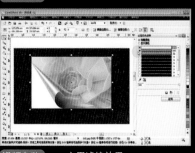

视频名称：9.5 应用滤镜效果

光盘路径：DVD \movie\9.5 应用滤镜效果.avi

视频时间：7分53秒

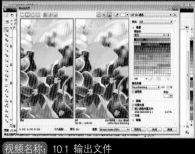

视频名称：10.1 输出文件

光盘路径：DVD \movie\10.1 输出文件.avi

视频时间：6分31秒

视频名称：10.2 打印与印刷

光盘路径：DVD \movie\10.2 打印与印刷.avi

视频时间：5分03秒

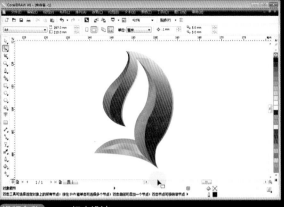

视频名称：11.1 标志设计

光盘路径：DVD \movie\11.1 标志设计.avi

视频时间：13分42秒

视频名称：11.3 名片设计

光盘路径：DVD \movie\11.3 名片设计.avi

视频时间：6分54秒

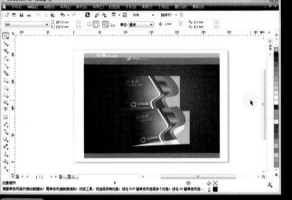

视频名称：12.1 邀请函折页设计

光盘路径：DVD \movie\12.1 邀请函折页设计.avi

视频时间：46分04秒

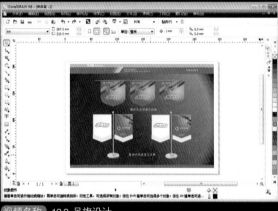

视频名称：12.2 吊旗设计

光盘路径：DVD \movie\12.2 吊旗设计.avi

视频时间：19分13秒

视频名称：12.3 服装及帽子设计

光盘路径：DVD \movie\12.3 服装及帽子设计.avi

视频时间：8分45秒

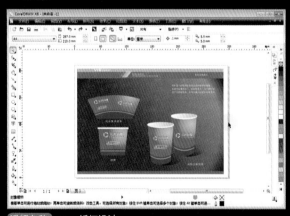

视频名称：12.4 纸杯设计

光盘路径：DVD \movie\12.4 纸杯设计.avi

视频时间：24分59秒

视频名称: 13.1 桔然果萃食品包装设计

光盘路径: DVD \movie\13.1 桔然果萃食品包装设计.avi

视频时间: 30分12秒

视频名称: 13.2 爱弗兰咖啡包装设计

光盘路径: DVD \movie\13.2 爱弗兰咖啡包装设计.avi

视频时间: 28分12秒

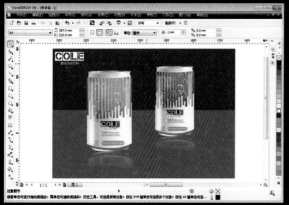

视频名称: 13.3 酷乐运动饮料包装设计

光盘路径: DVD \movie\13.3 酷乐运动饮料包装设计.avi

视频时间: 34分19秒

视频名称: 13.4 红酒包装设计

光盘路径: DVD \movie\13.4 红酒包装设计.avi

视频时间: 34分09秒

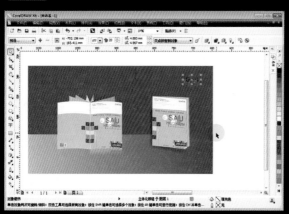

视频名称: 14.1 书籍封面设计

光盘路径: DVD \movie\14.1 书籍封面设计.avi

视频时间: 47分37秒

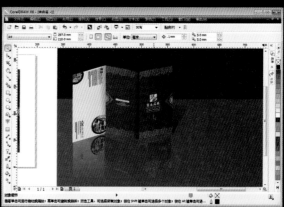

视频名称: 14.2 房地产宣传折页设计

光盘路径: DVD \movie\14.2 房地产宣传折页设计.avi

视频时间: 30分10秒

全视频！
CoreIDRAW X6
矢量绘图与商业设计

王红卫　编著

中国铁道出版社
CHINA RAILWAY PUBLISHING HOUSE

内 容 简 介

本书以 CorelDRAW X6 中文版为工具，根据作者多年的平面设计工作与培训方面的教学经验，通过理论知识与实例操作相结合的形式，系统地介绍了 CorelDRAW X6 的基本使用方法和技巧。内容包括 CorelDRAW X6 速览、文件新建与页面管理、辅助功能、绘图与编辑、选择与变换、群组与对齐、造形及剪裁、效果和文本、表格和图层、位图处理及打印等软件基础内容的讲解。同时，特别筛选在设计工作中常遇到的一些平面设计经典案例，具有较强的实用性和参考价值。本书采用全新的插入式问答模式，让读者能够及时找到解决方案，提高学习效率。

附赠多媒体教学光盘，不但提供了相关的素材与源文件，而且还提供了交互式多媒体语言教学文件。

本书适合于学习 CorelDRAW 的初、中级用户，适合作为从事平面广告设计、工业设计、CIS 企业形象策划、产品包装造型、印刷制版等工作人员以及电脑美术爱好者阅读，也可作为社会培训学校、大中专院校相关专业的教学参考书或上机实践指导用书。

图书在版编目（CIP）数据

全视频！CorelDRAW X6矢量绘图与商业设计 / 王红卫编著. —北京：中国铁道出版社，2014.1
　　ISBN 978-7-113-17360-9

Ⅰ．①全… Ⅱ．①王… Ⅲ. ①图形软件 Ⅳ. ①TP391.41

中国版本图书馆CIP数据核字（2013）第249980号

书　　名：全视频！CorelDRAW X6 矢量绘图与商业设计
作　　者：王红卫　编著

策　　划：王　宏　　　　　　　读者热线电话：010-63560056
责任编辑：张　丹　　　　　　　特邀编辑：赵树刚
责任印制：赵星辰　　　　　　　封面设计：多宝格

出版发行：中国铁道出版社（北京市西城区右安门西街 8 号　　　邮政编码：100054）
印　　刷：北京铭成印刷有限公司
版　　次：2014 年 1 月第 1 版　　2014 年 1 月第 1 次印刷
开　　本：787mm×1 092mm　1/16　印张：29.25　插页：4　字数：711 千
书　　号：ISBN 978-7-113-17360-9
定　　价：69.80 元（附赠光盘）

前 言

CorelDRAW X6简介

　　CorelDRAW是一款由世界顶尖软件公司之一的加拿大Corel公司开发的图形图像软件。CorelDRAW X6展示了各种新增功能、设计工具和模板，引入了强大的新版式引擎、多功能颜色和谐、样式工具，通过64位和多核支持改进的性能以及完整的自助设计网站工具，因其出色的设计能力被广泛应用于标志制作、商标设计、模型绘制、插图描画等诸多领域，成为平面设计师的必备工具和设计利器。

主要内容

　　本书是作者从多年的教学实践中汲取宝贵经验编写而成的，内容按照由浅入深的顺序安排，通过理论知识与实例操作相结合的形式，系统地介绍了CorelDRAW X6的基本使用方法和技巧，针对零基础读者开发，是入门级读者快速全面掌握CorelDRAW X6的必备参考书。在本书的最后4章，还设置了平面设计经典案例，包括标志、文字及名片设计、企业VI系统设计、商业包装设计和画册装帧设计等，具有较强的实用性和参考价值，每个案例都列出了详细的技术分析和操作步骤，解析了实例的制作方法，为读者提供广泛的思路，吸取一些深层次的平面设计理论和美术设计知识。使您感受CorelDRAW的强大功能以及它带来的无限创意，为读者抛砖引玉，开启一扇通往设计大师之门。

　　为了让读者更好地理解和学习，本书配有交互式多媒体教学光盘，全程讲解书中所有的基础内容和实战案例，不但详细跟踪讲解了全部实例操作步骤，并在讲解过程中详细阐述了视频编辑理念，让初学者也可以从设计新手变成设计高手。

编写特色

　　1. 写作方式明确。本书以"艺术插画图示+详细功能介绍+实例讲解"为主线。在详解基础知识的同时穿插实例的讲解，以实例来巩固知识，使读者能够以全新的感受轻松掌握软件的应用技巧。

　　2. 全新问答模式。本书为了突出学习中的常见问题，采用全新的插入式问答模式，使读者在学习中遇到问题能及时找到解决方案，提高学习效率。同时让读者掌握常用的技术，达到触类旁通的学习效果。

　　3. 全程多媒体跟踪语音教学。详细讲解了本书中所有的实战案例操作，让读者身在家中即可享受专业老师面对面的讲解。

　　4. 提示与技巧。在写作中穿插技巧提示，让读者可以随时查看，在不知不觉中学习到专业知识。

　　5. 实用性强，易于获得成就感。本书对于每个重点知识都安排了一个实例，每个实例解决一个小问题或介绍一个小技巧，以便读者在最短的时间内掌握操作技巧，并应用在实践工作中来解决问题，从而产生较好的成就感。

　　由于时间仓促，加之编者水平有限，书中存在不足之处在所难免，望广大读者批评指正。如果在学习过程中发现问题或有更好的建议，欢迎发邮件到lych@foxmail.com与我们联系。

编 者

2013年10月

目 录

Chapter

01 快速了解CorelDRAW X6 1

Chapter

02 文件、页面及图层管理 39

Chapter

03 对象的基本操作 65

Chapter

04 图形的绘制与编辑 97

卡通鸟

目 录

Chapter

05 图形的高级编辑技巧....................131

Chapter

06 轮廓及颜色填充....................145

Chapter

07 强大的效果应用 167

Chapter

08 文本与表格的应用.............................. 189

目 录

Chapter

09　编辑和处理位图................................. 217

Chapter

10 输出和打印文件 295

Chapter

11 标志、文字及名片设计 313

Chapter

12 企业VI系统设计 325

目 录

Chapter

13 商业包装设计 367

Chapter

14 画册装帧设计 421

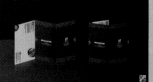

快速了解CorelDRAW X6

CorelDRAW是目前市场上最优秀的矢量绘图与文档排版软件之一，深受广大平面设计人员青睐。经过对绘图工具的不断完善和图形处理功能的新增，CorelDRAW由单一的矢量绘图软件发展成现在的全能绘图软件包。本章主要讲解CorelDRAW的功能、安装与卸载CorelDRAW X6、启动与退出CorelDRAW X6、矢量图与位图、存储格式、CorelDRAW X6的工作界面、工具选项设置、撤销、恢复、重做及重复操作等知识。

Chapter

01

 **教学视频**

○ CorelDRAW X6的工作界面　　视频时间17:57
○ 设置标尺　　　　　　　　　视频时间8:22
○ 设置网络　　　　　　　　　视频时间5:40
○ 设置辅助线　　　　　　　　视频时间11:49
○ 设置贴齐　　　　　　　　　视频时间4:51

Section 1.1 CorelDRAW X6简介

CorelDRAW是由Corel公司推出的一款著名的矢量绘图软件，最新版本为CorelDRAW X6，它由页面排版和矢量绘图程序CorelDRAW、数字图像处理程序Corel PHOTO-PAINT X6、捕捉其他计算机屏幕图像的程序Corel CAPTURE X6、位图矢量文件转换工具Corel Power TRACE X6、全屏浏览器Corel CONNECT、提供给用户的CorelDRAW专家绘图方法和已经完成的设计实例——指导手册和示例组成，使其应用领域更加广阔。使用CorelDRAW X6软件，设计人员不仅可以绘制出精美的图形并进行文字的编辑，还可以利用其超强的位图处理功能编辑出丰富的图像效果。CorelDRAW已成为各种绘图软件设计与图形处理工作的得力助手，无论是图形设计还是文字排版和高品质输入，CorelDRAW X6都有非常卓越的表现。

1.1.1 CorelDRAW X6的功能

CorelDRAW X6具有许多功能，其中最主要的功能如下。

1. 专业的矢量图形绘制功能

CorelDRAW X6在计算机图形图像领域，一直保持着专业的领先地位，特别是在矢量图形的绘制和编辑方面，目前几乎没有其他的平面图形编辑软件能与之相比。这些优势为CorelDRAW在各种平面设计中的广泛应用提供了强有力的支持。图1.1所示为矢量插画绘制效果。

图1.1　使用CorelDRAW绘制的矢量图形

2. 全面的位图效果处理功能

作为一款专业的图像处理软件，对于位图的导入使用和效果的处理自然是不可缺少的。在CorelDRAW X6中，同样为位图的效果处理提供了丰富的编辑功能。用户在进行平面设计工作时，可导入各种格式的位图文件，制作出多样的精美作品。图1.2所示为位图处理的应用效果。

图1.2　应用位图处理效果

3．优秀的色彩编辑应用功能

利用CorelDRAW X6的各种色彩填充和编辑工具，可以轻松地为图形对象设置丰富的色彩效果，并且可以在图形对象之间进行色彩属性的复制，为进行色彩修改提供了方便的支持，并有助于提高绘图编辑的工作效率。图1.3所示为CorelDRAW完成的色彩应用效果。

图1.3　应用色彩的图形

4．强大的文字编排功能

文字是平面设计作品中重要的组成元素。在CorelDRAW X6中提供了对文字内容的各种编辑功能，有美术文字和段落文本两种编排方式，用户还可以将输入的文字对象以矢量图形的方式进行处理，应用各种图形编辑效果。图1.4所示为文字效果。

图1.4　文字效果

1.1.2　CorelDRAW X6的安装与卸载

　　CorelDRAW X6是一款大型的绘图软件，因此对计算机的配置要求比较高。安装CorelDRAW X6之前，需要计算机达到以下的最低配置：

- Windows XP/Vista/7，并安装最新的SP（32位或64位版本）；
- 英特尔奔腾4、AMD速龙64或AMD Opteron以上的中央处理器，2GHz以上；
- 1GB内存（建议2GB以上）；
- 1024×768屏幕分辨率（Tablet PC上为768×1024）；
- DVD-ROM驱动器；
- 750MB硬盘空间（仅用于CorelDRAW，安装全部套件应用程序需要2GB以上空间）；
- Microsoft Internet Explorer 7或更高版本；
- 鼠标或绘图板。

1.　安装CorelDRAW X6

　　CorelDRAW X6的安装方式分为典型安装方式和自定义安装方式两种。下面以典型安装方式为例，介绍安装CorelDRAW X6的具体过程。

　　❶ 将CorelDRAW X6软件的安装光盘放入光驱，然后打开【资源管理器】或【我的电脑】，进入光驱所在的盘符，找到CorelDRAW X6的安装文件Setup.exe，双击安装文件后弹出如图1.5所示的安装启动界面。

　　❷ 安装程序初始化完成后，将弹出【软件许可协议】对话框，单击【我接受】按钮，如图1.6所示。

图1.5　安装界面　　　　　　　　　　图1.6　【软件许可协议】对话框

　　❸ 单击【下一步】按钮，弹出【用户基本信息】对话框，输入用户姓名和产品序列号（可以在光盘目录中或软件包装盒上找到），如图1.7所示。

　　❹ 单击【下一步】按钮，弹出【CorelDRAW X6安装选项】对话框，用户可以根据使用需求自行选择安装方式，如图1.8所示。

　　❺ 在这里选择典型安装，单击【自定义安装】按钮，进入如图1.9所示的安装进度对话框，显示正在安装此软件。

　　❻ 安装完成后，弹出如图1.10所示的安装成功提示对话框，单击该对话框中的【完成】按钮，结束安装。

图1.7　输入序列号

图1.8　选择安装方式

图1.9　安装进度显示

图1.10　安装成功

2．卸载CorelDRAW X6

当用户需要在安装有CorelDRAW X6的计算机上删除该应用程序时，可以采用以下方法将其卸载。

❶ 执行【开始】|【控制面板】命令，打开【控制面板】窗口，双击其中的【添加/删除程序】快捷图标，打开【卸载或更改程序】对话框。

❷ 选择【CorelDRAW Graphics Suite X6】程序，单击【卸载/更改】按钮，如图1.11所示。

❸ 在弹出的如图1.12所示的对话框中，选中【删除】单选按钮，单击【下一步】按钮，系统将自动开始卸载【CorelDRAW Graphics Suite X6】。

图1.11　【卸载/更改】按钮

图1.12　【删除】单选按钮

④ 卸载完成后，在弹出的如图1.13所示的对话框中，单击【完成】按钮即可。

图1.13　卸载完成

1.1.3　启动与退出CorelDRAW X6

启动CorelDRAW X6有以下几种方法。

● 使用桌面快捷方式启动

在安装CorelDRAW X6软件后，桌面会自动生成一个快捷图标，双击该图标即可启动CorelDRAW X6。图1.14所示为【CorelDRAW X6】快捷图标。

● 使用菜单命令启动

执行【开始】|【所有程序】|【CorelDRAW Graphics Suite X6】|【CorelDRAW X6】命令即可，如图1.15所示。

Skill 双击CorelDRAW文件，也可以启动CorelDRAW X6。

启动CorelDRAW X6后，即可打开【CorelDRAW X6】的工作界面，有关【CorelDRAW X6】工作界面的具体内容将在第2章进行详细介绍。

图1.14　【CorelDRAW X6】快捷图标

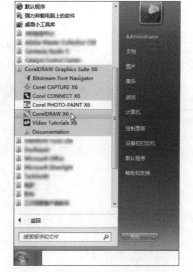

图1.15　执行【CorelDRAW X6】命令

首次启动CorelDRAW X6，会弹出【欢迎】窗口，如图1.16所示。CorelDRAW X6的【欢迎】窗口改变了CorelDRAW以往的风格特点，按不同的功能类别以选项卡的形式将内容展现给用户，便于用户查找和游览。另外，其欢迎窗口中除了具备以往欢迎界面的所有功能外，还整合了CorelDRAW的大部分帮助系统内容，使用户在进入CorelDRAW工作界面以前，即可对CorelDRAW的功能有个大概的了解。

默认状态下，【欢迎】窗口显示【快速入门】选项卡的内容，如果要将其他选项卡的内容设置为启动CorelDRAW时的默认欢迎界面显示内容，可在选择其他选项卡后，选中【将该页面设置为默认的'欢迎屏幕'页面】复选框即可。如果不希望在下次启动CorelDRAW X6时显示这一窗口，只需取消选中底部的【启动时始终显示欢迎屏幕】复选框即可。

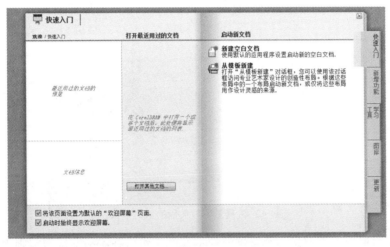

图1.16　【快速入门】对话框

与其他应用软件一样，使用CorelDRAW X6完成绘图任务后，即可退出CorelDRAW X6软件。在退出CorelDRAW X6时，应将所有正在执行的绘图任务退出。

退出CorelDRAW X6有以下几种方法：

- 执行菜单栏中的【文件】|【退出】命令，退出CorelDRAW X6。
- 单击【CorelDRAW X6】工作界面右上角的【关闭】按钮，退出CorelDRAW X6。

Section 1.2　矢量图和位图

根据成图的原理和方式，一般把计算机图形分为矢量图形和位图两种类型，位图也称点阵图。这两种图形的类型是有区别的，了解它们的区别对于将来的工作非常重要。使用数学方法绘制出的图形称为矢量图形，而基于屏幕上的像素点绘制的图形称为位图。

1.2.1　矢量图

矢量又称向量，是一种面向对象基本于数学方法的绘图方式，一般通过数学公式计算产生，用矢量方法绘制出来的图形称为矢量图形。在CorelDRAW中，所有用矢量方法绘制出来的图形或者创建的文本元素都被称为"对象"。每个对象具有各自的颜色、轮廓、大小以及形状等属性。使用它们的属性，用户可以对对象进行改变颜色、移动、填充、改变形状和大小及一些特殊的效果处理操作。

当使用矢量绘图软件进行图形的绘制工作时，不是从一个个的点开始的，而是直接将该软件中所提供的一些基本图形对象，如直线、圆、矩形、曲线等进行再组合。可以方便地改变它们的形状、大小、颜色、位置等属性，而不会影响整体结构。

位图图形是由成千上万个像素点构成的，而矢量图形却与它有所不同。矢量图形是由一条条的直线和曲线构成的，在填充颜色时，系统将按照用户指定的颜色沿曲线的轮廓线边缘进行着色处理，但曲线必须是封闭的。

矢量图形的颜色与分辨率无关，图形被缩放时，对象能够维持原有的清晰度以及弯曲度，颜色和外形也都不会发生偏差和变形，如图1.17所示，图形被放大后，依然能保持原有的光滑度。

图1.17 矢量图形放大后的对比效果

矢量图形中每个对象都是一个自成一体的实体，可以在维持它原有清晰度和弯曲度的同时，多次移动和改变它的属性，而不会影响图像中的其他对象。这些特征使基于矢量的程序特别适用于绘图和三维建模，因为它们通常要求能创建和操作单个对象。

因为矢量图形的绘制与分辨率无关，所以矢量图形可以按最高分辨率显示到显示器和打印机等输出设备上。

> **Tip** 常见的矢量绘图软件除了CorelDRAW之外，还有Adobe公司开发的Illustrator和Autodesk公司开发的AutoCAD。

1.2.2 位图

位图图形又称为点阵图，是由屏幕上无数个细微的像素点构成的，所以位图图形与屏幕上的像素有着密不可分的关系。图形的大小取决于这些像素点数目的多少，图形的颜色取决于像素的颜色。增加分辨率，可以使图形显得更加细腻，但分辨率越高，计算机需要记录的像素越多，存储图形的文件也就越大。计算机存储位图图形文件时，只能准确地记录下每一个像素的位置和颜色，但它仅仅知道这是一系列点的集合，而根本不知道这是关于一个图形的文件。

可以对位图进行一些操作，如移动、缩放等，所有的操作只是对像素点的操作。放大位图其实就是增加屏幕上组成位图的像素点的数目，而缩小位图则是减少像素点。放大位图时，因为制作图形时屏幕的分辨率已经设定好，放大图形仅仅是对每个像素的放大。

图1.18所示左边的图形是一个位图图形，显示的比例为100%，它的边缘比较光滑。右边图形是放大后的效果，很明显地可以看出，圆的边缘已经出现了锯齿状的效果。

图1.18　位图图形放大后的效果对比

虽然CorelDRAW是一个基于矢量图形的绘图软件，但它允许用户导入位图并将它们合成在绘图中，本书后面章节将详细介绍。

> **Tip** 使用数码相机拍摄的照片、在DVD播放器或者CD播放器中截取的图片都是位图，而不是矢量图形。

> **Questions** **怎样区分什么是矢量图，什么是位图？**
>
> **Answered**：位图是由像素组成的，而矢量图是以数学计算出来的线条和色块为主。所以放大后不清楚的是位图，而清楚的就是矢量图。

1.2.3　图像分辨率

分辨率是用于描述图像文件信息量的术语，就像使用的计算机屏幕的分辨率，它的数值越大，屏幕内容看起来就越清晰，数值越小，则越粗糙，也就是说越失真，如图1.19所示。分辨率的描述单位一般是像素/毫米或者像素/英寸。一般它的数值越大，图像的数据也就越大，印刷出来的图像也越大。

分辨率为300　　　　　　　　　　分辨率为60

图1.19　分辨率大小的对比效果

> **Tip** 为了使印刷品获得较好的质量，需要保证图像有足够大的分辨率。但不是说分辨率越高，印刷的质量就越好。

在CorelDRAW中进行设计工作时，文件格式也是一个必须要了解的问题。文件格式决定文件的类型，而且影响该文件在其他软件中的使用。比如，在CorelDRAW中通常使用的文件格式是CDR，但是这种文件格式Illustrator却不支持，也就是说，在Illustrator中打不开CDR格式的文件。但是，可以在CorelDRAW中把制作的文件保存为AI格式，这样就可以在Illustrator中打开了。本节介绍几种常用的文件存储格式，如AI格式、CDR格式等。

1.3.1　AI格式

AI是一种常用的文件存储格式，属于矢量类型的文件格式。使用该格式保存的文件可以在Illustrator中打开和使用。

1.3.2　CDR格式

CDR格式是著名绘图软件CorelDRAW的专用图形文件格式，也是在该应用程序中最为常用的一种存储格式。由于CorelDRAW是矢量图形绘制软件，所以CDR可以记录文件的属性、位置和分页等。CDR格式文件在所有CorelDRAW应用程序中均能够使用，但是其他图像编辑软件打不开此类文件。

1.3.3　CDT格式

CDT格式属于CorelDRAW的模板格式，可以这种文件格式来制作模板。

1.3.4　DWG格式和DXF格式

DWG格式和DXF格式属于AutoCAD文件格式，如果把制作的文件保存为这两种格式，那么就可以在AutoCAD软件中打开文件。

1.3.5　EMF格式

EMF是微软公司为了弥补WMF的不足而开发的一种32位扩展图元文件格式，也属于矢量文件格式，其目的是使图元文件更加容易接受。

1.3.6　WMF格式

WMF是Windows中常见的一种图元文件格式，属于矢量文件格式。它具有文件短小、图案造型化的特点，整个图形常由各个独立的组成部分拼接而成，其图形往往较粗糙。

1.3.7　SVG格式

SVG（Scalable Vector Graphics，可缩放的矢量图形）可以算是目前最火爆的一种图像文件格式，它是基于XML（Extensible Markup Language），由World Wide Web Consortium（W3C）联盟进行开发的。严格来说，SVG应该是一种开放标准的矢量图形语言，可让用户设计激动人心的、高分辨率的Web图形页面。用户可以直接用代码来描绘图像，可以用任何文字处理工具打开SVG图像，通过改变部分代码来使图像具有交互功能，并可以随时插入HTML中通过浏览器来观看。

SVG提供了目前网络流行格式GIF和JPEG无法具备的优势：可以任意放大图形显示，但绝不会以牺牲图像质量为代价；在SVG图像中保留可编辑和可搜寻的状态；通常来讲，SVG文件比JPEG和GIF格式的文件要小很多，因而下载速度也很快。

1.3.8 PDF格式

PDF是一种在Adobe Acrobat软件中使用的格式。在这种格式下，文件的字体、颜色和模式都不会丢失。

1.3.9 JPEG格式

JPEG格式是一种位图文件格式，JPEG的缩写是JPG，JPEG几乎不同于当前使用的任何一种数字压缩方法，它无法重建原始图像。由于JPEG优异的品质和杰出的表现，因此应用非常广泛，特别是在网络和光盘读物上。目前各类浏览器均支持JPEG这种图像格式，因为JPEG格式的文件尺寸较小，下载速度快，使得Web页有可能以较短的下载时间提供大量美观的图像，JPEG也是网络上最受欢迎的一种图像格式。

Tip 其他文件格式不再一一介绍，用户可以在网上查找相关的资料进行阅读，还可参考其他一些相关书籍。

Questions 存储图片格式需要注意什么问题？

Answered：存储某种格式，要考虑到图形的特性是否还具有可编辑性，对象的颜色能不能失真，比如，把矢量图形存储为JPEG格式的前后对比。

Section 1.4 CorelDRAW X6的工作界面

安装CorelDRAW X6完成后，执行菜单【开始】|【所有程序】|【CorelDRAW Graphics Suite X6】|【CorelDRAW X6】命令，即可启动CorelDRAW X6的程序，如图1.20所示。

图1.20　CorelDRAW X6启动界面

启动CorelDRAW X6程序后，在【欢迎】窗口的【快速入门】选项卡中，单击【新建空白文档】超链接，在弹出的【创建新文档】对话框中，单击【确定】按钮，如图1.21所示，即可按默认设置（210毫米×297毫米的纵向A4绘图页面）创建一个空白的图形文件，并进入CorelDRAW X6的工作界面，如图1.22所示。工作界面中包括常见的标题栏、菜单栏、标准工具栏、属性栏、工作区、绘图页面、状态栏等。

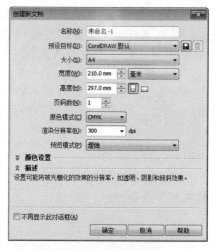

图1.21 【创建新文档】对话框

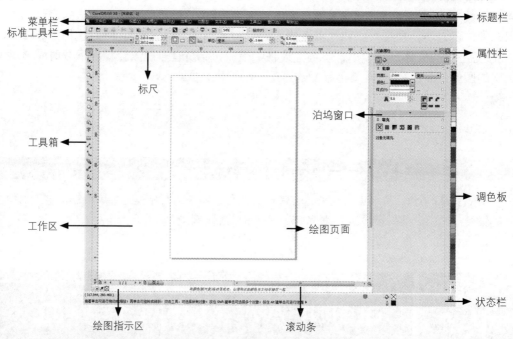

图1.22 CorelDRAW X6工作窗口

菜单栏
标准工具栏
标尺
工具箱
工作区
绘图指示区
标题栏
属性栏
泊坞窗口
调色板
绘图页面
状态栏
滚动条

Tip 在CorelDRAW X6中打开过CorelDRAW图形文件后，在【欢迎】窗口的【快速入门】选项卡中将显示此次运行之前编辑过的图形文件的链接。将光标移动到其中一个文件名上，在【打开最近用过的文档】区域中可显示该文件的缩览图，并在【文档信息】区域中显示该文件的文件名、存储路径和文件大小等信息，如图1.23所示。单击任意文件名，即可打开该图形文件。

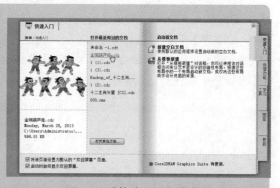

图1.23 【快速入门】选项卡

Tip 单击【欢迎】窗口右边的选项卡，可在【欢迎】窗口中显示该选项卡内容。选择【新增功能】选项卡，在其中可以查看CorelDRAW X6新增加的功能特色，如图1.24所示。选择【学习工具】选项卡，将开启软件的帮助系统，帮助用户解决使用中的问题，如图1.25所示。选择【图库】选项卡，可以查看在CorelDRAW Graphics Suite X6中创作的设计作品，如图1.26所示。选择【更新】选项卡，可使用更新功能对使用CorelDRAW产品进行更新。

图1.24 【新增功能】选项卡

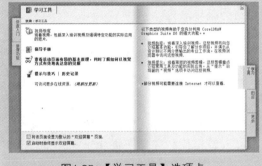

图1.25 【学习工具】选项卡

图1.26 【图库】选项卡

1.4.1 标题栏

标题栏位于CorelDRAW工作窗口的顶部，显示了当前的文件名，以及用于关闭窗口、放大和缩小窗口的几个快捷键。此外，选择标题栏最左侧的图标单击，将弹出一个快捷菜单，通过选择其中相应的命令也可对应用程序进行移动、最小化▭、最大化▭、关闭⊠等操作，如图1.27所示。

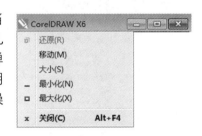

图1.27 标题栏

Questions 如何快速地关闭CorelDRAW X6?

Answered：按快捷键【Alt+F4】可以快速地将CorelDRAW X6软件关闭。

1.4.2 菜单栏

CorelDRAW的菜单栏由文件、编辑、视图、布局、排列、效果、位图、文本、表格、工具、窗口和帮助等菜单组成，也可以把它拖动成单独的浮动窗口，如图1.28所示，在每一个菜单之下又有若干个子菜单项。此外，通过单击菜单栏右侧的几个按钮，可最小化、最大化、恢复及关闭当前文件窗口。

图1.28　菜单栏

1. 【文件】菜单

【文件】菜单，如图1.29所示。该菜单中的命令用于文件的新建、打开、保存、打印、导入、导出和发布等操作。

在使用菜单命令时应注意以下几个方面：

- 命令后跟有 ▶ 符号，表示该命令下还有子命令。
- 命令后跟有快捷键，表示按下快捷键可执行该命令。
- 命令后跟有组合键，表示直接按组合键可执行菜单命令。
- 命令后跟有"…"符号，表示单击该命令将弹出一个对话框。
- 命令呈现灰色，表示该命令在当前状态下不可使用，需要选定合适的对象之后方可使用。

2. 【编辑】菜单

【编辑】菜单，如图1.30所示。该菜单中的命令主要用于对选定的对象，比如图形、文字和符号等，执行剪切、复制、粘贴、删除、插入等操作，还用于撤销上一步的操作和重做操作等。另外，还可以用于插入特定的对象，比如插入新对象等。

图1.29　【文件】菜单

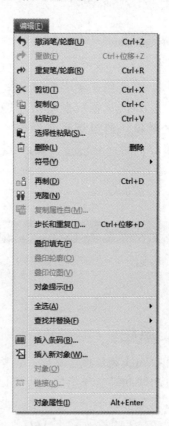

图1.30　【编辑】菜单

3．【视图】菜单

【视图】菜单中的命令主要用于帮助用户从不同的角度、选用不同的方式观察图形，如图1.31所示。使用该菜单中的命令可以控制视图和窗口的显示方式，是否显示标尺、网格和辅助线，还可以用于设置对象的对齐等。

4．【布局】菜单

【布局】菜单中的命令用于组织和管理页面等，如图1.32所示，还可以对页面进行设置、设置页面背景、重命名页面、删除页面和转换页面等。

图1.31　【视图】菜单

图1.32　【布局】菜单

5．【排列】菜单

【排列】菜单中的命令主要用于对象的调整操作，包括变换对象、清除变换、对齐和分布对象、合并对象、锁定对象等，如图1.33所示。

6．【效果】菜单

【效果】菜单中的命令主要用于对选定的对象应用特殊效果，包括调整色彩、变换效果、校正、应用艺术笔、设置轮廓图、设置立体效果、应用透镜和斜角，还可以复制效果、克隆效果和清除效果等，如图1.34所示。

图1.33 【排列】菜单

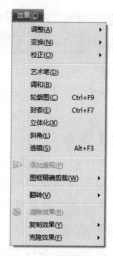

图 1.34 【效果】菜单

7. 【位图】菜单

【位图】菜单中的命令主要用于编辑位图，包括转换为位图、重新取样、设置位图模式、变换颜色、设置三维效果，应用艺术笔触、设置轮廓图等，如图1.35所示。

8. 【文本】菜单

【文本】菜单中的命令主要用于处理文本效果，包括格式化字符和段落、设置制表符和栏、编辑文本、插入符号字符、设置首字下沉、矫正文本、编码、更改大小写、文本统计信息和设置书写工具等，如图1.36所示。

图1.35 【位图】菜单

图1.36 【文本】菜单

9. 【表格】菜单

【表格】菜单中的命令用于创建表格、编辑表格、选定表格和删除表格等，如图1.37所示，还可以实现将文本转换为表格或者将表格转换为文本等操作。

10. 【工具】菜单

【工具】菜单中的命令用于设置选项、定义界面和进行颜色管理等操作，如图1.38所示。还可以进行对象、颜色样式、调色板的编辑，以及对象数据、视图、链接的管理。另外，使用该菜单中的命令可以使用和编辑Visual Basic、运行脚本，以及创建箭头、字符和图样等。

图1.37 【表格】菜单　　　　　　　　图1.38 【工具】菜单

11. 【窗口】菜单

【窗口】菜单中提供了对窗口进行管理和操作的一些命令，如图1.39所示，比如设置水平平铺或垂直平铺等。另外，还可以设置图形编辑窗口的显示方式等。

12. 【帮助】菜单

【帮助】菜单中提供了帮助系统、视频教程、提示、新增功能、技术支持和在线帮助信息等，如图1.40所示，使用这些帮助信息有助于提高工作效率。

图1.39 【窗口】菜单　　　　　　　　图1.40 【帮助】菜单

1.4.3 标准工具栏

标准工具栏收藏了一些常用的命令按钮。标准工具栏为用户节省了从菜单中选择命令的时间，使操作过程一步完成，方便快捷，如图1.41所示。

图1.41 标准工具栏

- 【新建】按钮：新建一个文件。
- 【打开】按钮：打开文件。
- 【保存】按钮：保存文件。
- 【打印】按钮：打印文件。
- 【剪切】按钮：剪贴文件，并将文件放到剪贴板上。
- 【复制】按钮：复制文件，并将文件复制到前剪贴板上。
- 【粘贴】按钮：粘贴文件。
- 【撤销】按钮：撤销一步操作。
- 【重做】按钮：恢复撤销的一步操作。
- 【搜索内容】按钮：搜索相关内容
- 【导入】按钮：导入文件。
- 【导出】按钮：导出文件。
- 【应用程序启动器】按钮：打开菜单选择其他的Corel应用程序。
- 【欢迎屏幕】按钮：打开CorelDRAW X6的欢迎窗口。
- 【缩放级别】50% 按钮：用于控制页面视图的显示比例。
- 【贴齐】贴齐(P) 按钮：用于贴齐网格、辅助线、对象，或打开动态导线功能。
- 【选项】按钮：单击该按钮，可打开【选项】对话框。

Questions 怎样将工具栏变成浮动状态？

Answered：在CorelDRAW X6中，工具栏有两种状态，一种称为固定状态（处于固定位置），另一种称为浮动状态，即独立存在，可处于屏幕上的任意位置。默认设置下，启动CorelDRAW X6时，标准工具栏将显示在窗口中菜单栏的下方，此时该工具栏即处于固定状态。当工具栏处于固定状态时，单击其左侧的控制手柄并拖动到视图中（如果没有显示控制手柄，那么在工具栏或属性栏上右击，在弹出的快捷菜单中选择【锁定工具栏】命令，取消对其的勾选即可显示），即可将其拖至屏幕上的任意位置，即使其处于浮动状态。反之，当工具栏处于浮动状态时，双击工具栏的标题行可使其归回原位，即使其回到固定状态。

Skill 在CorelDRAW X6中提供了多种工具栏，如果要打开或关闭这些工具栏，可在工具栏上右击，在弹出的快捷菜单中选择适当的选项，即可打开或关闭相应的工具栏。

1.4.4 属性栏

CorelDRAW X6的属性栏是用于显示选择对象的属性，可以随时在上面设置各项参数。

单击要使用的工具后，属性栏中会显示该工具的属性设置。选择的工具不同，属性栏的选项也不同。图1.42所示为选择矩形工具后的属性栏设置。

图1.42 【矩形工具】的属性栏

1.4.5 工具箱

工具箱位于工作窗口的左边，包含了一系列常用的绘图、编辑工具，可用来绘制或修改对象的外形，修改外框及内部的色彩。和属性栏一样，通过单击并拖动工具箱顶部的 ，即可把工具箱拖动到工具界面中的任意位置，并以浮动窗口的形式显示，如图1.43所示。

其中，有些工具按钮的右下角有一个小三角形，代表这是一个工具组，里面包含多个工具按钮。单击该小三角形并按住鼠标左键不放，将打开该工具的同位工具组，看到更多功能各不相同的工具按钮。

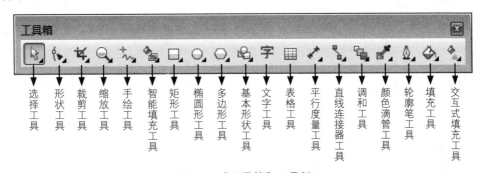

图1.43 【工具箱】工具栏

在工具按钮右下方带有黑色小三角形的，都有隐含的工具按钮。而且选中不同的工具时，属性栏也会发生相应的改变。

1. 选择工具

- 【选择工具】组中包含两种工具，分别是【选择工具】、【手绘选择工具】，如图1.44所示。
- 【选择工具】 ：是最为常用的工具之一，使用它可以选择对象、元素等。在默认设置下该工具处于激活状态。使用它在一个对象上单击即可选择对象，按住Shift键可以选择多个对象，也可以在绘图区框选多个对象。
- 【手绘选择工具】 ：它的作用主要是选中手绘图形。

2. 形状工具

【形状工具】组中包含8种工具，分别是【形状工具】、【涂抹笔刷工具】、【粗糙笔刷工具】、【自由变换工具】、【涂抹工具】、【转动工具】、【吸引工具】和【排斥工具】，如图1.45所示。

- 【形状工具】 ：用于编辑对象的节点，改变线条、图形、位图等的形状。通过拖动节点即可改变它们的形状。其快捷键是F10键。
- 【涂抹笔刷工具】 ：通过涂抹对象的边缘或者内部，使之变形。

- 【粗糙笔刷工具】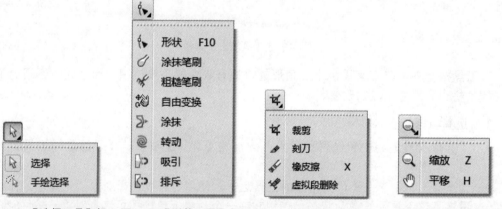：可使对象产生粗糙效果，把锯齿或者尖突效果应用于对象。
- 【自由变换工具】：使选取的对象产生自由扭转、旋转、镜像或倾斜变换。
- 【涂抹工具】：沿对象的轮廓边缘拖动来更改其边缘。
- 【转动工具】：沿对象的轮廓边缘拖动为其添加转动效果。
- 【吸引工具】：将节点吸引到光标处，从而调整对象的形状。
- 【排斥工具】：将节点推离光标处，从而调整对象的形状。

3．裁剪工具组

【裁剪工具】组中包含4种工具，分别是【裁剪工具】、【刻刀工具】、【擦除工具】和【虚拟段删除工具】，如图1.46所示。

- 【裁剪工具】：用于裁剪对象。
- 【刻刀工具】：用于将整体对象分割为独立的对象。
- 【橡皮擦工具】：可擦除选定图形中的部分或者任何内容。
- 【虚拟段删除工具】：使用该工具可以很方便地删除绘制的部分图形或线段。

4．缩放工具组

【缩放工具】组中包含两种工具，分别是【缩放工具】和【平移工具】，如图1.47所示。

- 【缩放工具】：单击页面可放大；按下Shift键，单击页面可缩小。
- 【平移工具】：用于移动页面视图；右击也可以缩小页面视图，按住左键可拖动视图。

图1.44 【选择工具】组　图1.45 【形状工具】组　图1.46 【裁剪工具】组　图1.47 【缩放工具】组

5．手绘工具组

【手绘工具】组中包含8种工具，分别是【手绘工具】、【2点线工具】、【贝塞尔工具】、【艺术笔工具】、【钢笔工具】、【B样条工具】、【折线工具】【3点曲线工具】，如图1.48所示。

- 【手绘工具】：用手绘方式绘制图形。
- 【2点线工具】：用于绘制两点直线，该工具是新增加的。
- 【贝塞尔工具】：利用节点精确绘制直线、圆滑曲线和不规则图形等。
- 【艺术笔工具】：为图形或曲线对象应用艺术笔刷效果。

- 【钢笔工具】 🖊：绘制连续的直线或曲线。
- 【B样条工具】 ᠕：用于绘制B样条线图形，该工具是新增加的。
- 【折线工具】 ᠘：用于一次一段绘制直线或曲线。
- 【3点曲线工具】 ᠙：绘制任意方向的弧线或类似弧形的曲线。

6．智能填充工具组

【智能填充工具】组中包含两种工具，分别是【智能填充工具】和【智能绘图工具】，如图1.49所示。

- 【智能填充工具】 ᠊：使用该工具可以智能填充对象。
- 【智能绘图工具】 △：使用该工具可以自由绘制曲线并组织或转换成基本的形状。

7．矩形工具组

【矩形工具】组中包含两种工具，分别是【矩形工具】和【3点矩形工具】，主要用于绘制矩形类图形，如图1.50所示。

- 【矩形工具】 □：用于绘制矩形图形，按下Shift键可以绘制正方形图形。
- 【3点矩形工具】 ᠊：用于绘制任意方向的矩形或正方形图形。

图1.48 【手绘工具】组

图1.49 【智能填充工具】组

图1.50 【矩形工具】组

8．椭圆形工具组

【椭圆形工具】组中包含两种工具，分别是【椭圆形工具】和【3点椭圆形工具】，主要用于绘制圆形类图形，如图1.51所示。

- 【椭圆形工具】 ○：用于绘制椭圆形，按住Ctrl键可以绘制正圆。
- 【3点椭圆形工具】 ᠊：用于绘制任意方向的椭圆形或正圆形。

Questions 怎样绘制同心圆？

Answered：选择工具箱中的【椭圆形工具】 ○，先绘制一个圆，然后在圆的中心点处按住快捷键【Ctrl+Shift】，拖动鼠标就能绘制出同心圆。

9．多边形工具组

【多边形工具】组中包含5种工具，分别是【多边形工具】、【星形工具】、【复杂星形工具】、【图纸工具】和【螺纹工具】，如图1.52所示。

- 【多边形工具】 ○：用于绘制各种多边形。
- 【星形工具】 ☆：用于绘制各种星形。

- 【复杂星形工具】❀：用于绘制形状较为复杂的星形。
- 【图纸工具】▤：绘制带网格的图纸。
- 【螺纹工具】◎：用于绘制对称螺纹线或对数螺旋线。

10．基本形状工具

【基本形状】工具组中包含5种工具，分别是【基本形状工具】、【箭头形状工具】、【流程图形状工具】、【标题形状工具】和【标注形状工具】，主要用来绘制多种多样的基本形状图形、箭头、流程图形、标注图形等，如图1.53所示。

- 【基本形状工具】▱：绘制平行四边形、梯形、直角三角形、圆环等基本形状。
- 【箭头形状工具】◈：绘制多种多样的箭头。
- 【流程图工具】♧：绘制流程图的多种形状。
- 【标题形状工具】▱：绘制多种标题形状。
- 【标注形状工具】▱：绘制多种标注形状。

11．文本工具

【文本工具】字用于创建或编辑变通文本或美术字文本，也可以通过拖曳来添加段落文本。

图1.51 【椭圆形工具】组

图1.52 【多边形工具】组

图1.53 【基本形状工具】组

12．表格工具

【表格工具】▦用于创建或编辑各种表格，和【表格】菜单中的【新建表格】命令是对应的。

13．平行度量工具组

【平行度量工具】组中的工具用于绘制平行、垂直或者水平的度量线。该工具组中包含多种工具，如图1.54所示。

- 【平行度量工具】✎：该工具绘制平行的度量线。
- 【水平或垂直度量工具】🕱：该工具用于绘制水平或者垂直的度量线。
- 【角度量工具】◺：该工具用于绘制具有一定角度的度量线。
- 【线段度量工具】🗠：该工具用于绘制分段的度量线。
- 【3点标注工具】✎：该工具用于绘制3点度量线。

14．直线连接器工具组

【直线连接器工具】组中的工具用于在绘制的两个对象之间创建连接线，有多个工具，只是连接方式不同而已，如图1.55所示。

- 【直线连接器工具】🖋：该工具用于以直线方式连接两个对象。
- 【直角连接器工具】🖋：该工具用于以直角折线方式连接两个对象。
- 【直角圆形连接器工具】🖋：该工具用于以圆角折线方式连接两个对象。
- 【编辑锚点工具】🖳：该工具用于编辑连接线上的锚点。

15．调和工具

【调和工具】组中包含7种工具，分别是【调和工具】、【轮廓图工具】、【变形工具】、【阴影工具】、【封套工具】、【立体化工具】和【透明度工具】，主要用来对图形进行直接、有效的编辑，创建带有特效的图形等，如图1.56所示。

- 【调和工具】🖋：该工具可以在对象之间产生调和效果，所谓调和效果，即在对象之间产生形状和颜色渐变的特殊效果。
- 【轮廓图工具】🔘：用于创建图形或文本对象向中心、向内、向外的同心轮廓线效果。
- 【变形工具】🖋：用于创建图形的变形效果。
- 【阴影工具】🖋：为图形对象添加阴影，产生阴影的三维效果。
- 【封套工具】🖋：为图形或文本对象创建封套效果。
- 【立体化工具】🖋：为图形对象添加额外的表面，产生纵深感的三维的立体化效果。
- 【透明度工具】🖋：为图形对象添加多种多样的透明效果。

图1.54 【平度度量工具】组

图1.55 【直线连接器工具】组

图1.56 【调和工具】组

16．颜色滴管工具组

【颜色滴管工具】组包括两个工具，它们主要用于吸取颜色样本或填充对象的颜色，如图1.57所示。

- 【颜色滴管工具】🖋：主要用于在编辑区吸取或者选择某一对象的颜色。
- 【属性滴管工具】🖋：该工具用于复制颜色并以复制的颜色填充对象。在一个对象上单击即可复制颜色，然后单击需要填充的对象后，即可进行填充。

17．轮廓笔工具

【轮廓笔工具】组包括如下一些工具，主要用于对图形或文字设置轮廓和轮廓颜色，如图1.58所示。

- 【轮廓笔工具】🖋：单击该按钮，打开【轮廓笔】对话框，可为对象添加轮廓、轮廓颜色和轮廓线形状。
- 【轮廓色工具】🖋：单击该按钮，打开【轮廓颜色】对话框，为对象添加颜色。

- 【细线轮廓工具】 ：在同组的按钮中，选择一个即可。
- 【彩色工具】 ：单击该按钮，打开【颜色】泊坞窗，为轮廓设置颜色。

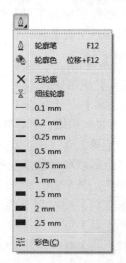

图1.57 【颜色滴管工具】组   图1.58 【轮廓笔工具】组

18. 填充工具组

【填充工具】组中的工具主要用于应用均匀、渐变、图案、纹理等多种填充效果，该工具组中工具如图1.59所示。

19. 交互式填充工具组

【交互式填充工具】组中包含两种工具，如图1.60所示。

- 【交互式填充工具】 ：用于对选定对象应用交互式填充效果。
- 【网状填充工具】 ：用于对选定对象应用交互式网状填充效果。

图1.59 【填充工具】组   图1.60 【交互式填充工具】组

Questions 怎样查看CorelDRAW X6中的快捷键？

Answered：在CorelDRAW X6中，当选择某个菜单栏或工具箱中的命令后面所对应的字母或组合键，就是该命令的快捷键，比如，如果想在全屏模式预览，可以执行菜单栏中【视图】|【全屏预览】命令，即可进入全屏模式预览，也可以按快捷键F9进入全屏预览。

1.4.6　标尺

标尺可以帮助用户准确地绘制、缩放和对齐对象。执行菜单栏中的【视图】|【标尺】命令，即可显示或隐藏标尺。

1.4.7　工作区

工作区中包含用户放置的任何图形和屏幕上的其他元素，包括标题栏、菜单栏、标准工具栏、属性栏、工具箱、标尺、泊坞窗、绘图页面等。

1.4.8　绘图页面

工作区中一个带阴影的矩形，称为绘图页面。用户可以根据实际的尺寸需要，对绘图页面的大小进行调整。在进行图形的输出处理时，可根据纸张大小设置页面大小，同时对象必须放置在页面范围之内，否则可能无法完全输出。

页面指示区位于工作区的左下角，用来显示CorelDRAW文件所包含的页面数，在各页面之间切换，或者在第1页之前、最后页面之后增加新页面，如图1.61所示。

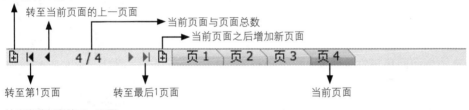

图1.61　页面指示区

Questions　怎样调整绘制页面的大小？

Answered：调整页面的大小有两种方法，一种是在新建页面时设置页面的大小和方向，另一种是执行菜单栏中的【布局】|【页面设置】命令，在打开的对话框中设置页面的大小和方向。

1.4.9　泊坞窗

泊坞窗是放置CorelDRAW X6各种管理器和编辑命令的工作面板。执行菜单栏中的【窗口】|【泊坞窗】命令，然后选择各种管理器和命令选项，即可将其激活并显示在页面上。图1.62所示为【对象管理器】泊坞窗。

1.4.10　调色板

调色板中放置了CorelDRAW X6中默认的各种颜色色标。它被默认放在工作界面的右侧，默认的色彩模式为CMYK模式。执行菜单栏中的【工具】|【调色板编辑器】命令，弹出如图1.63所示的【调色板编辑器】对话框，在该对话框中可以对调色板属性进行设置，包括修改默认色彩模式、编辑颜色、添加颜色、删除颜色、将颜色排序和重置调色板等。

图1.62 【对象管理器】泊坞窗 　　　　　　　图1.63 【调色板编辑器】对话框

1.4.11　状态栏

　　状态栏位于工作界面的最下方，分为上下两条信息栏，主要提供用户在绘图过程中的相应提示，帮助用户了解对象信息，以及熟悉各种功能的使用方法和操作技巧；单击信息栏右边的 ▶ 按钮，可以在弹出的列表中选择要在该栏中显示的信息类型。例如，当绘制出一个矩形时，状态栏中会出现如图1.64所示的工具操作提示，并显示出该对象的从标位置、所在图层和颜色属性等信息。

图1.64　状态栏

Section 1.5　工具选项设置

　　辅助绘图工具用于在图形绘制过程中提供操作参考或辅助作用，以帮助用户更快捷、更准确地完成操作。CorelDRAW X6中的辅助绘图工具包括标尺、网格和辅助线，用户可以根据绘图需要对它们进行应用和设置。

1.5.1　设置标尺

　　标尺是放置在页面上测量对象大小、位置等的测量工具。使用【标尺】，可以帮助用户准确地绘制、缩放和对齐对象。

1．显示和隐藏标尺

　　在默认状态下，标尺处于显示状态。为方便操作，用户可以自行设置是否显示标尺。执行菜单栏中的【视图】|【标尺】命令，【视图】菜单栏中的【标尺】命令前出现复选标记☑，即说明标尺已显示在工作界面上；反之则标尺被隐藏。

2. 标尺的设置

用户可根据绘图的需要，对标尺的单位、原点、刻度记号等进行设置，操作方法如下：

❶ 执行菜单栏中的【工具】|【选项】命令，或者双击标尺，在弹出的【选项】对话框的左边选择【文档】|【标尺】选项，如图1.65所示。

❷ 在【标尺】选项中设置好各参数后，单击【确定】按钮，即可完成对标尺的修改设置。

图1.65 【标尺】选项

- 【单位】选项区域：在【水平】或【垂直】的下拉列表框中选择一种测量单位，默认单位为【毫米】。
- 【原始】选项区域：在【水平】和【垂直】文本框中输入精确的数值，以自定义坐标原点的位置。
- 【记号划分】选项区域：在【记号划分】文本框中输入数值来修改标尺的刻度记号。输入的数值决定每一段数值之间刻度记号的数量。CorelDRAW X6中的刻度记号数量最多只能为20，最低为2。
- 【编辑缩放比例】按钮：单击【编辑缩放比例】按钮，弹出【绘图比例】对话框，在【典型比例】下拉列表框中可选择不同的刻度比例，如图1.66所示。

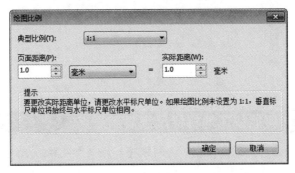

图1.66 【绘图比例】对话框

3. 调整标尺原点

有时为便于对图形进行测量，需要将标尺原点调整到方便测量的位置上。调整标尺原点的具体操作步骤如下：

❶ 将光标移至水平标尺与垂直标尺的原点 ⬚ 上，按住鼠标左键不放，将原点拖至绘图窗口中，这时屏幕上会出现两条垂直相交的虚线，如图1.67所示。

❷ 拖动原点到需要的位置后释放鼠标，此时水平标尺和垂直标尺上的原点就被设置到了这个位置，如图1.68所示。

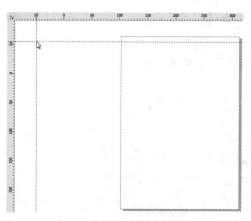

图1.67　拖动原点　　　　　　　　　　　图1.68　调整标尺理原点

用户也可以在标尺的水平或垂直方向上拖动标尺原点 ⬚。在水平标尺上拖动时，水平方向上的【0】刻度会调整到释放鼠标的位置，水平方向上的【0】刻度就是标尺的原点，如图1.69所示；同样，在垂直标尺上拖动时，垂直方向的【0】刻度会调整到释放鼠标的位置，标尺原点就被调整到相应的垂直标尺上。

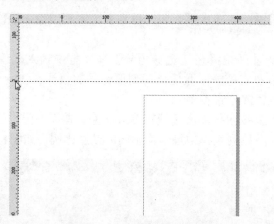

图1.69　设置水平标尺的原点

Questions　如何能快速地将标尺恢复到原点？

Answered：双击标尺原点按钮 ⬚，可以将标尺原点恢复到默认的状态。

4．调整标尺位置

在CorelDRAW X6中，标尺可放置在页面上的任何位置，可根据不同对象的测量需要来灵活调整标尺的位置。

同时调整水平和垂直标尺，将光标移动到标尺原点 $\,\overset{\ast}{}$ 上，按住Shift键的同时，按住鼠标左键拖动标尺原点，释放鼠标后标尺就被拖动到指定的位置，如图1.70所示。

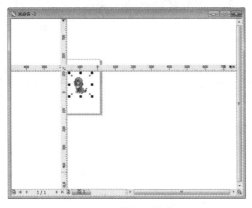

图1.70　调整标尺的位置

用户也可以分别调整水平或垂直标尺。将光标移动到水平或垂直标尺上，按住Shift键的同时，按住鼠标左键分别向下或向右拖动标尺原点，释放鼠标后，水平标尺或垂直标尺将被拖动到指定的位置，如图1.71所示。

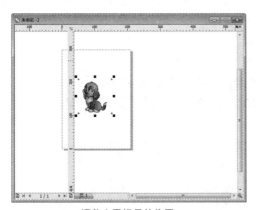
调整水平标尺的位置

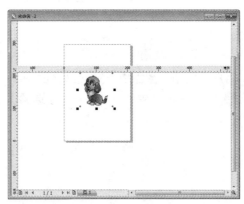
调整垂直标尺的位置

图1.71　分别调整水平和垂直标尺的位置

Questions　如何将标尺恢复之前的状态？

Answered：按住Shift键，双击标尺上任意位置，标尺将恢复为拖动前的状态。再双击标尺原点，标尺原点即被恢复为默认状态。

1.5.2　设置网格

网格是由均匀分布的水平和垂直线组成的，使用网格可以在绘图窗口精确地对齐和定位对象。通过指定频率或间隔，可以设置网格线或点之间的距离，从而使定位更加精确。

1．显示和隐藏网格

默认状态下，网格处于隐藏状态，显示网格的具体操作步骤如下：

① 在工作区的页面边缘的阴影上双击，弹出【选项】对话框，选择【文档】|【网格】选项。

② 默认状态下，【显示网格】复选框处于未选取状态，此时在工作区中不会显示网格。要显示网格，首先选中【显示网格】复选框，然后单击【确定】按钮即可。图1.72所示为显示网格后的效果。

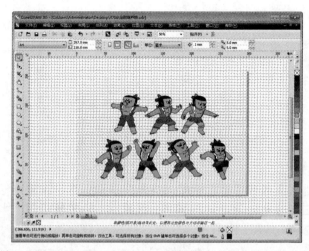

图1.72　显示网格

2．网格的设置

用户可根据绘图需要自定义网格的频率和间隔，具体操作步骤如下。

① 执行菜单栏中的【工具】|【选项】命令，在弹出的【选项】对话框中，选择【文档】|【网格】选项，如图1.73所示。

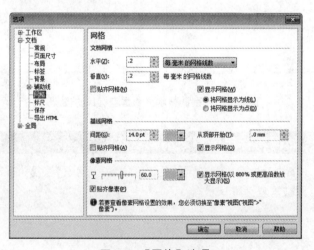

图1.73　【网格】选项

- 【间距】选项：以具体的距离数值，指定水平或垂直方向上网格线的间隔距离。
- 【每毫米的网格线数】选项：以每1毫米距离中所包含的线数指定网格的间距距离。

② 在【水平】和【垂直】文本框中输入相应的数值，设置好所有的选项后，单击【确定】按钮即可。

3．贴齐网格

要设置对齐网格功能，单击【标准】工具栏中的 贴齐(P) ▾ 按钮，从弹出的选项中勾选【贴齐网格】复选框，打开【贴齐网格】功能后，移动选定的图形，系统会自动将对象中的节点按格点对齐，如图1.74所示。

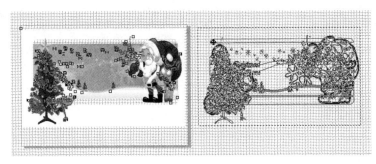

图1.74　贴齐网格

1.5.3　设置辅助线

辅助线是设置在页面上用来帮助用户准确定位对象的虚线。它可以帮助用户快捷、准确地调整对象的位置，以及对齐对象等。辅助线可放置在绘图窗口的任何位置，可设置成水平、垂直和倾斜3种形式，在进行文件输出时，辅助线不会与文件一起打印出来，但会与文件一起保存。

1．辅助线的显示和隐藏

辅助线和标尺工具一样，用户可自行设置是否显示辅助线。下面介绍显示辅助线的方法，具体操作步骤如下：

❶ 执行菜单栏中的【视图】|【辅助线】命令，【辅助线】命令前出现✓勾选标记，即说明添加的辅助线能显示在绘图窗口上，否则将被隐藏。

❷ 执行菜单栏中的【工具】|【选项】命令，或者单击【标准】工具栏中的【选项】按钮 ，在弹出的【选项】对话框中，选择【文档】|【辅助线】选项，选中【显示辅助线】复选框，如图1.75所示。

图1.75　选中【显示辅助线】复选框

● 【显示辅助线】复选框：用于隐藏或显示辅助线。

- 【贴齐辅助线】复选框：选中该复选框后，在页面中移动对象时，对象将自动向辅助线靠齐。
- 【默认辅助线颜色】选项和【默认预设辅助线颜色】选项：在对应的下拉列表中选择辅助线和预设辅助线在绘图窗口中显示的颜色。

Questions 怎样调整辅助线的角度？

Answered：辅助线也可以旋转角度，在选择辅助线的情况下单击辅助线，把辅助线呈现出旋转状态。

2. 辅助线的设置

辅助线可设置成水平、垂直和倾斜的，也可在页面中将其按顺时针或逆时针方向旋转、锁定和删除等。

将光标移动到水平或垂直标尺上，按住鼠标左键向绘图工作区拖动，即可创建一条辅助线，将辅助线拖动到需要的位置后释放鼠标，即可完成定位操作。另外，通过【选项】对话框，还可以精确地添加辅助线，以及对其属性进行设置。

- 添加水平方向辅助线

添加水平方向辅助线的具体操作步骤如下：

① 执行菜单栏中的【工具】|【选项】命令，在弹出的【选项】对话框中选择【文档】|【辅助线】|【水平】选项，如图1.76所示。

② 在【水平】下方的文本框中，输入需要添加的水平辅助线所指向的垂直标尺刻度值。

③ 单击【添加】按钮，将数字添加到下面的文字框中，如图1.77所示。

④ 设置好所有的选项后，单击【确定】按钮即可。

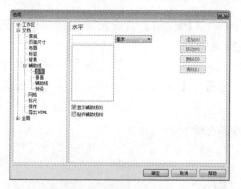

图1.76 【水平】选项

图1.77 添加水平方向辅助线

- 添加垂直方向辅助线

添加垂直方向辅助线的操作方式与添加水平方向相同。其具体方法是在【选项】对话框中选择【文档】|【辅助线】|【垂直】选项，然后在【垂直】下方的文本框中输入需要添加的垂直辅助线所指向的水平标尺刻度值，再单击【添加】按钮，将数字添加到下面的文字框中，最后单击【确定】按钮即可。

- 添加一定角度的辅助线

除了可以添加水平和垂直的辅助线外，还可以添加有一定角度的辅助线，其操作方法如下：

❶ 在【选项】对话框中选择【文档】|【辅助线】|【辅助线】选项，如图1.78所示。

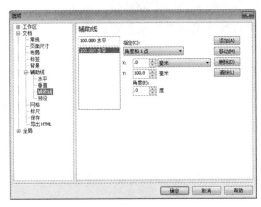

图1.78　【辅助线】选项

● 【2点】选项：指要连成一条辅助线的两个点。选择该选项后，在X、Y文本框中分别输入两点的坐标数值。
● 【角度和1点】选项：指可以指定的某个点和某个角度，辅助线以指定的角度穿过该点。选择该选项后，在X、Y文字框中输入该点的坐标，在【角度】文本框中输入指定的坐标。

❷ 选择【指定】下拉列表框中的一项，从【单位】下拉列表框中选择测量单位，默认单位为【毫米】。设置好后，单击【添加】按钮，再单击【确定】按钮即可。
● 预设辅助线
预设辅助线是指CorelDRAW X6程序为用户提供的一些辅助线设置样式，它包括【Corel预设】和【用户定义预设】两个选项。添加预设辅助线的操作步骤如下：

❶ 在【选项】对话框中选择【辅助线】|【预设】选项，如图1.79所示。
❷ 默认状态下，系统会选中【Corel预设】单选按钮，其中包括【一厘米页边距】、【出血区域】、【页边框】、【可打印区域】、【三栏通讯】、【基本网格】和【左上网格】预设辅助线。
❸ 选择好需要的选项后，单击【确定】按钮即可。
● 用户定义预设
在【预设】选项中，选中【用户定义预设】单选按钮，如图1.80所示。

图1.79　【预设】选项

图1.80　选中【用户定义预设】单选按钮

- 【页边距】选项：设置辅助线离页面边缘的距离。勾选该复选框后，在【上】、【左】旁边的文字框中输入页边距的数值，则【下】、【右】旁边的文字框中出现相同的数值。取消勾选【镜像页边距】复选框后，可在【下】、【右】旁边的文字框中输入不同的数值。
- 【栏】：指将页面垂直分栏。【栏数】是指页面被划分成栏的数量，【间距】是指每两栏之间的距离。
- 【网格】：在页面中将水平和垂直辅助线相交后形成网格的形式，可通过【频率】和【间距】来修改网格设置。

3．辅助线的使用技巧

辅助线的使用技巧包括辅助线的选择、旋转、锁定及删除等，各项技巧的具体使用方法如下：

- 选择单条辅助线

使用【选择工具】单击辅助线，则该条辅助线呈红色被选取状态，如图1.81所示。

- 选择所有辅助线

执行菜单栏中的【编辑】|【全选】|【辅助线】命令，则全部的辅助线呈现红色被选取状态，如图1.82所示。

图1.81　选择单条辅助线　　　　　　　　图1.82　选择所有辅助线

- 旋转辅助线

使用【选择工具】单击两次辅助线，当显示倾斜手柄时，将光标移动到倾斜手柄上按住左键不放，拖动鼠标即可对辅助线进行旋转，如图1.83所示。

- 锁定辅助线

选取辅助线后，执行菜单栏中的【排列】|【锁定对象】命令，该辅助线即被锁定，这时将不能对它进行移动、删除等操作。

- 解锁辅助线

将光标对准锁定的辅助线右击，在弹出的快捷菜单中选择【解锁对象】命令，如图1.84所示。

Questions 如何快速选择全部的辅助线？

Answered：在有多条辅助线时，先选择一个辅助线，再按快捷键【Ctrl+A】，将辅助线全部选中。

图1.83　旋转辅助线

图1.84　选择【解锁对象】命令

● 贴齐辅助线

为了在绘图过程中对图形进行更加精准的操作，可以执行菜单栏中的【视图】|【贴齐辅助线】命令，或者单击【标准】工具栏中的 贴齐(P) · 按钮，从弹出的下拉列表框中选择【贴齐辅助线】选项，开启【贴齐辅助线】功能。启用【贴齐辅助线】功能后，移动选定的对象时，图形对象中的节点将向距离最近的辅助线及其交叉点靠拢对齐，如图1.85所示。

● 删除辅助线

选择辅助线，按下Delete键即可。

● 删除预设辅助线

执行菜单栏中的【视图】|【设置】|【辅助线设置】命令，在弹出的【选项】对话框中，选择【文档】|【辅助线】|【预设】选项，取消选择预设辅助线即可。

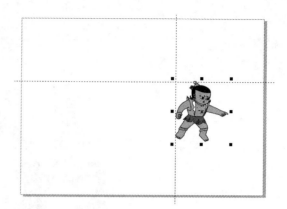

图1.85　贴齐辅助线

1.5.4　设置贴齐

在移动或绘制对象时，通过设置贴齐功能，可以将该对象与绘图中的另一个对象贴齐，也可以与目标对象中的多个贴齐点贴齐。当光标移动到贴齐点时，贴齐点会突出显示，表示该贴齐点就是光标要贴齐的目标。

通过【贴齐】对象，可以将对象中的节点、交集、中点、象限、正切、垂直、边缘、中心和文本基线等设置为贴齐点，使用户在贴齐对象时得到实时的反馈。

1．打开或关闭贴齐

要打开【贴齐】功能，执行菜单栏中的【视图】|【贴齐】命令，从弹出的选项中选择所需贴齐的对象，或者单击【标准】工具栏中的 贴齐(P) ·按钮，从弹出的下拉选项中勾选相对应的复选框。

Questions　如何快速地打开贴齐功能？

Answered：用户也可以按【Alt+Z】组合键，来打开【贴齐】功能。

2．贴齐对象

打开【贴齐】功能后，选择要与目标对象贴齐的对象，将光标移到对象上，此时会突出显示光标所在处的贴齐点；然后将该对象移动至目标对象，目标对象上会突出显示贴齐点；释放鼠标，即可使选取的对象与目标对象贴齐，如图1.86所示。

3．设置贴齐选项

默认状态下，对象可以与目标对象中的节点、交集、中点、象限、正切、垂直、边缘、中心和文本基线等贴齐点对齐。通过设置贴齐选项，可以选择是否将它们设置为贴齐点。

执行【视图】|【设置】命令，从弹出的选项中选择所需贴齐的对象，或者单击【标准】工具栏中的【贴齐】 贴齐(P) ·按钮，在弹出的【选项】对话框中，选择【工作区】|【贴齐对象】选项，如图1.87所示。

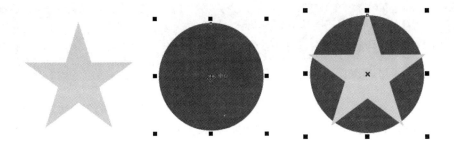

图1.86 贴齐对象

图1.87 【贴齐对象】选项

- 【贴齐对象】复选框：选中该复选框，打开贴齐对象功能。
- 【显示贴齐位置标记】复选框：选中该复选框，在贴齐对象时显示贴齐点标记；反之则隐藏贴齐点标记。
- 【屏幕提示】复选框：选中该复选框，显示屏幕提示；反之则隐藏屏幕提示。
- 【模式】选项区域：在该区域中可启用一个或多个模式复选框，以打开相应的贴齐模式。单击【选择全部】按钮，可启用所有贴齐模式。单击【全部取消】按钮，可禁用所有贴齐模式但不关闭贴齐功能。
- 【贴齐半径】选项：用于设置光标激活贴齐点时的相应距离。例如，设置贴齐半径为10像素，则当光标距离贴齐点为10个屏幕像素时，即可激活贴齐点。
- 【贴齐页面】复选框：选中该复选框，当对象靠近页面边缘时，即可激活贴齐功能，对齐到当前靠近的页面边缘。

Section 1.6 撤销、恢复、重做及重复操作

通常情况下，要绘制一幅精美的作品，需要经过反复调整、修改与比较方能完成。因此，CorelDRAW X6为用户提供了一组撤销、恢复、重做与重复命令，本节将介绍这些命令的特点与用法。

1.6.1 撤销与恢复操作

在编辑文件时，如果用户的上一步操作是一个误操作，或对操作得到的效果不满意，可以执行菜单栏中的【编辑】|【撤销】命令或单击【标准】工具栏中的【撤销】↶按钮，撤销该操作。如果连续选择【撤销】命令，则可连续撤销前面的多步操作。

此外，在【标准】工具栏中还提供了一次撤销多步操作的快捷方式，即单击【标准】工具栏中【撤销】↶按钮旁的▾按钮，然后在弹出的下拉式列表框中选择想撤销的操作，从而一次撤销该步操作及该步操作以前的多步操作。

> **Tip** 某些操作是不能撤销的，如查看缩放、文件操作（打开、保存、导出）及选择操作等。

另外，也可以执行菜单栏中的【文件】|【还原】命令来撤销操作，这时屏幕上会出现一个警告对话框。单击【确定】按钮，CorelDRAW将撤销存储文件后执行的全部操作，即把文件恢复到最后一次存储的状态。

1.6.2 重做操作

如果需要再次执行已撤销的操作，使被操作对象回到撤销前的位置或特征，则执行菜单栏中的【编辑】|【重做】命令或单击【标准】工具栏中的【重做】按钮↷。但是，该命令只有在执行过【撤销】命令后才起作用。如连续多次选择该命令，可连续重做多步被撤销的操作。

> **Tip** 与【撤销】命令一样，通过单击【重做】按钮↷旁边的▾按钮，可以在弹出的下拉列表框中一次重做多步被撤销的操作。

1.6.3 重复操作

执行菜单栏中的【编辑】|【重复】命令，可以重复执行上一次对物体所应用的命令，如填充、轮廓、移动、复制、删除、变形等任何命令。

此外，使用该命令，还可以将对某个对象执行的操作应用于其他对象。为此，只需在对原对象进行操作后，选中要应用此操作的其他对象，然后执行菜单栏中的【编辑】|【重复】命令即可。

> **Tip** 在CorelDRAW X6中，还有一种复制操作，称为再制，也是进行复制，用户要注意区分这两个概念。

文件、页面及图层管理

要想深入地了解和使用CorelDRAW X6，必须要熟悉它的工作界面。本章主要讲解CorelDRAW X6的文件操作、页面设置与管理、视图显示控制、使用图层控制对象等内容。

Chapter

02

 教学视频

在进入CorelDRAW X6后，如果要开始设计工作，那么必须首先建立新文件或打开已有文件，这也是 CorelDRAW X6最基本的操作之一。

2.1.1 新建文件

在CorelDRAW X6中，新建文件的方式有两种，即新建文件和从模板新建文件。

1. 新建文件

用户在启动CorelDRAW X6时，将会在CorelDRAW X6窗口中出现一个【欢迎】窗口。此时只要单击【新建空白文件】超链接，即可创建一个新的绘图页面。

如果已经在CorelDRAW X6工作窗口中完成了一次编辑，想再新建一个新文件，只要执行菜单栏中的【文件】|【新建】命令，或是单击工具栏中的【新建】按钮，也可以按快捷键【Ctrl+N】，即可在工作窗口中创建一个新的绘图页面。

2. 从模板新建文件

在CorelDRAW X6中附送了多个设计模板，可以这些模板为绘图基础，进行自己的设计。当出现【欢迎】窗口时，可单击【从模板新建】超链接，如果没有显示【欢迎】窗口，则执行菜单栏中的【文件】|【从模板新建文件】命令，此时将弹出如图2.1所示的【从模板新建】对话框。

在【从模板新建】对话框中，单击选择要创建的模板类型（此时可通过预览窗口预览模板），然后单击【确定】按钮，即可选定模板创建新文档。

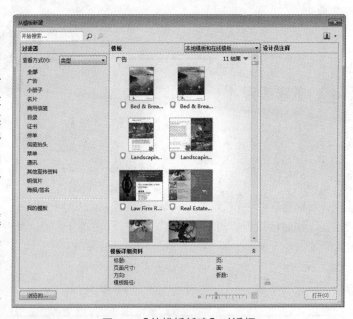

图2.1 【从模板新建】对话框

2.1.2 打开现有文件

在CorelDRAW中，如果要打开一幅已经存在的CorelDRAW文件（其扩展名为【.cdr】）来进行修改或编辑，可以使用以下3种方法：

- 执行菜单栏中的【文件】|【打开】命令。
- 单击【标准】工具栏中的【打开】按钮 📂。
- 在【欢迎】窗口中单击【打开其他文档】按钮 打开其他文档 。

无论使用哪种方式，系统都将弹出如图2.2所示的【打开绘图】对话框。此外，需要说明的是，使用打开功能只能打开CorelDRAW文件，如要打开其他非CorelDRAW文件，则需要执行菜单栏中的【文件】|【导入】命令。

图2.2 【打开绘图】对话框

Questions 怎样一次性打开多个文件？

Answered：如果希望在【打开绘图】对话框中的文件列表框中同时选中多个文件，可以在选择文件时按Shift键选择连续的多个文件，或者按住Ctrl键选择不连续的多个文件。单击【打开】按钮后，所选中的多个文件将按先后顺序依次在CorelDRAW X6中打开。

2.1.3 保存与关闭文件

在绘图过程中，为避免文件意外丢失，需要及时将编辑好的文件保存到磁盘中。在CorelDRAW X6中保存文件的具体操作步骤如下：

❶ 执行菜单栏中的【文件】|【保存】命令，或者按下【Ctrl+S】组合键，或者单击【属性栏】中的【保存】按钮 🔲，弹出如图2.3所示的【保存绘图】对话框。

图2.3 【保存绘图】对话框

② 在【文件名】文本框中输入要保存文件的名称，并在【保存类型】下拉列表框中选择保存文件的格式。

③ 在【版本】下拉列表框中，可以选择保存文件的版本（CorelDRAW的高版本可以打开低版本的，但低版本不能打开高版本的文件）。

④ 完成保存设置后，单击【保存】按钮，即可将文件保存到指定的目录。

如果要将文件改名、改换路径或改换格式保存，执行菜单栏中的【文件】|【另存为】命令，此时系统仍会打开【保存绘图】对话框。

如果要关闭当前文件，则执行菜单栏中的【文件】|【关闭】命令。其中，如果对当前文件做了修改却尚未保存，系统将会弹出如图2.4所示的【CorelDRAW X6】对话框，询问用户是否要保存对该文件所做的修改。当单击【是】按钮或【否】按钮之后，即可关闭该图形文件；单击【取消】按钮，则可以关闭该对话框。

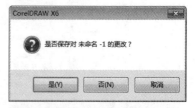

图2.4 【CorelDRAW X6】对话框

Questions **CorelDRAW X6怎么样设置自动保存？**

Answered：执行菜单栏中【工具】|【选项】命令，在打开的【选项】对话框中选择【工作区】|【保存】命令，勾选【自动备份间隔】复选框，在后面还可以设置自动保存的时间和保存路径。

2.1.4 查看文档信息

在CorelDRAW X6中，执行菜单栏中的【文件】|【文档属性】命令，打开如图2.5所示的【文档属性】对话框来查看当前打开文件的相关信息，如文件名称、页面数、层数、页面尺寸、页面方向、分辨率，图形对象数量、点数以及其他相关信息。

图2.5 【文档属性】对话框

在该对话框中，通过选中文件、文档、图形对象、文本统计、位图对象、样式、效果、填充、轮廓等复选框，可以在信息窗口中显示所选的信息内容。

此外，如果希望将所选文件信息保存为一个文本文件，以便在其他场合使用，则单击窗口中的【另存为】按钮；要打印文件信息，则单击【打印】按钮。

Section 2.2 页面设置与管理

在CorelDRAW X6中，页面管理也是一项需要了解的基础性的工作，通过学习本节，读者将了解到如何在CorelDRAW中插入、删除与重命名页面，切换页面与转换页面方向等。

2.2.1 插入、删除与重命名页面

在CorelDRAW中进行绘图工作时，常常需要在同一文档中添加多个空白页面、删除某些无用页面或对某些特定的页面进行命名等。

1. 插入页面

在当前打开的文档中插入页面的具体操作步骤如下：

❶ 执行菜单栏中的【布局】|【插入页面】命令，打开如图2.6所示的【插入页面】对话框。

图2.6 【插入页面】对话框

❷ 在【插入页面】对话框中，【页码数】选项用于设置插入页面的数量，输入需要的数值即可。还需要通过选中【之前】或【之后】单选按钮决定插入页面的位置（放置在设定页面的前面或后面）。

❸ 通过单击【纵向】按钮▫或【横向】按钮▫，可以设置插入页面的放置方式。

❹ 单击【大小】下拉列表按钮，在弹出的下拉列表框中选择插入页面的纸张类型。如需要自定义插入页面的大小，可以在【宽度】和【高度】文本框中输入数值。

❺ 设置完毕后，单击【确定】按钮，即可在文档中插入页面。

> **Tip** 在页面指示区中的某一页面标签上右击，在弹出的快捷菜单中选择适合的命令，也可以插入、删除、重命名页面或切换页面方向，如图2.7所示。

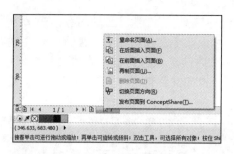

图2.7　　页面指示区快捷菜单

2．删除页面

如果要删除页面，则执行菜单栏中的【布局】|【删除页面】命令，此时将打开【删除页面】对话框，如图2.8所示。可以在【删除页面】对话框中设置要删除的某一页，也可以选中【通到页面】复选框，来删除某一范围内（包括所有页面）的所有页。

3．重命名页面

当一个文档中包含多个页面时，对个别页面设定具有识别功能的名称，可以方便对它们进行管理。

如果要设定页面名称，应首先选定要命名的页面，然后执行菜单栏中的【布局】|【重命名页面】命令，此时系统将打开如图2.9所示的【重命名页面】对话框。

图2.8　【删除页面】对话框

图2.9　【重命名页面】对话框

在【页名】文本框中输入名称，然后单击【确定】按钮，则设定的页面名称将会显示在页面指示区中。

2.2.2　切换页面与转换页面方向

在CorelDRAW X6中，当一个文档中包含多个页面时，可以通过切换的方法在不同的页面中进行编辑，也可以对同一文档中的不同页面设置不同的方向。

当一个文档中包含多个页面时，要想指定所需的页面，则执行菜单栏中的【布局】|【转到某页】命令，然后在打开的【转到某页】对话框的【转到某页】文本框中，输入转到的页面，并单击【确定】按钮即可，如图2.10所示。

图2.10　【转到某页】对话框

此外，还可通过单击页面指示区中要切换的页面标签，或单击前一页按钮、后一页按钮、第1页按钮或最后1页按钮来切换页面。

通过执行菜单栏中的【布局】|【切换页面方向】命令，可以在横向和纵向间转换所选择页页的放置方向。例如，如果当前页面为横向放置，则执行【切换页面方向】命令后，页面方向将会变为纵向。但是，切换页面方向时，页面上的内容并不会随页面方向的变换而改变位置或发生变化，如图2.11所示。

图2.11　转换页面方向前后的对比效果

　　此外，还可以在页面指示区右击，在弹出的快捷菜单中选择【切换页面方向】命令来切换页面方向。

> **Skill** 在页面指示区中需要调整顺序的页面名称上按住鼠标左键不放，然后将其拖动到指定的位置，释放鼠标即可。

2.2.3　设置页面大小、标签、版面与背景

　　在CorelDRAW X6中，布局样式决定了文件进行打印的方式。执行菜单栏中的【布局】|【页面设置】命令，在弹出的【选项】对话框中可以对页面的大小、版面、标签和背景进行设置。

1. 设置页面大小

　　在【选项】对话框中，选择【文档】|【页面尺寸】选项，【选项】对话框右侧显示【页面尺寸】的相关内容，如图2.12所示。

图2.12　【选项】对话框

* 　　【从打印机获取页面尺寸】按钮：单击该按钮，可使当前绘图页面的大小、方向与打印机设置相匹配。

- 【只将大小应用到当前页面】复选框：选中该复选框，则只有当前页面随所设置的数值发生改变。
- 【显示页边框】复选框：选中该复选框，则显示当前页面的边框部分。
- 【添加页框】：如果需要为页面添加页框，只需单击此按钮即可
- 【渲染分辨率】选项：在【渲染分辨率】下拉列表框中，可以选择页面的分辨率。
- 【出血】选项：通过设置【出血】文本框中的数值，可以设定页面的出血宽度。
- 【显示出血区域】复选框：选中该复选框，则显示当前页面出血的区域。

在实际工作中，为了便于将来进行裁剪和纠正误差，实际纸张尺寸通常要比标准尺寸大一些。也就是说，此时的可打印区域实际为【页面尺寸+出血宽度】，并且会在页面边界处打上裁剪标记。当为页面设置了背景或制作图书封面、彩色插页、广告时，通常要设置出血宽度。

2. 设置标签

如果用户需要使用CorelDRAW制作标签（如名片、各类标签等，此时可以在一个页面上打印多个标签），应首先设置标签的尺寸、标签与页面边界之间的尺寸、各标签之间的间距等参数。

在【选项】对话框中，选择【文档】|【标签】选项，可设置标签相关参数，如图2.13所示。

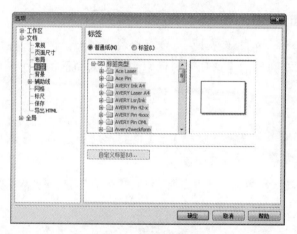

图2.13 【标签】选项

通常情况下，可以直接在【标签】类型列表框中选择一种标签，并通过预览窗口显示选中的标签样式。单击【自定义标签】按钮，则可以在弹出的【自定义标签】对话框中自定义标签，如图2.14所示。

用户可以在该对话框设置如下参数：
- 单击 + 按钮或 − 按钮：保存自定义标签或删除标签。
- 在【布局】选项区中，通过设置【列】和【行】数值，可以调整标签的列数和行数。
- 在【标签尺寸】选项区域中，可以设置标签的宽度和高度及使用的单位。如勾选【圆角】复选框，可以创建圆角标签。
- 在【页边距】选项区域中，可以设置标签到页面的距离：左、右、上、下。选中【等页边距】复选框，可以使页面的上、下或左、右边距相等。如果选中【自动保

持页边距】单选框，可以使页面上的标签水平或垂直居中。

● 在【栏间距】选项区域中，可以设置标签间的【水平】和【垂直】间距。如果选中
【自动间距】复选框，可以使标签的间距自动相等。

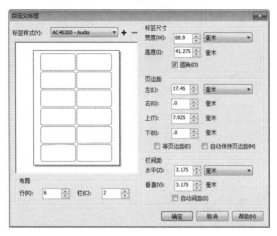

图2.14 【自定义标签】对话框

3．设置版面

在【选项】对话框中，选择【文档】|【布局】选项，可以设置布局相关参数，如
图2.15所示。

在【布局】下拉列表框中，可以选择布局的样式，通常有全页面、活页、屏风卡、帐
篷卡、侧折卡和顶折卡等，如图2.16所示。

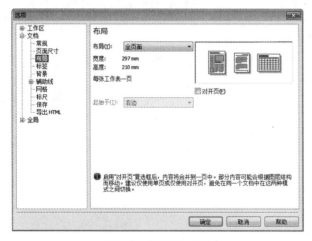

图2.15 【布局】选项

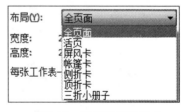

图2.16 选择布局的样式

此外，若选中【对开页】复选框，可以在多个页面中显示对开页面。此时可能会激活
【起始于】下拉列表框，在该下拉列表框中可以选择文档的开始方向是从右面开始，还是
从右页开始。

4．设置背景

执行菜单栏中的【布局】|【页面背景】命令，或者直接在已打开的【选项】对话框中的
左侧列表中选择【文档】|【背景】选项，可以为页面设置背景，如图2.17所示。

在该对话框中，有三种背景设置可供选择，即无背景、纯色背景和位图背景。其中，设置位图图像作为页面背景的具体步骤如下：

❶ 在【背景】选项中选中【位图】单选按钮，然后单击【浏览】按钮，打开【导入】对话框，如图2.18所示。

图2.17　【背景】选项　　　　　　　　　　　　图2.18　【导入】对话框

❷ 在【导入】对话框中选择一个图片文件，然后单击【打开】按钮，返回【选项】对话框中。

❸ 在【来源】选项区域选择位图的来源方式。如果选中【链接】单选按钮，表示把导入的图片链接到页面中。如果选中【嵌入】单选按钮，可以将导入的图片嵌入到页面中，其中，选择链接方式的好处是，由于图像仍独立存在，因此可减小CorelDRAW文档的尺寸。此外，当用户编辑图像后，可自动更新页面背景。

❹ 在【位图尺寸】选项区域中可以调整图像的尺寸。其中，如果选中【默认尺寸】单选按钮，将使图像以默认尺寸导入到页面中。如果图像尺寸小于页面尺寸，图像将被平铺排列，如图2.19所示。如果选择【自定义尺寸】单选按钮，可以自定义图片的尺寸，并通过选中【保持纵横比】复选框保持图像的长宽比。例如，如果希望图像尺寸与页面尺寸一致，便可选中【自定义尺寸】单选按钮，取消选择【保持纵横比】复选框，然后在【水平】与【垂直】框中输入页面的尺寸，结果将如图2.20所示。

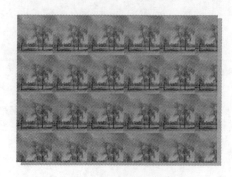

图2.19　使用图像的默认尺寸　　　　　　　图2.20　将图像尺寸调整为与页面尺寸一致

❺ 如果选中该对话框中的【打印和导出背景】复选框，可以在打印和导出时显示背景。

Section 2.3 视图显示控制

在CorelDRAW X6中，用户可根据需要选择文档的显示模式、预览文档、缩放和平移画面。如果同时打开了多个文档，还可调整各文档窗口的排列方式。

2.3.1 显示模式

在CorelDRAW X6中工作时，为了提高工作效率，系统提供了多种显示模式。不过，这些显示模式只是改变图形显示的速度，对于打印结果完全不产生任何影响。

CorelDRAW的显示模式包括8种，它们分别是【简单线框模式】、【线框模式】、【草稿模式】、【正常模式】、【增强模式】、【像素模式】和【模拟叠印模式】、【光栅化复合效果】。通常，执行【视图】菜单中的相关命令来设置这些显示模式。

下面简单地介绍各种显示模式的特点。

1. 简单线框模式

在【简单线框模式】下，所有矢量图形只显示其外框，所有变形对象（渐变、立体化、轮廓效果）只显示原始图像的外框；位图全部显示为灰度图。该模式下显示的速度最快，图2.21所示为选择简单线框模式。

2. 线框模式

在【线框模式】下，显示结果与简单线框显示模式类似，只是对所有的变形对象（渐变、立体化、轮廓效果）将显示所有中间生成图形的轮廓。

3. 草稿模式

在【草稿模式】下，所有页面中的图形均以低分辨率显示。其中花纹填色、材质填色及PostScript图案填色等均以一种基本图案显示；位图以低分辨率显示；滤镜效果以普通色块显示；渐层填色以单色显示，如图2.22所示。

图2.21　简单线框显示模式

图2.22　草稿显示模式

4. 正常模式

在【正常模式】下，页面中的所有图形均能正常显示，但位图将以高分辨率显示，如图2.23示。其刷新和打开的速度比【增强模式】稍快，但比【增强模式】的显示效果差一些。

5. 增强模式

在【增强模式】下，系统将以高分辨率显示所有图形对象，并使它们尽可能的圆滑，如图2.24所示。该显示为最佳状况，连PostScript图案填充也能正常显示。但是，该显示模式要耗用大量内存与时间，因此如果计算机的内存太小或速度太慢，显示速度会明显降低。

图2.23　正常显示模式　　　　　　　　　图2.24　增强显示模式

6. 像素模式

以位图效果的方式对矢量图形进行预览，方便用户了解图像在输出为位图文件后的具体情况，提高图像编辑工作的准确性，在放大显示比例时可以看见每个像素，如图2.25所示。

图2.25　像素显示模式

7. 模拟叠印模式

【模拟叠印模式】是在【增强模式】的视图显示基础上，模拟目标图形被设置成套印后的变化，用户可以非常方便直观地预览图像套印的效果。

8. 光栅化复合效果

【光栅化复合效果】模式是在【增强】模式的视图显示基础上，将文档中图形的颜色信息转换为屏幕上的像素，并增强透明、斜角、阴影等的打印预览效果。

2.3.2 预览显示

在CorelDRAW X6中，通过执行【视图】菜单中的相关命令，可以全屏方式进行预览，也可以仅对选定区域中的对象进行预览，还可以进行分页预览。

1．全屏预览

执行菜单栏中的【视图】|【全屏预览】命令或者按F9键，CorelDRAW X6会将屏幕上的菜单栏、工具栏及所有窗口等都隐藏起来，只以文档充满整个屏幕。该预览方式可以使图形的细节显示得更清楚，如图2.26所示。

在对所选对象进行全屏预览后，再次按下F9键、Esc键或使用鼠标单击屏幕，均可恢复到原来的预览状态。

2．只预览选定的对象

执行菜单栏中的【视图】|【只预览选定的对象】命令，并在文档页面中选择将要显示的对象（一个或多个）或一个对象的某些部分，然后执行菜单栏中的【视图】|【全屏预览】命令，便可对所选对象进行全屏预览。

3．分页预览

执行菜单栏中的【视图】|【页面排序器视图】命令，可以对文件中包含的所有页面进行预览，如图2.27所示。

图2.26 全屏预览

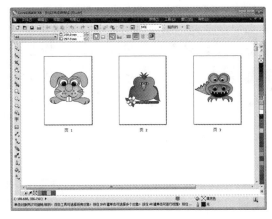

图2.27 页面排序器视图

进入分页预览显示模式后，如果希望返回正常显示状态，可首先使用选择工具选中某一页面，然后再次选择【视图】|【页面排序器视图】菜单命令，将其前面的☑取消，即可返回正常显示状态。

4．视图管理器

选择【视图管理器】菜单之后即可打开或者关闭【视图管理器】泊坞窗，方便用户对视图画面效果进行查看。

Questions 预览显示会被打印出来吗？

Answered：预览显示只是在软件编辑对象时显示的模式，后面的打印不会受到影响，打印出的是增强模式。

2.3.3 缩放与平移

单击【工具箱】中的【缩放工具】组按钮Q右下角的小三角形，可打开显示控制工具，此时将看到【缩放工具】与【平移工具】，如图2.28所示。

图2.28 【缩放工具】与【平移工具】

此外，使用【缩放工具】属性栏可以进行更多的显示控制。

1. 使用缩放工具

在绘图工作中经常需要将绘图页面放大与缩小，以便查看个别对象或整个绘图的结构。使用【工具箱】中的【缩放工具】Q，即可控制图形显示。此外，也可以借助该工具的属性栏来改变图像的显示情况。

- 单击【工具箱】中的【缩放工具】Q后，将光标移至工作区，光标将显示为Q形状。此时直接在工作区单击，系统将以单击处为中心放大图形。
- 如果希望放大区域，可以单击，拖动鼠标框选出需要放大显示的区域，释放鼠标左键后，该区域将被放大至充满工作区。
- 如果希望缩小画面显示，则右击或者在按下Shift键的同时在页面上单击，此时光标显示为Q形状，并且将以单击处为中心缩小画面显示。

> **Skill** 按下Shift键的同时，在页面上右击，此时光标显示为Q形状，并且以单击处为中心放大画面显示。

2. 使用【缩放工具】属性栏

除了可以使用【缩放工具】直接对绘图页面进行缩放外，还可以使用该工具的属性栏调节页面显示比例，也可以通过单击各按钮对页面进行多种显示调整，图2.29所示为【缩放工具】属性栏。

图2.29 【缩放工具】属性栏

- 【放大】按钮Q：其快捷键为F2，单击【放大】按钮Q视图将放大两倍，按下鼠标右键会缩小为原来的50%显示。
- 【缩小】按钮Q：其快捷键为F3，单击【缩小】按钮Q视图将缩小为原来的50%显示。

- 【缩放选定对象】按钮🔍：其快捷键为【Shift+F2】，单击【缩放选定对象】按钮🔍将选定的对象最大化地显示在页面上。
- 【缩放全部对象】按钮🔍：其快捷键为F4，单击【缩放全部对象】按钮🔍将对象全部缩放在页面上，按下鼠标右键会缩小为原来的50%显示。
- 【显示页面】按钮🔍：其快捷键为【Shift+F4】，单击【显示页面】按钮🔍将页面的宽和高最大化地全部显示出来。
- 【按页宽显示】按钮🔍：按页面宽度显示，单击【按页宽显示】按钮🔍，并按下鼠标右键会将页面缩小为原来的50%显示。
- 【按页高显示】按钮🔍：最大化地将页面高度显示，单击【按页高显示】按钮🔍，并按下鼠标右键会将页面缩小为原来的50%显示。

Questions 使用缩放工具怎么指定局部放大？

Answered：选择【缩放工具】后，在想要放大的区域拖动绘制一个区域，然后释放鼠标，即可将指定的区域局部放大。

3. 使用【视图管理器】显示对象

使用视图管理器，可以方便用户查看画面效果。执行菜单栏中的【视图】|【视图管理器】命令，或者执行菜单栏中的【窗口】|【泊坞窗】|【视图管理器】命令，打开如图2.30所示的【视图管理器】泊坞窗。

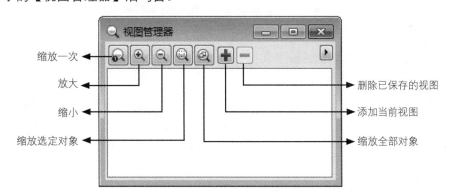

图2.30 【视图管理器】泊坞窗

- 【缩放一次】按钮🔍：单击该按钮或者按下F12键，光标变为状态时，单击鼠标左键，可完成放大一次的操作，相反，单击鼠标右键可完成缩小一次的操作。
- 【放大】按钮🔍和【缩小】按钮🔍：单击按钮，可以分别执行放大或缩小对象显示的操作。
- 【缩放选定对象】按钮🔍：选取对象后，单击该按钮或者按下快捷键【Shift+F2】，即可对选定对象进行缩放。
- 【缩放全部对象】按钮🔍：单击该按钮或者按下F4键，即可将全部对象缩放。
- 【添加当前视图】按钮➕：单击该按钮，即可将当前视图保存。
- 【删除已保存的视图】按钮➖：选中保存的视图后，单击该按钮，即可将其删除。

通过【视图管理器】泊坞窗，可以保存当前CorelDRAW文档的视图，以便随时切换到该视图状态。保存和编辑视图的方法如下：

❶ 打开一个图形文件，并调整好视图比例，然后在【视图管理器】窗口中单击【添加当前视图】按钮，即可将当前视图状态保存下来，如图2.31所示。

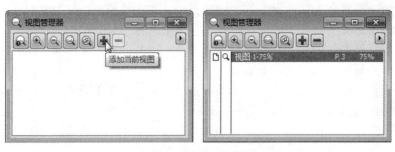

图2.31　添加当前视图

❷ 在保存的视图名称上单击，然后在出现的文本框中输入新的名称，即可为保存的视图重命名，如图2.32所示。

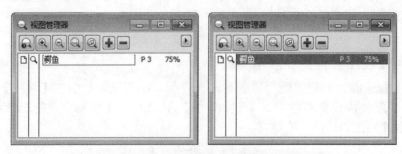

图2.32　重命名当前视图

❸ 在【视图管理器】泊坞窗中选择保存的视图，然后单击【删除已保存的视图】按钮，可以将保存的视图删除。

Skill 在【视图管理器】泊坞窗中，单击已保存的视图左边的页面图标，使其成为灰色状态显示（表示禁用），当用户切换到该视图时，CorelDRAW只切换到缩放级别，而不切换到页面。同样，如果禁用放大镜图标，则CorelDRAW只切换页面，而不切换到该缩放级别。

4．更改缩放工具的默认设置

可以通过在【选项】对话框中调整缩放工具的各项参数，更改缩放工具的默认设置，具体操作步骤如下：

❶ 执行菜单栏中的【工具】|【选项】命令，打开【选项】对话框，并在该对话框左边的列表中选择【工具箱】|【缩放、平移工具】选项，如图2.33所示。

❷ 选中【鼠标按钮2用作缩放工具】下的【缩小】单选按钮，表示可以在页面上通过右击缩小页面显示；如果选中【上下文菜单】单选按钮，在页面上右击将弹出如图2.34所示的快捷菜单。

❸ 选中【鼠标按钮2用作平移工具】下的【缩小】单选按钮，表示可以在页面上通过右击缩小页面显示；如果选中【上下文菜单】单选按钮，表示在页面上右击将显示快捷菜单。

❹ 如果选中【按实际大小1:1】复选框，那么可以使缩放工具相对真实距离进行缩放。

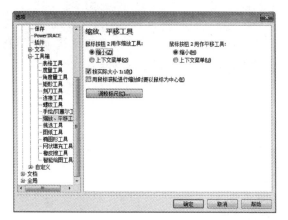
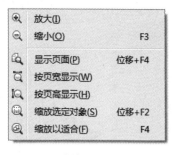

图2.33 【缩放、平移工具】选项　　　　　　　图2.34 【缩放工具】的快捷菜单

❺ 若使用实际大小显示模式在CorelDRAW中编辑，可以使用标尺作为参考来目测对象的大小。但是，在实际工作中，屏幕上水平与垂直标尺的精度会由于屏幕分辨率的不同而略有差异，因此需要对标尺进行校正。为此，可以单击【调校标尺】按钮，此时系统将显示如图2.35所示的标尺校正屏幕。

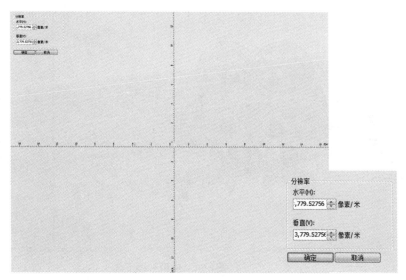

图2.35 标尺校正屏幕

❻ 用一个透明塑料尺平贴在屏幕中的水平标尺上，用鼠标逐次调整该屏幕左上角【分辨率】下的【水平】数值，直到屏幕上的水平标尺刻度与塑料尺上的刻度完全吻合为止。

❼ 重复步骤❺，逐步调整【垂直】数值，直到屏幕上的垂直标尺刻度与塑料尺上的刻度完全吻合为止。

❽ 单击【确定】按钮，即完成标尺的校正。以后在CorelDRAW中编辑时，当使用实际大小显示模式时，可以在屏幕上看到对象的实际大小，这一点对于专业的设计者而言是十分重要的。

Questions 怎样让对象能够全屏幕显示?

Answered：在工具箱中双击【缩放工具】 Q，页面上的对象就能满屏幕显示。

5．使用平移工具

当页面显示超出当前工作区时，为了观察页面的其他部分，可选择工具箱中的平移工具。选择该工具后，在页面上单击并拖动即可移动页面，如图2.36所示。

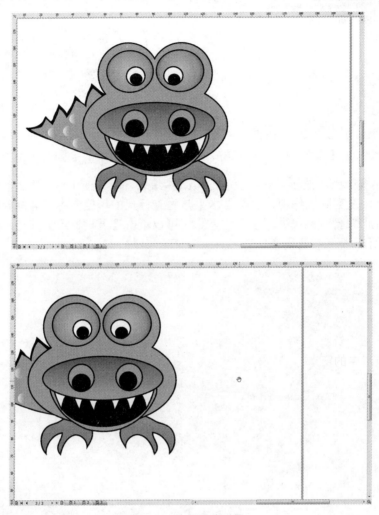

图2.36　使用平移工具

2.3.4　窗口操作

在CorelDRAW X6中进行设计时，为了观察一个文档的不同页面，或同一页面的不同部分，或同时观察两个或多个文档，都需要同时打开多个窗口。为此，可以执行【窗口】菜单栏中的相应命令来新建窗口或调整窗口的显示。

1．新建窗口

在实际的绘图工作中，经常需要建立一个和原有窗口相同的窗口来对比修改的图形对象，执行菜单栏中的【窗口】|【新建窗口】命令，即可创建一个和原有窗口相同的窗口，如图2.37所示。

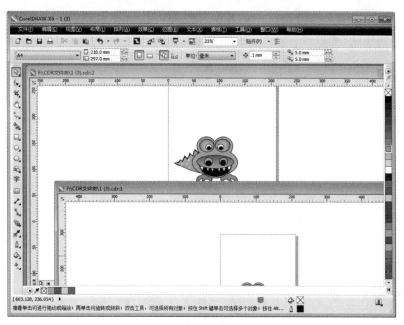

图2.37　新建的相同窗口

2．层叠窗口

执行菜单栏中的【窗口】|【层叠】命令，可以将多个绘图窗口按顺序层叠在一起，这样有利于用户从中选择需要使用的绘图窗口，如图2.38所示。通过单击要切换的窗口的标题栏，即可将选中的窗口为当前窗口。

图2.38　层叠窗口

3．平铺窗口

如果希望同时在屏幕上显示两个或多个窗口，可以选择平铺方式，执行菜单栏中的

【窗口】|【水平平铺】命令，效果如图2.39所示。执行菜单栏中的【窗口】|【垂直平铺】命令，效果如图2.40所示。

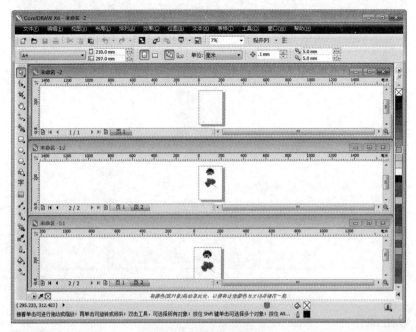

图2.39　水平平铺窗口

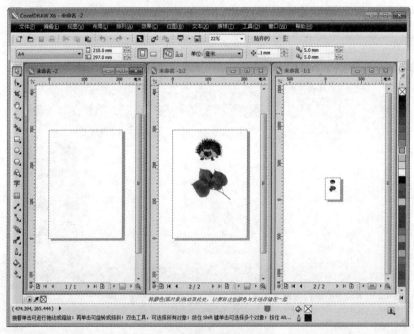

图2.40　垂直平铺窗口

4．排列窗口

执行菜单栏中的【窗口】|【排列窗口】命令，可以将调节后的窗口按照一定的顺序进行重新排列。不过使用该命令时，必须将窗口最小化。

5．关闭窗口

如需将当前窗口关闭，执行菜单栏中的【窗口】|【关闭】命令。如果在没有保存当前文件窗口的情况下执行该命令，系统将显示一个信息框，提示用户是否保存对该文件所做的修改。该命令的功能等同与【文件】菜单下的【关闭】命令。

若要将打开的所有文件窗口一次性全部关闭，则执行菜单栏中的【窗口】|【全部关闭】命令。

6．刷新窗口

执行菜单栏中的【窗口】|【刷新窗口】命令，可以刷新文件窗口中没有完全显示的图像，使之完整地显示出来。

Questions 怎样使用【排列窗口】命令?

Answered：【排列窗口】命令，只能在窗口最小化时进行排列。当窗口在最小化的状态下执行菜单栏中的【窗口】|【排列窗口】命令，即可将窗口排列在工作区的左下角。

Section 2.4 使用图层控制对象

在CorelDRAW X6中绘制的图形都是由多个对象堆叠组成，通过调整这些对象叠放的顺序，可以改变绘图的最终组成效果。

在CorelDRAW X6中，控制对象和管理图层的操作都是通过【对象管理器】泊坞窗完成，默认状态下，每个新创建的文字都是由默认页面（页面1）和主页面构成。默认页面包含辅助线图层和图层1，辅助线图层用于存储页面上特定的（局部）辅助线。图层1是默认的局部图层，在没有选择其他的图层时，在工作区中绘制的对象都将添加到图层1上。

主页面包含应用于当前文档中所有的页面信息。默认状态下，主页面可包含辅助线图层，桌面图层和网格图层。

● 辅助线图层：包含用于文档中所有页面的辅助线。
● 桌面图层：包含绘图页面边框外部的对象，该图层可以创建以后可能要使用的绘图。
● 网格图层：包含用于文档中所有页面的网格，该图层始终位于图层底部。

执行菜单栏中的【窗口】|【泊坞窗】|【对象管理器】命令，打开如图2.41所示的【对象管理器】泊坞窗。单击【对象管理器】泊坞窗右上角的▸按钮，可弹出如图2.42所示的快捷菜单。

图2.41 【对话管理器】泊坞窗

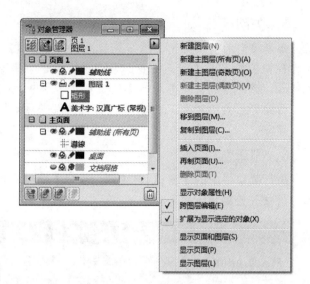

图2.42 快捷菜单

【对象管理器】泊坞窗中各选项含义如下：

● 【显示或隐藏图层】按钮：单击 按钮，可以隐藏图层。在隐藏图层后，按钮将变为 状态，单击 按钮，又可以显示图层。

● 【启用还是禁止打印和导出】按钮：单击 按钮，可以禁用图层的打印和导出，此时按钮变为 状态。禁用打印和导出图层后，可防止该图层中的内容被打印或导出到绘图中，也防止在全屏预览中显示。单击 按钮，又可启用图层的打印和导出。

● 【锁定和解锁】按钮：单击 按钮，可锁定图层，此时图标将变为 状态。单击 按钮，可解除图层的锁定，使图层成为可编辑状态。

● 在【对象管理器】泊坞窗的快捷菜单中，各命令功能如下：

● 【新建图层】命令：选择该命令，可新建一个图层。

● 【新建主图层（所有页）】命令：选择该命令，可新建一个主图层。

● 【新建主图层（奇数页）】命令：选择该命令，可在奇数页中新建图层。

● 【新建主图层（偶数页）】命令：选择该命令，可在偶数页中新建图层。

● 【删除图层】命令：选择需要删除的图层，然后选择该命令，可以将所选的图层删除。

● 【移到图层】命令：选取需要移动的图层，然后选择【移到图层】命令，再单击目标图层，即可将所选的对象移动到目标图层中。

● 【复制到图层】命令：选区需要复制的对象，然后选择【复制到图层】命令，再单击目标图层，即可将所选的对象复制到目标图层中。

● 【插入页面】命令：选择该命令后，可以插入一个新的页面。

● 【再制页面】命令：选择该命令后，可以再制一个页面。

● 【删除页面】命令：选择该命令后，可以删除页面。

● 【显示对象属性】命令：选择该命令，显示对象的详细信息。

● 【跨图层编辑】命令：当该命令为 勾选状态时，可允许编辑所有的图层；当取消该命令的勾选时，只能允许编辑活动的图层，也就是所选的图层。

● 【扩展为显示选定的对象】命令：选择该命令，显示所选的对象。

- 【显示页面和图层】命令：选择该命令，【对象管理器】泊坞窗内会显示页面和图层。
- 【显示页面】命令：选择该命令，【对象管理器】泊坞窗内只显示页面。
- 【显示图层】命令：选择该命令，【对象管理器】泊坞窗内只显示图层。

2.4.1　创建图层

在【对象管理器】泊坞窗中，单击【新建图层】按钮，即可创建一个新图层，同时在出现的文字编辑框中可以修改图层的名称。默认状态下，新建的图层以【图层2】命名，如图2.43所示。

如果要在主页面中创建新的主图层，单击【对象管理器】泊坞窗左下角的【新建主图层】按钮即可，如图2.44所示。

2.4.2　删除图层

在绘图过程中，如果要删除不需要的图层，可在【对象管理器】泊坞窗中单击需要删除的图层名称，然后单击该泊坞窗中的【删除】按钮，如图2.45所示，或者按下Delete键，即可删除选中的图层。

图2.43　新建图层　　　　　图2.44　新建主图层（所有页）　　　　　图2.45　单击【删除】按钮

Questions　**怎样删除锁定的图层？**

Answered：默认页面（页面1）不能被删除或复制，同时辅助线图层、桌面图层和网格图层也不能被删除。如果需要删除的图层被锁定，那么必须将该图层解锁后，才能将其删除，在删除图层时，将同时删除该图层上的所有对象，如果要保留该图层上的对象，可先将对象移动到另一个图层上，然后再删除当前图层。

2.4.3　在图层中添加对象

要在指定的图层中添加对象，首先需要保证该图层处于未锁定状态。如果图层被锁定，可在【对象管理器】泊坞窗中单击图层名称前的按钮，将其解锁。

在图层中添加对象的方法是在图层名称上单击，使该图层成为选取状态，然后在

CorelDRAW中绘制、导入和粘贴到CorelDRAW中的对象，都会被放置在该图层中，如2.46所示。

图2.46 在图层中添加对象

2.4.4 在新建的主图层中添加对象

在新建主图层时，主图层始终都将添加到主页面上，并且添加到主图层上的内容在文档的所有页面上都可见，用户可以将一个或多个图层添加到主页面，以保留这些页面具有相同的页眉、页脚或者静态背景等内容。

在新建的主图层中添加对象的具体操作步骤如下：

❶ 单击【对象管理器】泊坞窗左下角的【新建主图层（所有页）】🔲按钮，新建一个主图层为【图层1】。

❷ 执行菜单栏中的【文件】|【导入】命令，导入一张作为页面背景的图片，此时该图像将被添加到主图层【图层1】中，如图2.47所示。

❸ 在页面标签中单击🔲按钮，为当前文件插入一个新的页面，得到【页面2】，此时可以发现页面2具有与页面1相同的背景。

❹ 执行菜单栏中的【视图】|【页面排序器视图】命令，可以同时查看两个页面的内容，如图2.48所示。

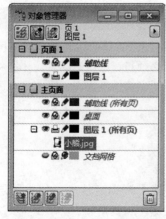

图2.47 在主图层中添加对象

页 1　　　　　　　　　页 2

图2.48 查看页面内容

2.4.5 在图层中移动和复制对象

在【对象管理器】泊坞窗中，可以移动图层的位置或者将对象移动到不同的图层中，也可以将选取的对象复制到新的图层中。具体的操作方法如下。

1．在图层中移动对象

要移动图层，可以在图层名称上单击，选取需要移动的图层，然后将该图层拖动到新的位置即可，如图2.49所示。

图2.49　移动图层

要移动对象到新的图层，首先选择对象所在的图层，并单击图层名称左边的⊞按钮，展开该图层的所有子图层，然后选择所要移动的对象所在的子图层，向新图层拖动，当光标变为➡▮状态时释放鼠标，即可将该对象移动到指定的图层中，如图2.50所示。

图2.50　移动图层中的对象

2．在图层中复制对象

在不同图层之间复制对象，可以在【对象管理器】泊坞窗中，选择需要复制的对象所在的子图层，然后按快捷键【Ctrl+C】进行复制，再选择目标图层，按快捷键【Ctrl+V】进行粘贴，即可将选取的对象复制到新的图层中，如图2.51所示。

图2.51　在图层中复制对象

Questions　怎样在对象管理器中快速选择对象?

Answered：在【对象管理器】泊坞框中单击所在的图层即可选择图层中的对象。

对象的基本操作

在CorelDRAW X6，对象的操作包括选取对象、移动对象、旋转对象、缩放对象、镜像对象、对齐对象、分布对象等，这其中的大部分可以使用鼠标来粗略地实现，而要比较精确地进行设置，还必须通过在属性栏中设置相应的参数来实现。本章主要讲解在CorelDRAW X6中选取对象、剪切、复制、再制与删除对象、变换对象、改变对象的堆叠顺序、群组与结合对象、对齐与分布对象、锁定与转换对象、查找与替换对象等知识。

Chapter 03

 教学视频

○ 选取对象	视频时间5:44
○ 剪切、复制、再制与删除对象	视频时间6:00
○ 变换对象	视频时间12:07
○ 改变对象的堆叠顺序	视频时间7:25
● 群组与结合对象	视频时间6:21
○ 对齐与分布对象	视频时间6:17
○ 锁定与转换对象	视频时间7:41

Section 3.1 选取对象

在CorelDRAW X6中，对图形对象的选择是编辑图形时最基本的操作。如果要编辑处理一个对象，必须先选取对象。在CorelDRAW X6中，对象的选取方式有多种，可根据不同的目的而交互运用。

3.1.1 选取单一对象

需要选择单个对象时，在【工具箱】中单击【选择工具】按钮 ，在页面中使用鼠标在要选取的对象上单击一下，该对象周围出现一些黑色的控制点，则表示该对象已经被选中，如图3.1所示。

如果对象是处于组合状态的图形，要选择对象中的单个图形元素，可在按下Ctrl键的同时，使用鼠标左键单击所要选择的图形，此时图形周围的控制点将变为小圆点，表明该图形已经被选中，如图3.2所示。用户也可以使用快捷键【Ctrl+U】将对象解组后，再选择单个图形。

选择对象时，也可以在将要选取对象的左上角或右上角处单击鼠标左键不放，然后沿着对角线方向拖动出一个虚线框以完全包含该对象，当释放鼠标左键后，即可看到该对象处于被选取状态，如图3.3所示。

> **Skill** 利用空格键可以从其他工具快速切换到【选择工具】，再按一下空格键，则切换回原来的工具。在实际工作中，用户会亲身体验到这种切换方式所带来的便利。

图3.1　选择单个对象

图3.2　选择群组中的单个对象

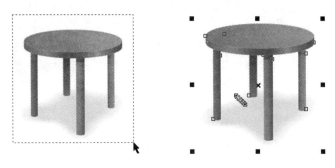

图3.3 使用框选方式选择单个对象

Tip 用户也可以通过【选项】对话框来更改【选择工具】的默认值,其方法是执行菜单栏中的【工具】|【选项】命令,在弹出的【选项】对话框中,选择该对话框左侧的【工具箱】|【挑选工具】选项,在右侧可以根据需要更改【选择工具】的默认值,如图3.4所示。

图3.4 【挑选工具】选项

- 【十字线游标】复选框:选中该复选框,可以将【选择工具】后的鼠标指针变为十字鼠标指针。
- 【视所有对象为已填充】复选框:选中该复选框,可将所有图形对象(包括未填充的对象)视为已填充的对象,从而可在对象内部单击来选定它。如取消选择该复选框,则单击无填充对象内部将不能选中该对象。
- 【重绘复杂对象】复选框:选中该复选框,将激活【延迟】数值框。使用该数值框可以调节移动对象时绘制线轮廓的延迟时间。
- 【Ctrl和Shift键】选项区域:选中【Ctrl和Shift键】选项区域下的【传统CorelDRAW】单选按钮后,按住Ctrl键具有约束鼠标的功能,按住Shift键可以确保对象从中心成比例变化;如果选中【Windows标准】单选按钮,可以使Ctrl键具有复制对象且可以将原对象置于后面的功能,Shift键具有约束鼠标的功能。

Questions 如何将【选择工具】和别的工具快速切换?

Answered:利用空格键可以从其他工具快速切换到【选择工具】,再按一下空格键,则切换回原来的工具。在实际工作中,用户会亲身体验到这种切换方式所带来的便利。

3.1.2 选取多个对象

在实际操作中，经常需要同时选择多个对象进行编辑，选择多个对象的操作方法如下：

❶ 在【工具箱】中单击【选择工具】按钮，选中其中一个对象。

❷ 按住Shift键不放，逐个单击其余的对象即可，如图3.5所示。

图3.5 选取多个对象

用户也可以与选择单个对象一样，在工作区中对象以外的地方单击鼠标左键不放，拖动鼠标创建一个虚线框，框选出所要选择的所有对象，释放鼠标后，即可看到选框范围内的对象都被选取。

3.1.3 按一定顺序选取对象

使用Tab快捷键，可以很方便地按图形的图层关系，在工作区中从上到下快速地依次选取对象，并依次循环选取，其操作步骤如下：

❶ 在【工具箱】中单击【选择工具】按钮，按下Tab键，直接选取在CorelDRAW X6中最后绘制的图形。

❷ 按下Tab键后，系统会按用户绘制图形的先后顺序从后到前逐渐选取对象。

3.1.4 选取重叠对象

在CorelDRAW X6中，使用【选择工具】选择被覆盖在对象下面的图形时，总是会选到最上层的对象。选取重叠对象的具体操作步骤如下：

❶ 在【工具箱】中单击【选择工具】按钮，按下Alt键的同时，在重叠处单击，即可选取覆盖的图形。

❷ 再次单击，则可选取下一层的对象，依此类推，重叠在后面的图形都可以被选中，如图3.6所示。

图3.6 选取重叠对象

3.1.5　全部选取对象

全选对象是指选择工作区中所有的对象，其中包括所有的图形对象、文本、辅助线和相应对象上的所有节点。

执行菜单【编辑】|【全选】命令，弹出如图3.7所示的菜单选项，其中有【对象】、【文本】、【辅助线】和【节点】4个全选命令，执行不同的全选命令会得到不同的全选结果。

- 【对象】命令：选取绘图窗口中所有的对象，如图3.8所示。
- 【文本】命令：选取绘图窗口中所有的文本对象，如图3.9所示。
- 【辅助线】命令：选取绘图窗口中的所有辅助线，被选取的辅助线呈红色被选取状态，如图3.10所示。
- 【节点】命令：在选取当前页中其中一个对象后，该命令才能使用，且被选取的对象必须是曲线对象。执行该命令后，所选对象中的全部节点都将被选中，如图3.11所示。

图3.7　【全选】菜单命令

图3.8　选取全部对象

图3.9　选取文本对象

图3.10　选取辅助线

图3.11　选取节点

Questions　快速选择全部对象的方法是什么?

Answered：单击【选择工具】按钮，可以通过框选的方式，对所有需要的图形对象进行选择；双击工具箱中的【选择工具】按钮，则可以快速地选择工作区中的所有对象，也可以按快捷键【Ctrl+A】将对象全部选中。

3.1.6　取消选取对象

如果要取消对象的选择状态，则使用鼠标在页面区的空白处单击一下即可。另外，通过按Esc键也可以取消选择对象。

Section 3.2 剪切、复制、再制与删除对象

在编辑处理对象的过程中，经常需要制作图形对象的副本，或将不需要的图形对象清除，本节将简单介绍CorelDRAW X6提供的剪切、复制、再制及删除等功能。

3.2.1 剪切、复制、粘贴对象

CorelDRAW X6中的【复制】命令经常与【粘贴】命令结合，主要用于制作所选图形和文件的副本。在使用图形和文件的副本时，可以保持原图形与文件的状态和属性不变。使用【剪切】命令同样可以制作出与原对象相同的对象，但是【剪切】命令将会把原来所选的对象清除。

1. 复制对象

如果要为CorelDRAW 中绘制好的图形制作副本，执行菜单栏中的【编辑】|【复制】命令，或单击【属性栏】中的【复制】按钮，即可将所选对象复制到剪贴板中。

2. 剪切对象

如果要将对象复制到剪切板并且将对象从原位置清除，则执行菜单栏中的【编辑】|【剪切】命令，或单击【属性栏】中的【剪切】按钮。

3. 粘贴对象

执行菜单栏中的【编辑】|【粘贴】命令，或单击【属性栏】中的【粘贴】按钮，即可将剪贴板中的对象粘贴到当前页面中。

> **Tip** 在粘贴对象后，它们是重叠在一起的，需要使用【选择工具】把它们移开后，才能看到粘贴后的效果，如图3.12所示。

图3.12　复制和粘贴对象

> **Tip** 只有执行了菜单栏中的【复制】或【剪切】命令之后，才能激活【粘贴】命令和按钮。如果使用【复制】命令复制对象，则粘贴后的复制对象将重叠在原对象的正上方，只有将粘贴的对象移至适当位置，才能看到原对象。

3.2.2 对象的再制

使用【选择工具】选择对象后，然后执行菜单栏中的【编辑】|【再制】命令，可以将该对象再制一份，如图3.13所示。

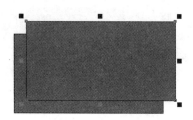

图3.13 再制对象

执行菜单栏中的【编辑】|【再制】命令，在弹出的如图3.14所示的【再制偏移】对话框中，通过设置水平偏移和垂直偏移的数值可以设置原对象与再制对象的距离。另外，在无任何选取对象的状下，可以通过属性栏设置默认的再制偏移距离，在【再制距离】文本框中输入x、y方向上的偏移值即可，如图3.15所示。

图3.14 【再制偏移】对话框

图3.15 【再制距离】文本框

Questions 为什么执行菜单栏中的【编辑】|【再制】命令后，没有弹出【再制偏移】对话框?

Answered：【再制偏移】对话框只在软件安装完成之后首次使用时打开，以后不会再显示，如果需要更改相关数值，可以执行菜单栏中的【工具】|【选项】命令，在打开的对话框的【文档】|【常规】|中进行修改。

3.2.3 复制对象属性

在CorelDRAW X6中，复制对象属性是一种比较特殊、重要的复制方式，它可以方便快捷地将指定对象中的轮廓笔、轮廓色、填充和文本属性通过复制的方法应用到所选对象中。复制对象属性的具体操作步骤如下：

❶ 使用【选择工具】按钮选择需要复制属性的对象，如图3.16所示。

❷ 执行菜单栏中的【编辑】|【复制属性自】命令，将弹出如图3.17所示的【复制属性】对话框。

● 【轮廓笔】复选框：选中该复选框，应用于对象的轮廓笔属性，包括轮廓线的宽度、样式等。

● 【轮廓色】复选框：选中该复选框，应用于对象轮廓线的颜色属性。

● 【填充】复选框：选中该复选框，应用于对象内部的颜色属性。

● 【文本属性】复选框：选中该复选框，只能应用于文本对象，可复制指定文本的大小、字体等文本属性。

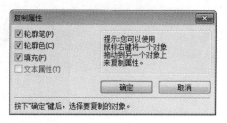

图3.16　选取对象　　　　　　　　　　　图3.17　【复制属性】文本框

❸ 在【复制属性】对话框中，选择需要复制的对象属性选项，这里已选中【轮廓笔】、【轮廓色】、【填充】复选框。

❹ 单击【确定】按钮，当光标变为➡状态后，单击用于复制属性的源对象，即可将该对象的属性按设置复制到所选择的对象上，如图3.18所示。

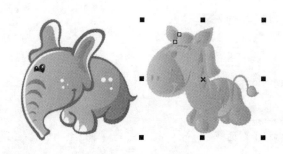

图3.18　复制对象属性

> **Tip**　在对象上按住鼠标右键不放，并将对象拖动至另一个对象上，然后释放鼠标，在弹出的快捷菜单中选择【复制填充】、【复制轮廓】或【复制所有属性】命令，即可将源对象中的填充、轮廓或所有属性复制到所选对象上，如图3.19所示。
>
> 移动(M)
> 复制(C)
>
> 复制填充(F)
> 复制轮廓(O)
> 复制所有属性(A)
> 将填充/轮廓复制到群组(G)
>
> 图框精确剪裁内部(I)
> 添加到翻转(R)
>
> 取消
>
> 图3.19　快捷菜单命令

3.2.4　删除对象

如果要删除某个对象，只需将该对象选中后，执行菜单栏中的【编辑】|【删除】命令或按Delete键。此外，执行菜单栏中的【编辑】|【剪切】命令，也可将所选对象删除，不过使用该命令进行剪切后，还可以进行复制。

变换对象

在CorelDRAW X6中，可以对对象执行移动、旋转、缩放、镜像与倾斜等操作，这些操作统称为变换。

3.3.1 移动对象

在编辑对象时，如果需移动对象的位置，可直接使用鼠标单击并拖动来移动对象，也可以通过设置数值将对象移动到精确位置。

1. 移动对象

首先选中对象，将鼠标指针移至对象的中心位置，鼠标指针变为✛状态，按住鼠标左键，同时移动到适合的位置，然后释放鼠标左键，即可移动对象，如图3.20所示。

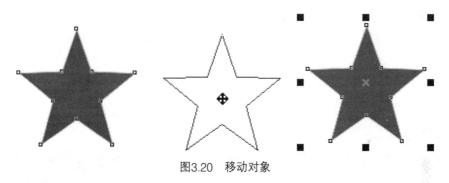

图3.20 移动对象

Tip 移动对象时，如果按住Ctrl键，则该对象只能在水平或垂直方向移动；如果先按下数字键盘中的【+】键再移动对象，可以起到复制对象的作用。

2. 精确移动对象

另外，还可以通过设置数值，将对象移动到精确位置，具体操作步骤如下：

❶ 选中对象后，执行菜单栏中的【排列】|【变换】|【位置】命令，打开【变换】泊坞窗，此时【变换】泊坞窗中显示为【位置】选项组，如图3.21所示。

❷ 选中【相对位置】复选框，并选中其下对象指示器中的原点，系统将以所选对象的中心位置作为坐标原点，此时位置数值显示为水平：0、垂直：0。

Tip 如果要得到对象在页面中的准确位置，取消勾选【相对位置】复选框即可。【相对位置】是指将对象或对象副本，以原对象的锚点作为相对的坐标原点，沿某一方向移动到相对于原位置指定距离的新位置上。

❸ 选择对象位置指示器中原点周围的复选框，可以选择对象的移动方向。

❹ 在【位置】选项区域中的H文本框和垂直文本框中，输入对象将要移动的坐标位置数值。

❺ 在【副本】文本框中输入要复制的份数，设置完毕后，单击【应用】按钮，系统将在保留原对象的基础上再复制出一个对象，如图3.22所示。

图3.21 【变换】泊坞窗

图3.22 精确移动对象

Questions 在CorelDRAW X6中移动对象的方法有哪些？

Answered：当选中对象时，通过在【属性栏】的【对象位置】文本框中设置X、Y的坐标数值，也可以按所做的设置移动对象。除了使用【变换】泊坞窗移动对象外，还可以使用【微调】的方式来完成。选择需要移动的对象，然后按下键盘上的方向键即可。按住Ctrl键的同时，按下键盘上的方向键，可按照【微调】的一小部分距离移动选定的对象；按住Shift键的同时，按下键盘上的方向键，可按照【微调】距离的倍数移动选定的对象。

3.3.2　旋转对象

旋转对象的方法有两种，一种是使用鼠标手动旋转，另一种是通过设置数值使对象精确旋转。

1．使用鼠标旋转对象

使用鼠标旋转对象是最为简单的一种操作方式，下面详细介绍使用鼠标旋转对象的操作步骤。

❶ 选择工具箱中的选择工具，然后双击要旋转的对象，使其处于旋转模式。此时对象周围将出现8个双方向箭头，并在中心位置出现一个小圆圈，也就是旋转中心。

❷ 将鼠标指针移至对象四个角的任意一个旋转符号上，此时鼠标指针变为↻形状。单击鼠标并沿顺时针或逆时针方向拖动，即可将对象绕着旋转中心进行旋转，如图3.23所示。

图3.23　旋转对象

Tip 如果对象已处于选中状态，只需再单击该对象一次，即可进入旋转模式。

❸ 如果移动旋转中心的位置，然后再旋转，可使对象以新的旋转中心为轴进行旋转，如图3.24所示。

图3.24　移动旋转中心旋转对象

2．精确旋转对象

通过设置数值，可以以设定的角度精确地旋转对象，具体操作步骤如下：

❶ 使用【选择工具】选择对象，然后执行菜单栏中的【排列】|【变换】|【旋转】命令，打开【变换】泊坞窗，此时【变换】泊坞窗显示【旋转】选项，如图3.25所示。

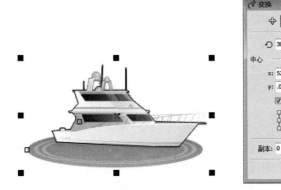

图3.25　【旋转】选项

❷ 在【角度】文本框中输入所选对象要旋转的角度值；在【中心】选项区域的两个文本框中，通过设置水平和垂直方向上的参数值来决定对象的旋转中心；选中【相对中心】复选框，可在其下方的指示器中选择旋转中心的相对位置。

❸ 设置完成后，单击【应用】按钮，即按所做设置旋转对象，如图3.26所示。

图3.26　旋转对象

④ 如果在【副本】文本框中，输入需要复制的份数，单击【应用】按钮，可以在保留原对象的基础上，将所做设置应用到复制的对象上，轻松编辑出具有规则变化的组合图形，如图3.27所示。

图3.27 复制并旋转对象

Tip 用户也可以选择需要旋转的对象，在属性栏的【旋转角度】文本框中输入适当数值，如图3.28所示，然后单击所选对象或按下Enter键，即可旋转所选对象。

图3.28 【旋转角度】文本框

3.3.3 缩放和镜像对象

执行菜单栏中的【排列】|【变换】|【缩放和镜像】命令，打开【变换】泊坞窗，此时【变换】泊坞窗显示【缩放和镜像】选项，如图3.29所示，在该选项中，用户可以调整对象的缩放比例并使对象在水平或垂直方向上镜像。

- 【缩放】选项：用于调整对象在水平或垂直方向上的缩放比例。
- 【镜像】选项：使对象在水平或垂直方向上翻转，单击按钮，可使对象水平镜像；单击按钮，可使对象垂直镜像。
- 【按比例】复选框：选中该复选框，可以对当前【缩放】设置中的数值比例进行锁定，调整其中一个数值，另一个也相对变化；取消选中该复选框，则两个数值在调整时不互相影响。

图3.29 【缩放和镜像】选项

Tip 在使对象按等比例缩放之前，需要选中【按比例】复选框，将长宽百分比值调整为相同的数值，再取消选中【按比例】复选框，然后再进行下一步的操作。

使用【变换】泊坞窗精确缩放和镜像对象的具体操作步骤如下：

① 选取需要变换的对象，在【缩放】选项中的【水平缩放对象】文本框中输入对象宽度的缩放百分比，然后单击按钮，使该按钮处于选+-取状态。

❷ 在【按比例】选项下选择对象变换后的位置，设置【副本】为1，然后单击【应用】按钮，对图形进行水平的非等比例镜像复制，如图3.30所示。

图3.30　缩放并水平镜像对象

Skill 使用【选择工具】选择对象，将光标移动到对象左边或右边居中的控制点上，按住鼠标左键向对应的另一边拖动鼠标，当拖出对象范围后释放鼠标，可使对象按不同的宽度比例进行水平镜像；同样，拖动上方或下方居中的控制点到对应的另一边，当拖出对象范围后释放鼠标，可使对象按不同的高度比例垂直镜像，在拖动鼠标时按下Ctrl键，可使对象保持长宽比例不变的情况下水平或垂直镜像，在释放鼠标之前按下鼠标右键，可在镜像对象的同时复制对象，如图3.31所示。

图3.31　水平镜像对象

Tip 用户还可以通过调整属性栏中的【缩放因子】的数值来调整对象的缩放比例，如图3.32所示。单击属性栏中的【水平镜像】和【垂直镜像】按钮，也可以水平或垂直镜像对象。

图3.32　设置缩放因子

3.3.4　倾斜对象

在实际的图形设计工作中，经常需要将一些图形对象按一定角度和方向进行倾斜。这一操作在CorelDRAW X6中是很容易实现的。

1. 使用鼠标倾斜对象

双击对象使其进入旋转模式，将鼠标指针移至对象四个边的⬌或⬍箭头上，鼠标指针将变为⇌或⬆形状。此时单击鼠标左键并拖动，即可将对象沿着某个方向倾斜，如图3.33所示。也可以及通过设置倾斜的角度来倾斜对象。

图3.33　倾斜对象

如果首先按下数字键盘的【+】键，再对所选对象进行旋转或倾斜操作，则可以复制对象，并将所做操作应用到该对象上，如图3.34所示。

图3.34　倾斜并复制对象

2. 使用泊坞窗精确倾斜对象

选中要倾斜的对象，执行菜单栏中的【排列】|【变换】|【倾斜】命令，打开【变换】泊坞窗，此时【变换】泊坞窗显示【倾斜】选项，如图3.35所示。

分别在【x】和【y】文本框中输入对象在水平或垂直方向上的倾斜值，然后单击【应用】按钮，即可倾斜所选对象。如果在【副本】文本框中输入复制的份数，单击【确定】按钮，则可保留原对象状态，将所做的设置应用于复制对象，如图3.36所示。

图3.35　【倾斜】选项

图3.36　使用泊坞窗精确倾斜对象

3.3.5 改变对象的大小

使用【选择工具】选择对象，然后使用鼠标左键拖动对象四周任意一个角的控制点，即可调整对象的大小，如图3.37所示。

图3.37 改变对象的大小

除了可以使用【选择工具】拖动控制点的方法调整对象的大小外，还可通过【转换】泊坞窗中的【大小】选项，对图形的大小进行准确调整，其具体操作步骤如下：

❶ 选择需要调整大小的对象，执行菜单栏中的【排列】|【变换】|【大小】命令，打开【变换】泊坞窗，此时【变换】泊坞窗显示【大小】选项，如图3.38所示。

❷ 在【x】和【y】文本框中，设置对象的宽度和高度，完成后单击【应用】按钮，即可调整对象的大小，如图3.39所示。

图3.38 【大小】选项   图3.39 改变对象的大小

> **Skill** 使用【选择工具】选取对象后，在按住Shift键的同时拖动对象四角处的控制点，可以使对象按中心点位置等比例缩放。按住Ctrl键的同时拖动四角处的控制点，可以按原始大小的倍数来等比例缩放对象。按住Alt键的同时拖动四角处的控制点，可以按任意长宽比例延展对象。另外，通过设置属性栏的【对象大小】文本框中的数值，也可以精确地设置对象的大小，如图3.40所示。

图3.40 【对象大小】文本框

3.3.6　清除对象变换

执行菜单栏中的【排列】|【清除变换】命令,可以清除使用【变换】泊坞窗中各种操作所得到的变换效果,使所选对象恢复到变换操作之前的状态。

改变对象的堆叠顺序

在编辑多个堆叠在一起的对象时,通常要考虑对象堆积的层次顺序。执行菜单栏中的【排列】|【顺序】命令,将打开一个如图3.41所示的子菜单。通过适当选择该菜单中的9个命令,可以轻松地调整对象的堆积顺序。

图3.41　【排列】|【顺序】菜单命令

❶ 选取多个堆积在一起的对象中的某个对象,执行菜单栏中的【排列】|【顺序】|【到页面前面】命令,将选中的图形置于所有对象的最前面,结果如图3.42所示。

图3.42　执行【排列】|【顺序】|【到页面前面】命令

❷ 执行菜单栏中的【排列】|【顺序】|【到页面后面】命令,可以将选中的图形置于所有对象的最后面,如图3.43所示。

Tip　在【顺序】菜单中还有【到图层前面】和【到图层后面】两个命令,使用这两个命令获得的效果与【到页面前面/后面】获得的效果是相同的。

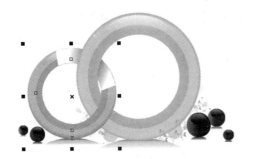

图3.43　执行【排列】|【顺序】|【到页面后面】命令

❸ 执行菜单栏中的【排列】|【顺序】|【向前一层】命令，可以将选中的图形向前移动一层，如图3.44所示。

图3.44　执行【排列】|【顺序】|【向前一层】命令

❹ 执行菜单栏中的【排列】|【顺序】|【向后一层】命令，可以将选中的图形向后移动一层，如图3.45所示。

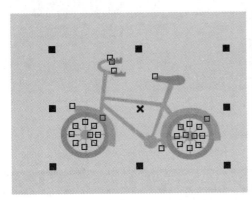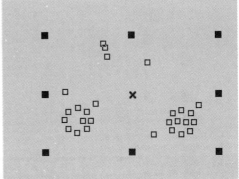

图3.45　执行【排列】|【顺序】|【向后一层】命令

❺ 执行菜单栏中的【排列】|【顺序】|【置于此对象前】命令，此时鼠标变成➡黑色箭头，将箭头移至指定的对象上单击，即可将选中的图形置于指定的对象前面。

❻ 执行菜单栏中的【排列】|【顺序】|【置于此对象后】命令，可以将选中的图形置于指定的对象后面。

❼ 执行菜单栏中的【排列】|【顺序】|【逆序】命令，可以将全部选中的堆积对象按照相反的顺序排列，如图3.46所示。

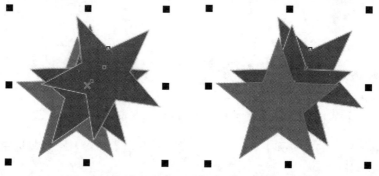

图3.46　执行【排列】|【顺序】|【逆序】命令

Skill 在选择对象时，右击，在弹出的快捷菜单中选择相应的命令，也可以调整对象的叠放顺序，如图3.47所示。

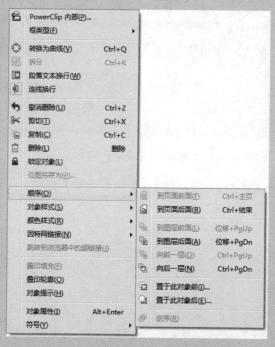

图3.47　在快捷菜单选择相应的命令

Questions 调整图层顺序时都有哪些快捷键可以使用？

Answered：【到页面前面】的快捷键是【Ctrl+主页】，【到页面后面】的快捷键是【Ctrl+结束】，【到图层前面】的快捷键是【Shift+PgUp】，【到图层后面】的快捷键是【Shift+PgDn】，【向前一层】的快捷键是【Ctrl+PgDn】，【向后一层】的快捷键是【Ctrl+PgDn】。

群组与结合对象

可以在CorelDRAW X6中将多个对象进行群组和结合，这样不仅便于操作，有时还可以制作出特别的效果。

3.5.1 群组对象

所谓群组，就是将多个选中的对象（包括文本）或一个对象的各部分组合成一个整体。群组后的对象属于一个整体，可以像操作单个对象那样对其进行各种操作，另外，群组还可以嵌套，也就是说可以将多个群组再群组成一个大群组。

1. 群组对象

如果要群组对象，应先将要群组的对象全部选中，然后执行菜单栏中的【排列】|【群组】命令，或单击【属性栏】中的【群组】器按钮，即可将选中的多个对象或一个对象的各个部分群组为一个整体，如图3.48所示。

图3.48　群组对象

用户也可以使用【Ctrl+G】组合键，当移动或缩放多个对象时，将这些对象进行群组后再进行操作，不会使对象产生变形。

Questions　群组后图层会不会发生改变？

Answered：使用【群组】命令，可以群组不同图层上的对象，但是一旦群组后，则所有对象都将位于同一图层上图。

2. 在群组中增加对象

如果要个将一个独立的对象添加到一个群组中，可以执行菜单栏中的【窗口】|【泊坞窗】|【对象管理器】命令，在打开的【对象管理器】泊坞窗中单击【显示对象属性】按钮，显示出对象属性，然后在该泊坞窗中单击要添加的对象名称，并拖至要添加的群组名称上，释放鼠标后，即可将该对象添加到群组中，如图3.49所示。

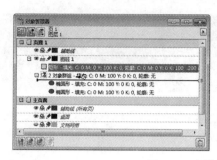

图3.49　在群组中增加对象

3. 从群组中移出对象

如果要从群组对象中移出一个对象，可以执行菜单栏中的【窗口】|【泊坞窗】|【对象管理器】命令，打开【对象管理器】泊坞窗。

单击【显示对象属性】按钮[图]，显示该群组包含的所有对象，然后单击要移出的对象的名称，将其拖至群组外即可，如图3.50所示。

图3.50　在群组中移出对象

3.5.2　取消群组

将多个对象群组后，如果需要对其中一个对象单独进行编辑时，就需要取消群组。取消群组其实就是群组操作的逆操作。执行菜单栏中的【排列】|【取消群组】命令，或单击属性栏中的【取消群组】按钮[图]，即可取消群组关系，如图3.51所示。

图3.51　取消群组

Skill　如果要取消一个多层群组中的所有群组，使每一个对象都成为独立的对象，执行菜单栏中的【排列】|【取消全部群组】命令，或单击【属性栏】中的【取消全部群组】[图]按钮，即可将多层群组一次性地全部解散，如图3.52所示。

图3.52　取消全部群组

3.5.3　合并对象

在CorelDRAW X6中，【合并】命令与【群组】命令，在功能上是有所区别的。【合并】是指把多个对象合并成一个新的对象，其对象属性也随之发生变化；而【群组】只是单纯地将多个不同对象组成一个新的对象，其对象属性不会发生变化。合并对象的具体操作步骤如下：

❶ 选中要合并的多个对象，执行菜单栏中的【排列】|【合并】命令或单击【属性栏】中的【合并】🔲按钮，或者右击，在弹出的快捷菜单中选择【合并】命令。

❷ 执行【合并】命令后，则所选取的对象合并成一个对象，如图3.53所示。

图3.53　合并对象

> **Tip** 合并后的对象属性与选取对象的先后顺序有关，如果采用框选的方式选择要合并的对象，则合并后的对象属性与位于最下层的对象属性保持一致，如图3.53所示；如果采用点选的方式选择要合并的对象，则合并后的对象属性与最后选择的对象保持一致，如图3.54所示。

图3.54　采用点选方式选择对象合并对象后的效果

❸ 如果将线条与封闭对象结合，则线条将成为封闭对象的一部分，也就是具有封闭对象的相同属性（如内部填色），如图3.55所示。

❹ 当需要结合的各对象之间有重叠的部分，则结合之后仅保留其轮廓线，重叠部分将成为镂空，这一特性时常被用来制作蒙版或特殊图案效果，如图3.56所示。

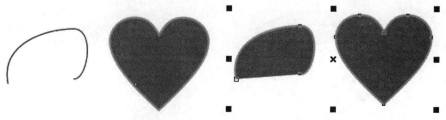

图3.55 合并线条和封闭的对象

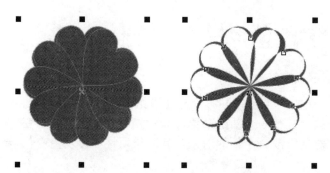

图3.56 合并重叠的对象

3.5.4 拆分对象

使用【拆分】命令，可以将合并后的对象取消合并，恢复各个对象原来的属性状态。首先选中要拆分的对象，然后执行菜单栏中的【排列】|【拆分】命令，或单击属性栏中的【拆分】 按钮，均可将所选的合并对象拆分，如图3.57所示。

Tip 另外，当文本对象的矩形、椭圆或多边形等类似的绘图合并时，文本会被转换为曲线后再与其他对象合并。因此，将合并过的文本对象拆分后，单独的文字会变成支离破碎的曲线对象，此时可使用【形状工具】来编辑文本对象。

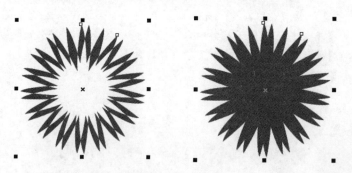

图3.57 拆分对象

Questions 拆分对象都有哪些方法?

Answered ：用户可以选择要拆分的对象右击，在弹出的快捷菜单中选择【拆分】命令，也可以按快捷键【Ctrl+K】将对象拆分开。

Section 3.6 对齐与分布对象

当页面上包含多个对象时，要使它们相互对齐，整齐分布，就可以根据需要使用CorelDRAW X6的对齐和分布功能。选择需要对齐的所有对象后，执行菜单栏中的【排列】|【对齐和分布】命令，在弹出的如图3.58所示的子菜单中选择相应的命令，即可使所选对象按一定的方式对齐和分布。

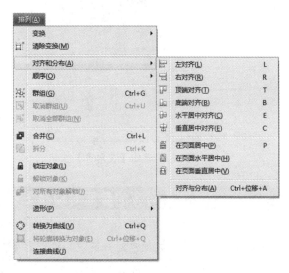

图3.58 【对齐和分布】命令的子菜单

3.6.1 对齐对象

选择需要对齐的所有对象，单击【属性栏】中的【对齐和分布】按钮 ，弹出如图3.59所示的【对齐与分布】对话框，其中默认为【对齐】选项卡，在该选项中可以设置对象的对齐方式。

将对象对齐的具体操作步骤如下：

❶ 使用【选择工具】选择所有要对齐的对象，如图3.60所示。

图3.59 【对齐】选项卡

图3.60 选择对象

❷ 单击【属性栏】中的【左对齐】 按钮，如图3.61所示，然后单击【应用】按钮，此时页面中会自动生成一个对齐的参考线，将所选择的对象边缘左对齐，对象的对齐效果如图3.62所示。

图3.61　单击【左对齐】按钮

图3.62　对齐后的对象

Questions 对齐的参照对象是怎么决定的？

Answered：用来对齐左、右、顶端或底端边缘的参照顾对象，是由对象创建的顺序列或选择顺序决定的。如果在对齐前已经框选对象，则最后创建的对象将成为对齐其他对象的参考点；如果每次选择一个对象，则最后选定的对象将成为对齐其他对象的参考点。

3.6.2　分布对象

在CorelDRAW X6中，使用【分布】命令可以使两个或多个对象在水平或垂直方向上按照所做设置有规则地分布。在【对齐与分布】对话框中，选择【分布】选项，如图3.63所示。在【分布】选项卡中，可以选择所需的分布方式，也可以组合选择分布参数。

* 【左分散排列】 按钮：单击该按钮，则平均设置对象左边缘之前的间距。
* 横向的【水平分散排列中心】 按钮：单击该按钮，则平均设置对象中心点之间的水平间距。
* 【水平分散排列间距】 按钮：单击该按钮，则平均设置选定对象之间的水平间距。
* 【右分散排列】 按钮：单击该按钮，则平均设置对象右边缘之间的间距。
* 【顶部分散排列】 按钮：单击该按钮，则平均设定对象上边缘之间的间距。
* 【垂直分散排列间距】 按钮：单击该按钮，则平均设定对象之间的垂直间距。
* 【垂直分散排列中心】 按钮：单击该按钮，则平均设定选定对象中心点之间的垂直间距。
* 【底部分散排列】 ：单击该按钮，则平均设定对象下边缘之间的间距。
* 【选定的范围】 按钮：单击该按钮，可以在环绕对象的边框区域上分布对象。
* 【页面的范围】 按钮：单击该按钮，可以在绘图页面上分布对象。

分布对象的具体操作步骤如下：

❶ 单击【工具箱】中的【选择工具】按钮，在页面中选取需要分布的对象，如图3.64所示。

❷ 在【分布】选项中，分别单击【水平分散排列间距】 按钮和【垂直分散排列间距】 按钮，然后单击【选定的范围】按钮，如图3.65所示，效果如图3.66所示。

图3.63　【分布】选项卡

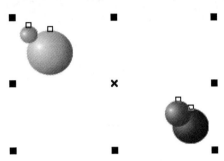

图3.64　选择要分布的对象

图3.65　设置分布参数

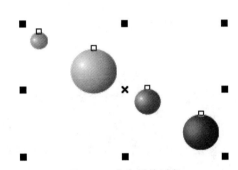

图3.66　分布后的对象

❸ 如果在【分布】选项中，单击【页面的范围】按钮，则得到的分布效果如图3.67所示。

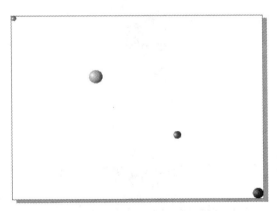

图3.67　按页面的范围分布对象

Tip　同时选择横向和纵向上不同的分布方式，可以使对象产生不同的分布效果。

Section 3.7 锁定与转换对象

在编辑对象时，如果需要将得到的效果固定以免发生变化，可以使用CorelDRAW的【锁定对象】功能，将所得到的效果对象进行锁定，这样可以避免被意外修改。编辑完毕后，则解除锁定。

另外，还可根据需要将对象转换为曲线，或者将对象轮廓线转换为单独对象，然后经过适当的编辑加工，快速制作一些特殊效果。

3.7.1 锁定与解锁对象

执行菜单栏中的【排列】|【锁定对象】命令，不仅可以锁定一个或多个对象，还可以把群组对象固定在绘图页面的特殊位置，并同时锁定其属性。因此，使用该命令可防止编辑好的对象被意外改动。

如果要锁定一个对象，首先选中该对象，然后执行菜单栏中的【排列】|【锁定对象】命令，或者右击，在弹出的快捷菜单中选择【锁定对象】命令，此时该对象四周的控制点变为 ，表示此对象已被锁定，无法接受任何编辑，如图3.68所示。

> **Tip** 如果要锁定多个对象或群组对象，应首先按下Shift键，并使用选择工具将要锁定的多个对象或群组对象全部选中，然后执行菜单栏中的【排列】|【锁定对象】命令，即可将所有对象锁定。

对象被锁定后，就不能对对象进行任何的编辑。如果要继续编辑，就必须解除锁定的对象。选择锁定的对象，执行菜单栏中的【排列】|【解锁对象】命令，或右击，在弹出的快捷菜单中选择【解锁对象】命令，如图3.69所示，可以解除选取对象的锁定状态，使对象恢复到正常的可编辑状态。

图3.68　锁定对象　　　　　图3.69　选择【解锁对象】命令

> **Tip** 执行菜单栏中的【排列】|【解除全部锁定对象】命令，则可以一次解除所有对象的锁定状态。

3.7.2 对象转换

在CorelDRAW X6中，对象可以被转换为曲线，也可以将对象的轮廓分离出来，转换为一个单独的轮廓线对象。

1．将对象转换为曲线

选择需要转换的对象，然后执行菜单栏中的【排列】|【转换为曲线】命令，即可将所选对象转换为曲线对象，从而对它进行像曲线一样的一些编辑操作。关于曲线的编辑操作，将在后面进行介绍。

2．将轮廓转换为对象

选择需要转换的对象，执行菜单栏中的【排列】|【将轮廓转换为对象】命令，即可将选中的图形对象轮廓分离出来，成为一个单独的轮廓线对象，可以使用鼠标将分离出的对象轮廓从原对象中移动出来。

Questions 将对象转换为曲线与将轮廓转换为对象的区别是什么？

Answered：将对象转换为曲线是将不可编辑的形状转换为可编辑的图形。将轮廓转换为对象就是不可填充的对象转换为可以填充颜色的对象。

Section 3.8　查找与替换对象

执行菜单栏中的【编辑】|【查找和替换】命令，打开【查找和替换】子菜单，可以根据需要查找和替换对象或文本，如图3.70所示。

3.8.1　查找对象

在一个复杂的图形中，如果要查找符合某些特性的对象，可以执行菜单栏中的【编辑】|【查找和替换】|【查找对象】命令，可以快速地查找出需要的对象。

下面以从图3.71所示的图形中查找出圆形为例，介绍查找对象的方法，具体操作步骤如下：

❶ 执行菜单栏中的【编辑】|【查找和替换】|【查找对象】命令，将打开【查找向导】对话框。如果要查找当前所打开文件中的对象，一般情况下选择【开始新的搜索】单选按钮，如图3.72所示。

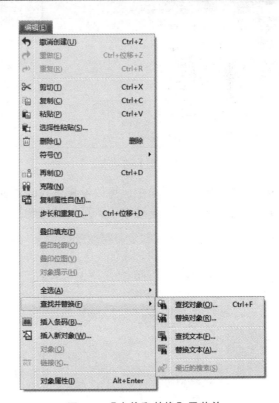

图3.70　【查找和替换】子菜单

图3.71 查找的对象

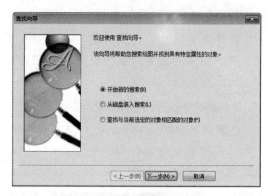

图3.72 【查找向导】对话框

❷ 单击【下一步】按钮，在界面中包含4个选项卡，可以设置要查找的对象的属性。

- 在【对象类型】选项卡中，可以设置将要查找的对象的类型。由于所要查找的图形对象是一个曲线对象，因此选中列表中的【曲线】复选框，如图3.73所示。
- 在【填充】选项卡中，可以设置查找对象所使用的填充色、底纹和渐变色等，如图3.74所示。

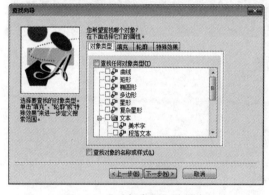

图3.73 【对象类型】选项卡

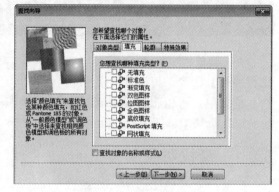

图3.74 【填充】选项卡

- 在【轮廓】选项卡中，可以设置查找的对象所具有的轮廓特征等，如图3.75所示。
- 在【特殊效果】选项卡中，可以设置查找对象所具有的特殊效果，如图3.76所示。

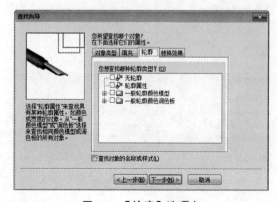

图3.75 【轮廓】选项卡

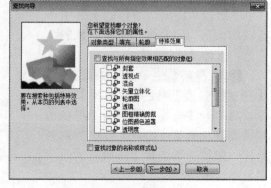

图3.76 【特殊效果】选项卡

此外，在【查找向导】对话框中还包含一个【查找对象的名称或样式】复选框，选中该复选框，可以根据对象的名称或具有的样式来查找。

Tip 步骤❷中查找对象的属性设置非常关键，它将会影响到后面各步骤的设置以及最终的查找结果。

❸ 设置完毕后，单击【下一步】按钮，弹出如图3.77所示的对话框，在该对话框的【请选择查找以下对象】列表框中，列举出了将要查找的对象，在【查找内容】列表框中显示了查找对象所满足的条件。此时，如果要更为精确地设置查找对象，可以单击【指定属性曲线】按钮，在打开的对话框中对查找对象进行更为精确的属性设置，如图3.78所示。

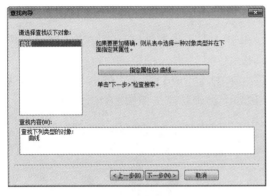

图3.77　显示查找的对象　　　　　　　　　图3.78　设置查找对象属性

❹ 如果在步骤❷的【填充】选项卡中设置了查找对象所要满足的填充属性，单击【下一步】按钮，弹出如图3.79所示的对话框，显示填充颜色的属性。

❺ 如果在步骤❷的【轮廓】选项卡中选择了查找对象所要满足的轮廓属性，单击【下一步】按钮，可以在弹出的对话框中对查找对象的轮廓做更为精确的属性特征设置，如图3.80所示。

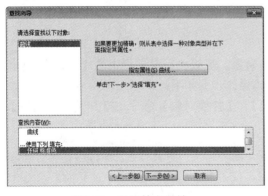

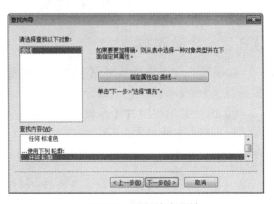

图3.79　显示填充属性　　　　　　　　　　图3.80　显示轮廓属性

❻ 如果在步骤❷的【特殊效果】选项卡中选择了查找对象所要满足的特殊效果，单击【下一步】按钮，弹出如图3.81所示的对话框，显示关于对象具有的特殊效果。

❼ 如果在步骤❷选中【查找对象的名称或样式】复选框，单击【下一步】按钮，在弹出的如图3.82所示的对话框中通过设置【对象名】或【样式名】，来查找对象。

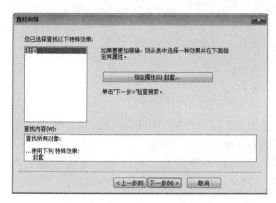

图3.81　显示特殊效果

图3.82　设置查找对象满足的名称和样式

⑧ 在这里以通过设置对象类型来查找对象，单击【下一步】按钮，在弹出的对话框中将会显示有关查找对象的全部信息，如图3.83所示。

⑨ 在查找对象所满足的属性特征设置完毕后，单击【完成】按钮，弹出【查找】对话框。此时如果查找到满足条件的对象，则该对象会处于选中状态，如图3.84所示。

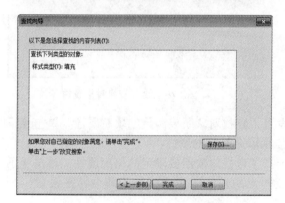

图3.83　显示查找对象满足的属性

图3.84　查找到的对象

3.8.2　替换对象

如果要在文档中查找并更改拥有适当属性的对象，可以执行菜单栏中的【编辑】|【查找并替换】|【替换对象】命令。替换对象的具体操作步骤如下：

① 执行菜单栏中的【编辑】|【查找并替换】|【替换对象】命令，打开【替换向导】对话框，如图3.85所示。

Tip　在【替换向导】对话框中，有4种可以选择替换的属性：替换颜色、替换颜色模型或调色板、替换轮廓笔属性和替换文本属性。若选中【只应用于当前选定的对象】复选框，则只能对当前的对象进行属性替换。

② 如果在步骤①中选中【替换颜色】单选按钮，单击【下一步】按钮，可以在打开的【替换向导】对话框中，选择要查找的颜色和替换的颜色，如图3.86所示。

③ 例如圆形的填充颜色为黄色，想把它替换为红色，那么可以在【替换向导】对话框设置好需要查找和替换的颜色，单击【完成】按钮，将打开【查找并替换】对话框，如图3.87所示。

④ 单击【替换】按钮即可替换颜色，效果如图3.88所示。

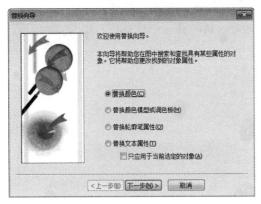

图3.85 【替换向导】对话框

图3.86 选择替换颜色

图3.87 【查找并替换】对话框

图3.88 替换对象的颜色

⑤ 如果在步骤❶中选中【替换颜色模型或调色板】单选按钮，单击【下一步】按钮，在打开的【替换向导】对话框中可以选择要查找的颜色模型或调色板，并选择用来替换的颜色模型和应用的范围，如图3.89所示。

⑥ 如果在步骤❶中选中【替换轮廓笔属性】单选按钮，单击【下一步】按钮，在打开的【替换向导】对话框中可以选择要查找的轮廓笔属性及用来替换的轮廓笔属性，如图3.90所示。

图3.89 【替换向导】对话框

图3.90 替换对象的颜色

⑦ 如果在步骤❶ 中选中【替换文本属性】单选按钮，单击【下一步】按钮，可以在打开的【替换向导】对话框中选择想要查找的文本属性和用来替换的文本属性，如图3.91所示。

⑧ 单击【完成】按钮，在弹出的对话框中，单击【替换】按钮即可完成替换操作。如

果要替换属性的对象有多个，可单击【全部替换】按钮，一次性替换所有符合替换条件的对象。

⑨ 如果在页面中没有查找到满足替换条件的对象，将打开一个信息框，如图3.92所示。

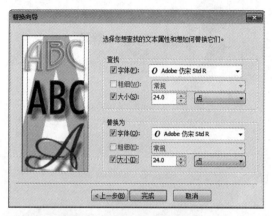

图3.91 设置文本替换属性

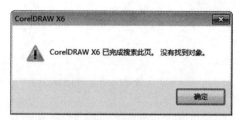

图3.92 信息框

Questions 怎样在页面中插入条形码？

Answered：执行菜单栏中的【编辑】|【插入条码】命令，在打开的【条码向导】对话框中设置条形码，设置完成后单击【完成】按钮即可插入条形码。目前国际上广泛使用的条形码中有EAN、UPC码（是在世界范围内唯一标识一种商品，在超市最常见的就是这种条码）、Code39码（可表示数字和字母，在管理领域应用最广）、ITF25码（在物流中应用较多）、Codebar码（多用于医疗图书领域）、Code码、Code128码等。

图形的绘制与编辑

很多复杂的图形都是由一些线条、矩形、圆等基本的图形元素组合而成的。作为职业的平面图形绘制软件之一，CorelDRAW X6为用户提供了强大的图形绘制工具和曲线编辑工具。同时，绘制出图形后，可以为所绘制的图形添加颜色、图案、底纹以及其他对象的填充属性，还可以应用一些特殊效果，从而使图形达到需要的设计构思。本章主要讲解CorelDRAW的基本绘图工具、编辑曲线对象、切割和擦除图形等知识。

Chapter 04

教学视频

Section 4.1 基本绘图工具应用

CorelDRAW X6提供了多种绘制基本图形的工具，使用这些工具，可以轻松地绘制出矩形、圆形、多边形、星形等几何图形。

4.1.1 矩形和3点矩形工具

使用【矩形工具】和【3点矩形工具】都可以绘制出用户所需的矩形，只是在操作方法上有一些不同，下面分别进行介绍。

1. 矩形工具

在无任何选取的情况下，单击【工具箱】中的【矩形工具】按钮□，其属性栏设置如图4.1所示。

- 【圆角】、【扇形角】和【去角】按钮：设置将要绘制的矩形的边角类型，也可以在选中绘制好的矩形后单击对应的类型按钮，将其转换为该类型的矩形。
- 【圆角半径】选项：在四个文本框中输入数值，可分别设置所绘制矩形的边角圆滑度。不同位置上的数值，将决定相应的矩形四个角的圆滑度。
- 【同时编辑所有角】按钮：单击该按钮使其成为激活状态🔒后，在任意一个圆角半径文本框中输入数值后，所有的圆角半径文字框中都会同时出现相同的数值，在页面上绘制的矩形都将以设置好的圆角方式显示。再次单击该按钮，使其处于解锁状态🔓，则可以分别为要绘制或选中的矩形设置四个角的圆滑度。
- 【相对角的缩放】按钮：按下该按钮，可以使矩形边角在被进行缩放调整时，边角大小也随矩形大小的改变而变化；反之，则边角大小在缩放过程中保持不变。

【轮廓宽度】文本框：直接在文本框中输入数值，或者单击该选项下拉按钮，在弹出的下拉列表框选择需要的数值，设置好所绘制或选中矩形的轮廓线的宽度。

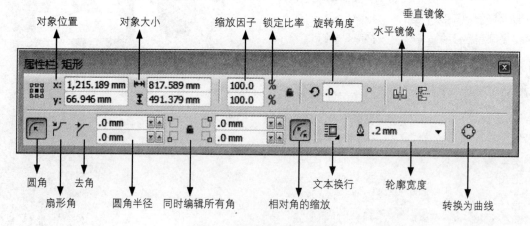

图4.1 【矩形工具】属性栏

单击【工具箱】中的【矩形工具】按钮□后，通过单击【矩形工具】属性栏中不同的边角类型按钮并设置圆角半径数值，可以绘制出对应类型和边角的矩形，如图4.2所示。

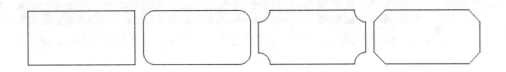

图4.2 不同类型和边角的矩形

下面介绍使用【矩形工具】绘制矩形和正方形的方法。

❶ 单击【工具箱】中的【矩形工具】按钮□，将鼠标移动到绘图窗口中，按住鼠标左键并向另一方向拖动鼠标，释放鼠标后，即可在页面上绘制出矩形，如图4.3所示。

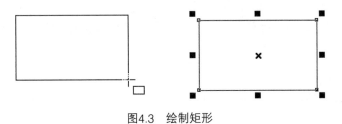

图4.3 绘制矩形

❷ 按住Ctrl键不放，同时按住鼠标左键不放并向另一方向拖动鼠标，释放鼠标后即可绘制正方形，如图4.4所示。

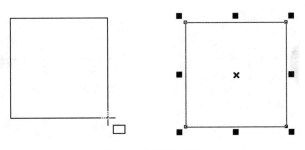

图4.4 绘制正方形

2. 3点矩形工具

【3点矩形工具】是通过创建3个位置点来绘制矩形的工具，其使用方法是，单击【工具箱】中的【3点矩形工具】按钮□，在绘图区域中按住鼠标左键拖出一条任意方向的直线作为矩形的一边，释放鼠标后，将光标移动到适当的位置，再次单击，即可绘制出任意起点和倾斜角度的矩形，如图4.5所示。

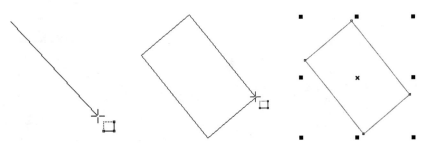

图4.5 使用【3点矩形工具】绘制矩形

Tip 在无任何选择的情况下，单击工具箱中的【3点矩形工具】后，其属性栏设置与【矩形工具】相同，同样可以通过其属性栏设置矩形属性。

4.1.2 椭圆形和3点椭圆形工具

【椭圆形工具】和【3点椭圆形工具】都是用于绘制椭圆形的工具，下面分别介绍这两种工具的使用方法。

1. 椭圆形工具

在无任何选取的情况下，单击【工具箱】中的【椭圆形工具】按钮 ○，其属性栏设置如图4.6所示。

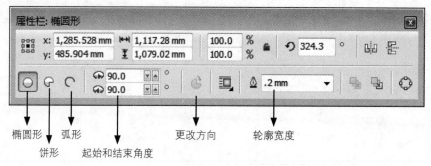

图4.6 【椭圆形工具】属性栏

- 【椭圆】、【饼形】和【弧形】按钮：在绘制窗口中可以绘制出圆形、饼形和弧形，如图4.7所示。
- 【起始和结束角度】选项：在绘制饼形和弧形时，默认的起始和结束角度为0和270。
- 【更改方向】按钮：选择绘制的饼形或弧形，再单击该按钮 ⟲，所绘制的饼形或弧形将变为与之互补的图形，如图4.8所示。

图4.7 椭圆形、饼形和弧形

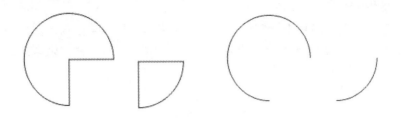

图4.8　更改方向后的饼形和弧形

使用【椭圆形工具】绘制椭圆形的方法如下：

单击【工具箱】中的【椭圆形工具】按钮，将鼠标移动到绘图窗口中，按住鼠标左键，并向另一方向拖动鼠标，释放鼠标后，即可绘制出椭圆形，如图4.9所示。

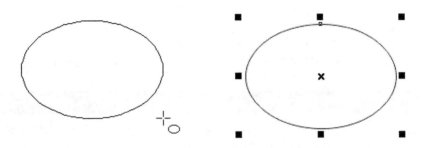

图4.9　绘制椭圆形

2．3点椭圆形工具

【3点椭圆形工具】同样是通过指定3个位置点来绘制椭圆形的工具，其操作方法与【3点矩形工具】相同，单击【工具箱】中的【3点椭圆形工具】按钮 ，在绘图窗口中按住鼠标左键，并拖出一条任意方向的直线，作为椭圆形的一条轴线的长度，释放鼠标后，将光标移动到适当的位置，再次单击，即可绘制出任意起点和倾斜角度的椭圆形，如图4.10所示。

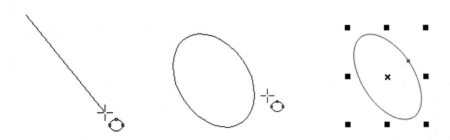

图4.10　使用【3点椭圆形工具】绘制椭圆形

Tip　【3点椭圆形工具】的属性栏设置与【椭圆形工具】相同，同样可以通过其属性栏设置椭圆形的属性。

4.1.3　多边形工具

【多边形工具】是专门用于绘制多边形图形的工具。用户可以自定义多边形的边数，多边形的边数最少可以设置3条边，即三角形。设置的边数越大，越接近圆形。

绘制多边形的具体操作步骤如下：

❶ 单击【工具箱】中的【多边形工具】按钮◯，在其属性栏的【点数或边数】文本框中输入多边形的边数，然后按Enter键确认，如图4.11所示。

❷ 按住鼠标左键，随意拖动鼠标至适当位置后，释放鼠标，即可绘制出指定边数的多边形，如图4.12所示。

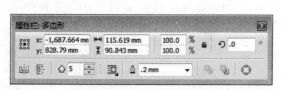

图4.11　输入多边形的边数

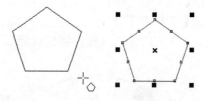

图4.12　绘制多边形

Questions　使用【多边形工具】绘制多边形有什么小技巧？

Answered：若按住Shift键的同时拖动鼠标，可以绘制一个由中心向外扩展的多边形；若按住Ctrl键，可以绘制一个正多边形；若同时按住Ctrl键和Shift键，以绘制一个由中心向外扩展的正多边形。

Tip　由于多边形具有各边对称的特性，当使用【形状工具】调整任意一边的节点时，其余各边均会相应地移动，因此可以绘制出各种图案，如图4.13所示。

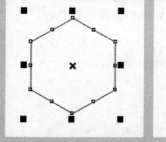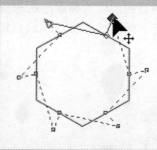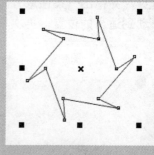

图4.13　变形多边形

4.1.4　星形和复杂星形工具

绘制星形、复杂星形的方法与绘制多边形的方法基本相同，下面分别介绍绘制星形和复杂星形的方法。

1. 星形工具

使用【星形工具】绘制星形的具体操作步骤如下：

❶ 单击【工具箱】中的【星形】按钮☆，在其属性栏的【点数或边数】文本框中，输

入所需的边数或点数，如图4.14所示。

❷ 在【星形】属性栏的【锐度】文本框中，输入星形各角的锐度。

❸ 在页面中按住鼠标，向另一方向拖动鼠标，即可绘制出如图4.15所示的星形。

图4.14 【星形】属性栏　　　　　　　　　图4.15 绘制的星形

2. 复杂星形工具

复杂星形即多边星形，使用【复杂星形工具】可以绘制出复杂星形，下面介绍绘制复杂星形的方法。

❶ 单击【工具箱】中的【复杂星形工具】按钮 ✿，在其属性栏的【点数或边数】文本框中，输入所需的边数或点数，如图4.16所示。

❷ 在【复杂星形】属性栏的【锐度】文本框中，输入星形各角的锐度。

❸ 在页面中按住鼠标，向另一方向拖动鼠标，即可绘制出如图4.17所示的复杂星形。

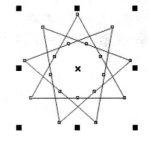

图4.16 【复杂星形】属性栏　　　　　　　图4.17 绘制的复杂星形

Tip 　在【复杂星形】属性栏中，【锐度】是指星形边角的尖锐度。设置不同的边数后，【复杂星形】的尖锐度也各不相同。当【复杂星形】的端点数低于7时，不能设置锐度。通常情况下，复杂星形的点数越多，对象的尖锐度就越高。图4.18所示为设置不同的边数和锐度后绘制的复杂星形。

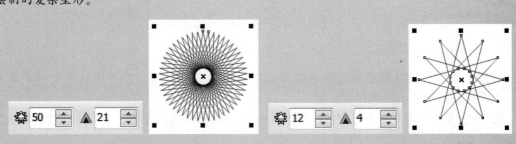

图4.18 设置不同的边数和锐度后绘制的复杂星形

4.1.5 螺纹工具

在CorelDRAW X6中提供了绘制螺纹图形的【螺纹工具】，螺纹图形包括对称式螺纹和对数式螺纹。对称式螺纹的特点是对称式螺纹均匀扩展，每个回圈之间的间距相等；对数式螺纹的特点是对数式螺纹扩展时，回圈之间的距离从内向外不断增大。用户可以设置对数式螺纹向外扩展的比率。

1．对称式螺纹

对称式螺纹具有相等的螺纹间距，其绘制方法如下：

❶ 单击【工具箱】中的【螺纹工具】 🌀 按钮，同时在其属性栏上显示该工具的属性设置，如图4.19所示。

> **Tip** 【螺纹工具】🌀 与下面将要介绍的【图纸工具】 ▦ 共同使用一个属性栏。

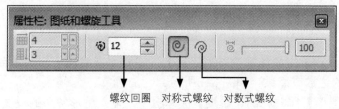

螺纹回圈　对称式螺纹　对数式螺纹

图4.19 【图纸和螺旋工具】属性栏

❷ 在【图纸和螺旋工具】属性栏中，单击【对称式螺纹】按钮 🌀，在【螺纹回圈】文本框中输入绘制螺纹的圈数，在这里输入12。

❸ 在页面中按住鼠标左键，按对角方向拖动鼠标，即可绘制出对称式螺纹，如图4.20所示。

图4.20 绘制对称式螺纹

> **Skill** 在绘制过程中，按住Ctrl键，可以绘制出圆形的对称式螺纹，如图4.21所示。

2．对数式螺纹

对数式螺纹是指从螺纹中心不断向外扩展的螺旋方式，螺纹的距离从内向外不断扩大。绘制对数式螺纹的具体操作步骤如下：

❶ 单击【工具箱】中的【螺纹工具】按钮 🌀，同时在其属性栏上单击【对数式螺纹】按钮 🌀，如图4.22所示。

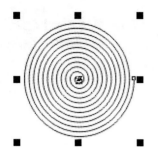

图4.21　绘制圆形的对称式螺纹　　　　　　图4.22　单击【对数式螺纹】按钮

❷ 在【螺纹扩展参数】文本框中输入所需的螺纹的扩展量，然后在页面中按住鼠标左键，按对角方向拖动鼠标，即可绘制出对数式螺纹，如图4.23所示。

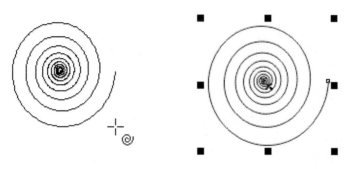

图4.23　绘制对数式螺纹

4.1.6　图纸工具

单击【工具箱】中的【图纸工具】按钮，可以绘制出各种不同大小和不同行列数的图纸图形，具体操作步骤如下：

❶ 单击【工具箱】中的【图纸工具】按钮█，然后将光标移至页面，按下鼠标左键，向另一方向拖动，即可绘制出默认状态下的四行三列的图纸图形，如图4.24所示。

❷ 如果按下Shift键的同时拖动鼠标，可以绘制一个以起点为中心向外扩展的图纸图形；如果按下Ctrl键，可以绘制一个宽度与高度相等的正图纸图形。

❸ 通过调整【图纸和螺纹工具】属性栏中的【行数】和【列数】文本框的数值，可以绘制出不同行列数的图纸图形，如图4.25所示。

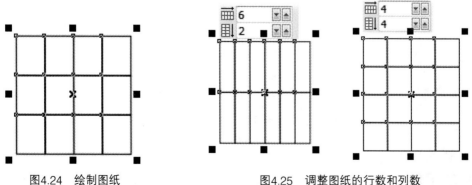

图4.24　绘制图纸　　　　　　　　图4.25　调整图纸的行数和列数

图4.26 【图纸工具】选项

4.1.7 形状工具

形状工具组为用户提供了5组形状样式，在【基本形状工具】按钮 🔲 上按住鼠标左键不放，即显示展开工具栏，如图4.27所示。每个基本形状工具都包含多个基本形状扩展图形，下面分别进行讲解。

1. 基本形状

在【工具箱】中单击【基本形状工具】按钮 🔲 后，在其属性栏中即可查看其系列扩展图形，如图4.28所示。选择不同的扩展图形后，在页面中绘制的图形如图4.29所示。

图4.27 【基本形状工具】组展开的工具栏

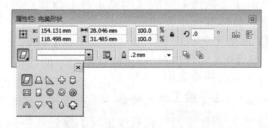

图4.28 【基本形状工具】的扩展图形

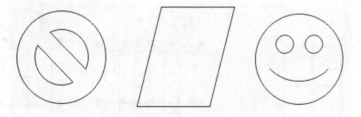

图4.29 使用【基本形状工具】扩展图形绘制的图形

2. 箭头形状

在【工具箱】中单击【基本形状工具】|【箭头形状工具】按钮后，在其属性栏中即

可查看其系列扩展图形，如图4.30所示。选择不同的扩展图形后，在页面中绘制的图形如图4.31所示。

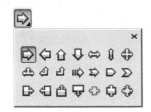

图4.30　【箭头形状工具】的扩展图形

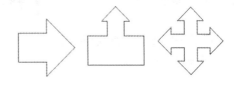

图4.31　绘制的箭头形状

3．流程图形状、标题形状和标注形状

在【工具箱】的【基本形状工具】组中，分别单击【流程图形状】按钮、【标题形状】按钮和【标注形状】按钮，在其属性栏中展开的各形状系列扩展图形，如图4.32所示。

【流程图形状工具】扩展图形

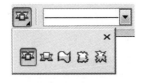

【标题形状工具】扩展图形

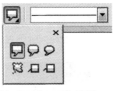

【标注形状工具】扩展图形

图4.32　【流程图形状工具】、【标题形状工具】和【标注形状工具】的扩展图形

4.1.8　手绘工具

使用【手绘工具】，不仅可以绘制出非封闭的直线、连续折线和曲线等线型，还可以绘制出各种规则和不规则的封闭图形。下面讲解【手绘工具】的使用方法。

❶ 单击【工具箱】中的【手绘工具】按钮，在所绘线段的起始位置和终点位置各单击一下，即可在两点之间绘制出一条直线，如图4.33所示。

❷ 使用【手绘工具】绘制直线时，如果在终点处双击，然后再拖动鼠标，则可以产生带有转折点的连续折线，最后在终点处单击一下即可，如图4.34所示。

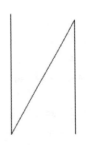

图4.33　绘制直线

图4.34　绘制折线

❸ 使用【手绘工具】时，在起始处按下鼠标左键，并随意拖动，当释放鼠标左键后，页面中就会出现一条任意形状的曲线，如图4.35所示。

❹ 使用【手绘工具】绘制连续折线或曲线时，如终点与起始点重合，则可以绘制封闭图形，如图4.36所示。

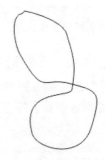

图4.35 绘制曲线　　　　　　　　　　　图4.36 绘制封闭图形

单击【工具箱】中的【手绘工具】按钮时，其【曲线】属性栏如图4.37所示，通过设置其参数可以调整绘制的线条的形状。

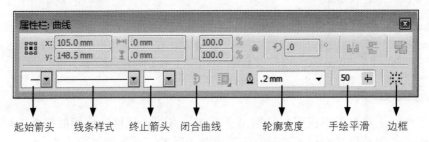

起始箭头　线条样式　终止箭头　闭合曲线　　轮廓宽度　手绘平滑　边框

图4.37 【曲线】属性栏

● 【起始箭头】选项：设置绘制线段起始处的箭头样式。单击【起始箭头】选项的下拉按钮，弹出如图4.38所示的【箭头选项】列表框，可以选择任意起始箭头样式。使用不同的箭头样式绘制出的直线效果如图4.39所示。

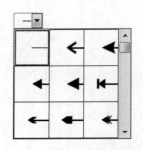

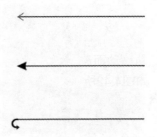

图4.38 【箭头选项】列表框　　　　　图4.39 不同的起始箭头

● 【线条样式】选项：设置绘制线段的样式。
● 【终止箭头】选项：设置绘制线段终点处箭头的样式。
● 【闭合曲线】按钮：选择未闭合的曲线，单击该按钮，可以通过一条直线将当前未闭合的线段第一点与最后一点进行连接，使其闭合。

- 【轮廓宽度】选项：设置所绘制的线条轮廓宽度。
- 【手绘平滑】选项：在其文本框中输入数值，或单击右侧的 ➕ 按钮，在弹出的面板中拖动鼠标滑块，可以设置绘制线段的平滑程度。数值越小，绘制的图形边缘越不光滑。当设置不同的【手绘平滑】参数时，绘制出的线段如图4.40所示。
- 【边框】按钮：使用【手绘工具】绘制线段时，可隐藏显示绘制线段周围的边框。默认情况下线段绘制后，将显示边框。

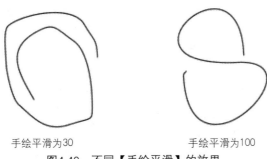

手绘平滑为30　　　　　　手绘平滑为100

图4.40　不同【手绘平滑】的效果

4.1.9　贝塞尔工具

贝塞尔工具用于绘制平滑、精确的曲线，通过改变节点和控制点的位置，可以控制曲线的弯曲度。绘制完曲线以后，通过调整控制点，可以调节直线和曲线的形状。

1. 使用【贝塞尔工具】绘制曲线

使用【贝塞尔工具】绘制曲线的操作步骤如下：

❶ 单击【工具箱】中的【贝塞尔工具】按钮 ✎，在页面中按住鼠标左键并拖动鼠标，确定起始节点。此时该节点两边将出现两个控制点，连接控制点的是一条蓝色的控制线，如图4.41所示。

图4.41　曲线的控制点

❷ 将光标移到适当的位置按住鼠标左键并拖动，这时第2个锚点的控制线长度和角度都将随光标的移动而改变，同时曲线的弯曲度也在发生变化。调整好曲线形态以后，释放鼠标即可，如图4.42所示。

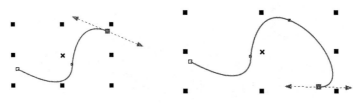

图4.42　绘制的曲线

Questions 使用【贝塞尔工具】如何绘制封闭图形？

Answered：如果需要绘制封闭图形，在曲线绘制完成后，单击该曲线的起始节点，即可将曲线的首尾连接起来成为一个封闭图形。

Skill 绘制好曲线后单击【工具箱】中的【选择工具】按钮，即可退出曲线绘制状态，处于选取状态。如需要再次对曲线进行编辑和修改，可在单击【工具箱】中的【贝塞尔工具】按钮 ↖ 后，单击所要编辑的曲线节点（此时将显示控制点），然后拖动控制点，即可调整曲线的形状。

2. 使用【贝塞尔工具】绘制直线/折线

使用【贝塞尔工具】绘制直线/折线的具体操作步骤如下：

❶ 单击【工具箱】中的【贝塞尔工具】按钮，将光标移到页面中单击，确定第一个节点，然后将光标移到下一个位置，单击确定第二个节点，这时在两节点之间就会出现一条直线，如图4.43所示。

❷ 在下一个节点处单击，得到下一条线段。继续绘制线段，在得到需要的线条图形后，双击鼠标左键，完成折线的绘制，如图4.44所示。

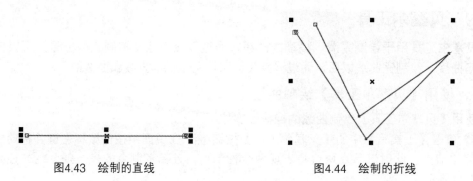

图4.43　绘制的直线　　　　　　　　　图4.44　绘制的折线

双击【工具箱】中的【贝塞尔工具】按钮，在弹出的【选项】对话框中选择【工具箱】|【手绘/贝塞尔工具】选项，如图4.45所示，通过调整该选项中的各项参数，可以自定义贝塞尔工具的默认值。

图4.45　【手绘/贝塞尔工具】选项

该对话框中各参数的含义如下:

- 【手绘平滑】选项：用于调整使用【手绘工具】绘制的曲线的平滑度。数值越低，所绘曲线越接近鼠标拖动的路径；数值越高，则所绘曲线越趋于平滑。
- 【边角阈值】选项：可以对使用【手绘工具】绘制曲线时其转折距离的默认值进行调节。转折范围在默认值内即设置尖角节点，超出默认值即设置圆滑节点，数值越低就越容易显示尖角节点。
- 【直线阈值】：可以在使用【手绘工具】绘制曲线时，将鼠标拖动的路径看作直线的距离范围默认值。鼠标拖动的偏移量在默认值之内即看作直线，默认值以外的为曲线。
- 【自动连结】选项：在使用【手绘工具】或【贝塞尔工具】时，用于设置自动连接的距离，如果两个节点之间的距离小于该数值，CorelDRAW自动连接两个结束节点。

4.1.10 艺术笔工具

在CorelDRAW X6中，使用【艺术笔工具】可以绘制出类似钢笔、毛笔笔触线条的封闭路径，其绘制方法与使用【手绘工具】绘制曲线相似，不同的是，【艺术笔工具】绘制的是一条封闭路径，因此可以对其填充颜色。

单击【工具箱】中的【艺术笔工具】按钮 ，在其【属性栏】中将显示系统提供的5种艺术笔工具，分别是预设、笔刷、喷涂、书法和压力。通过对【属性栏】参数的设置，可以绘制别具特色的艺术图形。

1．预设

单击【工具箱】中的【艺术笔工具】按钮 ，在【属性栏】中会默认选择【预设】按钮 ，如图4.46所示。

图4.46 【艺术笔预设】属性栏

- 【手绘平滑】选项：其数值决定线条的平滑程度。程序提供的平滑度最高是100，可根据需要调整其参数设置。
- 【笔触宽度】选项：在其文本框中输入数值来决定笔触的宽度。
- 【预设笔触列表】选项：在其下拉列表框中可选择系统提供的笔触样式。
- 【随对象一起缩放笔触】按钮 ：按下该按钮后缩放绘制的笔触，笔触线条宽度随缩放而改变。

使用预设艺术笔绘制图形的具体操作步骤如下:

❶ 单击【工具箱】中的【艺术笔工具】按钮 ，在【艺术笔预设】属性栏中，在【预设笔触列表】下拉列表框中选择需要的笔触类型，在【笔触宽度】文本框中设置适当的宽度。

❷ 设置完成后，将光标移到页面适当位置，按下鼠标左键，拖动鼠标至适当位置，释

放鼠标后即可得到所需的笔触图形，如图4.47所示。

图4.47　绘制笔触图形

2．笔刷

CorelDRAW X6提供了多种笔刷样式供用户选择，包括带箭头的笔刷、填满了色谱图样的笔刷等。使用【笔刷】笔触时，可以在【属性栏】中设置该笔刷的属性，如图4.48所示。

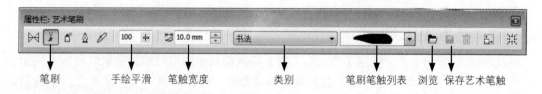

图4.48　【艺术笔刷】属性栏

- 【类别】选项：在其下拉列表中可选择要使用的笔刷类型。
- 【笔刷笔触列表】选项：在其下拉列表框中可选择当前笔刷类型可用的笔触样式。
- 【浏览】按钮：可浏览硬盘中的文件夹。
- 【保存艺术笔触】按钮：自定义笔触后，将其保存到笔触列表。

在【艺术笔刷】属性栏中选择适当的类别，在【笔刷笔触列表】下拉列表框中选择相应的笔刷笔触，在页面中按下鼠标左键，拖动鼠标至适当位置，即可绘制出笔刷式的笔触图形，如图4.49所示。

图4.49　绘制笔刷式的笔触图形

Tip　选择绘制的路径，在【艺术笔预设】属性栏中的【笔刷笔触列表】下拉列表框中选择一种图形，则所选图形将自动适合所选路径，如图4.50所示。

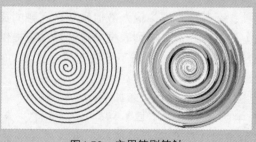

图4.50　应用笔刷笔触

在CorelDRAW X6中，还可使用一个对象或一组矢量对象自定义画笔笔触。创建自定义笔刷笔触完成后，可以将其保存为预设，具体操作步骤如下：

❶ 选择要保存为笔刷笔触的图形对象，这里以大象为例，如图4.51所示。

❷ 单击【艺术笔工具】属性栏中的【笔刷】按钮 ，然后单击【保存艺术笔触】按钮 ，弹出如图4.52所示的【另存为】对话框。

图4.51　要保存的图形

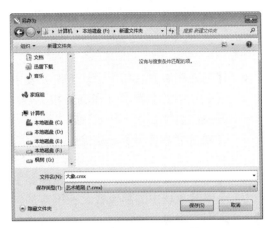

图4.52　【另存为】对话框

❸ 在【另存为】对话框的【文件名】文本框中输入笔触名字，单击【保存】按钮，即可将绘制的图形保存在【自定义】类别的笔刷笔触列表中，如图4.53所示。

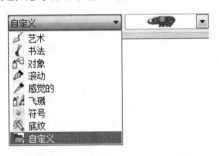

图4.53　添加的自定义笔刷笔触

Tip　在【笔刷笔触列表】中添加笔触图案后，属性栏中的【删除】按钮 将被激活。单击该按钮，弹出如图4.54所示的【CorelDRAW X6】对话框，单击【是】按钮后，即可将添加的笔触图案从列表中删除。

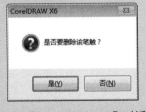

图4.54　【CorelDRAW X6】对话框

3．喷涂

使用【喷涂】工具，可以在线条上喷涂一系列对象。除图形和文本对象以外，还可导入位图和符号来沿着线条喷涂。在【艺术笔预设】属性栏中，单击【喷涂】按钮 ，切换到【艺术笔对象喷涂】属性栏，如图4.55所示。

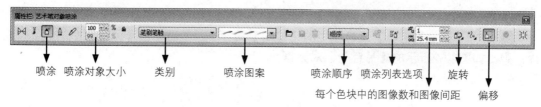

喷涂　喷涂对象大小　　类别　　　　喷涂图案　　　喷涂顺序　喷涂列表选项　　旋转

每个色块中的图像数和图像间距　　偏移

图4.55 【艺术笔对象喷涂】属性栏

- 【喷射图案】选项：在其下拉列表中可选择系统提供的喷涂笔触样式。
- 【喷涂顺序】选项：在其下拉列表中提供了【随机】、【顺序】和【按方向】3个选项，选择其中一种喷涂顺序来应用到对象上。
- 【喷涂列表选项】 按钮：单击该按钮，可以设置喷涂对象的顺序和设置喷涂对象。
- 【每个色块中的图像数和图像间距】选项：在上方的文本框中输入数值，可设置每个喷涂色块中的图像数。在下方的文本框中输入数值，可调整喷涂笔触中各个色块之间的距离。
- 【旋转】 按钮：单击该按钮，可以使喷涂对象按一定角度旋转。
- 【偏移】 按钮：单击该按钮，可以使喷涂对象中的各个元素产生位置上的偏移。分别单击【旋转】和【偏移】按钮，可打开对应的面板设置，如图4.56所示。

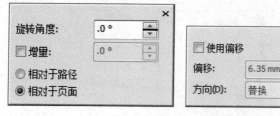

图4.56 【旋转】和【偏移】面板

在【艺术笔对象喷涂】属性栏中，选择适当的类别和图案，将光标移至页面的适当位置，按住鼠标左键，并拖动鼠标，绘制一条曲线或线段，然后释放鼠标左键后，即可看到使用【喷涂】工具所喷出的图形，如图4.57所示。

图4.57 使用喷涂工具

除图形和文本对象以外，在CorelDRAW X6中还可以导入位图和符号来沿着线条喷涂；也可以自行创建喷涂列表文件，具体操作步骤如下：

❶ 选中需要创建为喷涂预设的对象，如图4.58所示，然后单击【艺术笔对象喷涂】属性栏中的【添加到喷涂列表】 按钮，将该对象添加到喷涂列表。

❷ 单击【喷涂列表选项】 按钮，弹出如图4.59所示的【创建播放列表】对话框，在【播放列表】列表框中选择需要的图像，然后单击【确定】按钮。

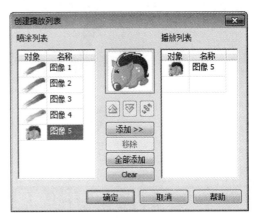

图4.58 选中要创建为喷涂预设的对象　　　　　图4.59 【创建播放列表】对话框

❸ 在绘图页面上拖动鼠标，绘制的图形效果如图4.60所示。

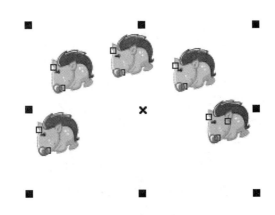

图4.60 绘制的图形

Tip 在【喷涂顺序】下拉列表中选择不同的排列方式，绘制的图形效果也是不同的。

4．书法

使用【书法】工具可以绘制出类似书法笔画过的图形效果。在【艺术笔预设】属性栏中，单击【书法】按钮◎，切换到【艺术笔书法】属性栏，如图4.61所示。

图4.61 【艺术笔书法】属性栏

在【艺术笔书法】属性栏中，设置笔触的宽度，然后按住鼠标左键并拖动鼠标进行绘制，释放鼠标后绘制的笔触如图4.62所示。

图4.62　使用书法工具绘制的图形

Questions　**关于笔触有什么需要注意的?**

Answered：调整书法的角度，可以设置图形笔触的倾斜角度，线条的实际宽度是由所绘线条与书法角度之间的角度决定。

5. 压力

在【艺术笔预设】属性栏中，单击【压力】按钮，切换到【艺术笔压感笔】属性栏，如图4.63所示。

　　书法　手绘平滑　　笔触宽度

图4.63　【艺术笔压感笔】属性栏

在【艺术笔压感笔】属性栏中，设置好笔触的宽度，然后按住鼠标左键并拖动鼠标进行绘制，释放鼠标后绘制的笔触如图4.64所示。

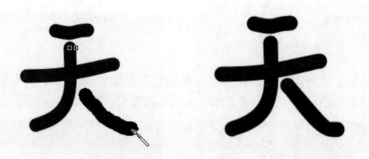

图4.64　使用【压力】工具绘制的笔触图形

4.1.11　钢笔工具

使用【钢笔工具】绘制图形的方法与使用【贝塞尔工具】相似，也是通过节点和手柄来达到绘制图形的目的。不同的是，在使用【钢笔工具】的过程中，可以在确定下一个锚点之前预览到曲线的当前状态。

单击【工具箱】中的【钢笔】按钮 🖉，打开【钢笔工具】属性栏，如图4.65所示。

图4.65　【钢笔工具】属性栏

- 【闭合曲线】按钮：绘制曲线后单击该按钮，可以在曲线开始与结束点间自动添加一条直线，使曲线首尾闭合。
- 【预览模式】按钮：单击该按钮，使其激活。绘制曲线时，在确定下一节点之前，可预览到曲线的当前形状；否则将不能预览。
- 【自动添加 / 删除节点】按钮：单击该按钮，在曲线上单击可自动添加或删除节点。

1．绘制曲线

单击【工具箱】中的【钢笔工具】按钮 🖉，将光标移动到页面的适当位置单击，指定曲线的起始节点，然后移动光标到下一个位置，按住鼠标左键并向另一方向拖动，即可绘制出相应的曲线，如图4.66所示。

图4.66　绘制曲线

> **Tip**　在绘图过程中，单击【钢笔工具】属性栏中的【自动添加/删除节点】按钮，可以在曲线上增加新的节点或删除已有的节点，以对曲线进行进一步的编辑。添加和删除节点时钢笔工具的状态如图4.67所示。
>
>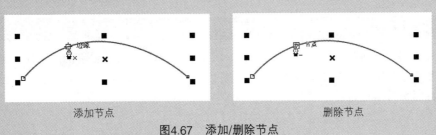
>
> 　　　　添加节点　　　　　　　　　　　　　　删除节点
> 图4.67　添加/删除节点

2．绘制直线

使用【钢笔工具】绘制直线是非常简单的操作，具体操作步骤如下：

❶ 单击【工具箱】中的【钢笔工具】按钮 🖉，将鼠标移动到工作区中的某一位置，单击指定直线的起点。

❷拖动鼠标至适当的位置，双击完成直线的绘制，如图4.68所示。

图4.68　绘制直线

Skill 在使用【钢笔工具】绘制图形时，如果需要将尖突节点转换为平滑节点，则使用鼠标左键靠近最后绘制的节点，然后按住Alt键的同时单击该节点，即可将其转换为平滑节点，如图4.69所示。

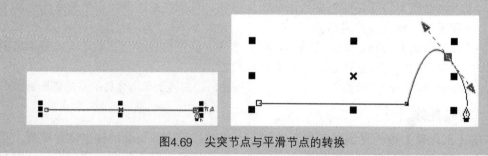

图4.69　尖突节点与平滑节点的转换

4.1.12　3点曲线工具

在CorelDRAW X6中进行平面设计时，使用【3点曲线工具】，可以绘制出各种样式的弧线或者近似圆弧的曲线。使用【3点曲线工具】绘制曲线的具体操作步骤如下：

❶单击【工具箱】中的【3点曲线工具】按钮，在起始点按住鼠标左键不放，向另一方向拖动鼠标，指定曲线的起点和终点的位置和间距。

❷释放鼠标后，移动光标来指定曲线弯曲的方向，在适当位置单击，即可完成曲线的绘制，如图4.70所示。

图4.70　使用【3点曲线工具】绘制曲线

Questions 【3点曲线工具】在使用中有什么小技巧?

Answered：使用【3点曲线工具】绘制出弧线之后，如果想闭合该曲线，则在【3点曲线工具】属性栏中，单击【闭合曲线】按钮即可。同时，使用【3点曲线工具】绘制出的曲线或封闭曲线都可以进行填色。

4.1.13　折线工具

使用【折线工具】，可以创建多个节点连接成的折线。使用【折线工具】绘制折线的方法是单击【工具箱】中的【折线】按钮，在页面中依次单击，即可完成多点线的绘制，效果如图4.71所示。

使用【折线工具】也可以绘制直线、折线、手绘线、可交叉复合线，还可以生成封闭的图形。如果要绘制复合线，首先单击【工具箱】中的【折线工具】按钮，光标将变形，单击确定复合线的起始点，并拖出任意方向线段确定终点后释放鼠标。按住Ctrl或Shift键，可限制线的角度为150的整倍数，可绘制水平线、垂直线，以及300、450、600线。按住并拖动鼠标，则可以沿鼠标轨迹绘制曲线，如图4.72所示。

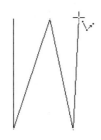

图4.71　使用【折线工具】绘制折线

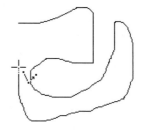

图4.72　沿鼠标轨迹绘制曲线

4.1.14　2点线工具

使用【2点线工具】，可以用多种方式绘制逐条相连或与图形边缘相连的连接线，组合成需要的图形，常用于绘制流程图或结构示意图。单击【工具箱】中的【2点线】按钮 ，其属性栏设置如图4.73所示。

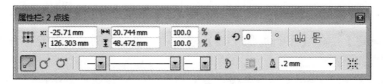

图4.73　【2点线】属性栏

- 【2点线工具】 按钮：单击该按钮后，按住鼠标左键并拖动，释放鼠标后，可在鼠标按下与释放的位置间创建一条直线；将光标放置在直线的一个端点，在光标改变形状为 时按住并拖动鼠标绘制直线，可以使新绘制的直线与之相连，成为一个整体，如图4.74所示。
- 【垂直2点线】 按钮：单击该按钮后，可以绘制一条现有线条或与对象相垂直的直线，如图4.75所示。
- 【相切的2点线】 按钮：单击该按钮后，可以绘制一条与现有线条或对象相切的直线，如图4.76所示。

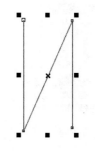

图4.74　绘制直线

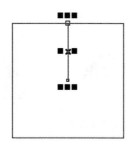

图4.75　绘制垂直线

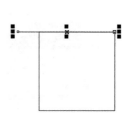

图4.76　绘制切线

4.1.15　B样条工具

单击【工具箱】中的【B样线】 按钮后，按住鼠标左键并拖动，绘制出曲线轨迹，在需要变向的位置单击，添加一个轮廓控制点，继续拖动即可改变曲线轨迹，如图4.77所示；绘制过程中双击，可以完成曲线绘制；将鼠标移动到起始点并单击，可以自动闭合曲线。

图4.77　使用【B样条工具】绘制曲线

需要调整其形状时，可以使用【形状工具】调整外围的控制轮廓，即可轻松调整曲线或闭合图形的形状。

4.1.16　度量工具

使用度量工具可以方便、快捷地测量出对象的水平、垂直距离，以及倾斜角度等。在CorelDRAW X6提供了平行度量工具、水平或垂直度量工具、角度量工具、线段度量工具、3点标注工具5种度量工具。下面介绍具体的使用方法。

1．平行度量工具

单击【工具箱】中的【平行度量工具】按钮 ，可以为对象添加任意角度上的距离标注，其操作步骤如下：

❶ 单击【工具箱】中的【平行度量工具】按钮 ，在其属性栏中设置好需要的参数。

❷ 在测量对象的边缘或任意需要的位置上按住鼠标后，移动鼠标至另一边缘点或所需的位置再次单击，出现标注线后，向任意一侧拖动标注线，调整好标注线与对象之间的距离后单击，系统将自动添加两点之间的距离标注，如图4.78所示。

2．水平或垂直度量工具

单击【工具箱】中的【平行度量工具】|【水平或垂直度量工具】按钮 ，可以标注出对象的垂直距离和水平距离，如图4.79所示。

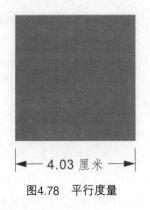

图4.78　平行度量

图4.79　垂直度量

3．角度量工具

单击【工具箱】中的【平行度量工具】|【角度量工具】按钮,然后单击指定角的顶点,移动光标到适当的位置,单击创建角的第一条边,移动光标至对应的位置上,定好角度后单击,形成角度,再次单击后,系统将自动添加角度标注,如图4.80所示。

4．线段度量工具

单击【工具箱】中的【平行度量工具】|【线段度量工具】按钮,可以自动捕获图形曲线上的两个节点之间线段的距离,只需在需要度量的线段上按住鼠标左键并向需要的方向拖动,即可在释放鼠标左键后完成对所选线段两端节点直线距离的标注,如图4.81所示。

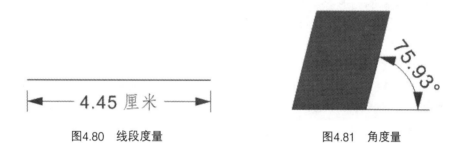

图4.80　线段度量　　　　　　　　　　　　　图4.81　角度量

5．3点标注工具

单击【工具箱】中的【平行度量工具】|【3点标注工具】按钮,移动鼠标到需要标注的起点位置后按下鼠标左键,然后将光标拖到对象外合适的距离释放鼠标并继续拖动,标注线将形成一个折线,将光标移动至直线终点处双击后,鼠标自动进行入文本输入状态,此时可以手动添加文字标注,效果如图4.82所示。

图4.82　3点标注

实际上，曲线图形是由节点与线段构成的。在曲线图形的路径中，节点用于决定路径的方向，而相邻两个节点之间的部分就是线段，曲线图形有曲线线段和直线线段两种类型，它们之间可以互相转换。

在CorelDRAW X6中，使用【手绘工具】、【贝塞尔曲线工具】、【艺术笔工具】或【螺纹工具】所绘制的图形都是曲线。在通常情况下，曲线绘制完成以后还需要对它进行精确的调整，以达到需要的造型效果。本节将详细讲解编辑曲线对象的操作方法。

4.2.1 添加和删除节点

在CorelDRAW X6中，可以通过添加节点，将曲线形状调整得更加精确，也可以通过删除多余的节点，使曲线更加平滑。

1. 添加节点

添加节点的方法是选择要添加节点的曲线图形后，然后单击【工具箱】中的【形状工具】按钮 ，在图形上需要添加节点的位置处单击，最后在【编辑曲线、多边形和封套】属性栏中单击【添加节点】 按钮，即可在指定的位置添加一个新的节点，如图4.83所示。

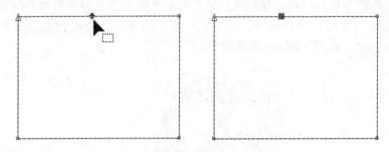

图4.83　添加节点

Questions　选择节点有哪些方法？

Answered：如果要选择封闭图形中的某一节点，只需使用【变形工具】单击该封闭图形中要选择的节点即可；如果按住Shift键，并使用【选择工具】逐个单击要选择的节点，或者框选几个节点，即可一次选择多个节点；如果在单击【变形工具】后，单击其属性栏中的【选择所有节点】 按钮，或执行菜单栏中的【编辑】|【全选】|【节点】命令，可以选择所有的节点。

Skill 用户也可以直接使用【形状工具】在曲线上需要添加节点的位置双击即可。如果所选曲线需要添加多个节点，除了使用上述方法一个一个添加外，还可以使用【形状工具】框选多个节点，单击其属性栏中的【添加节点】 按钮，即可在每个处于选中状态的节点前添加一个新的节点，如图4.84所示。

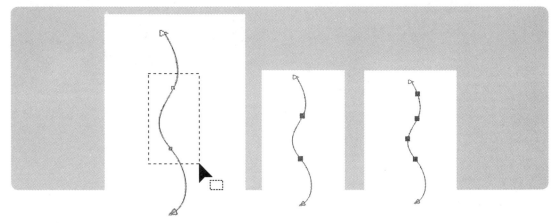

图4.84 一次添加多个节点

2．删除节点

如果需要将曲线上多余的节点删除，则单击【删除节点】▣▣按钮即可，具体操作是使用【形状工具】▶单击或框选出所需删除的节点，然后单击其属性栏中的【删除节点】▣▣按钮即可，如图4.85所示。

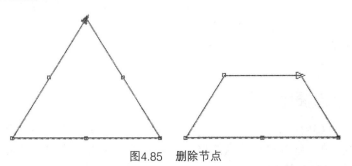

图4.85 删除节点

Skill 用户也可以直接使用【形状工具】双击曲线上需要删除的节点即可，如图4.86所示；或者在使用【形状工具】选取节点后右击，在弹出的快捷菜单中选择【删除】命令，如图4.87所示；或者使用【形状工具】选中需要删除的节点，然后按Delete键，即可将该节点删除。

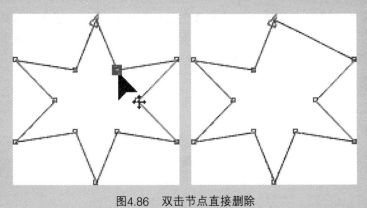

图4.86 双击节点直接删除

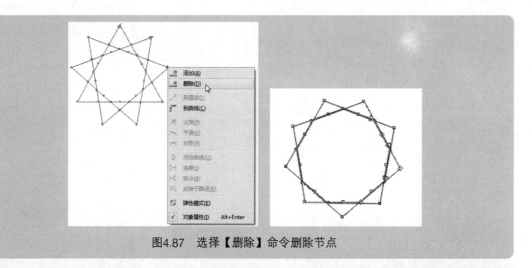

图4.87　选择【删除】命令删除节点

Questions 对于非曲线图形，怎样为其添加或删除节点？

Answered：如果需要对封闭图形添加或删除节点，应先将其转换为曲线，然后即可按添加或删除曲线节点的方法进行添加或删除，转换曲线的具体操作是选择非曲线图形，然后单击【工具箱】中的【形状工具】按钮，在【编辑曲线、多边形和封套】属性栏中，单击【转换为曲线】按钮，或者使用【选择工具】选择非曲线图形，在其属性栏中单击【转换为曲线】按钮，或者按快捷键【Ctrl+Q】均可将其转换为曲线。

4.2.2　更改节点属性

在CorelDRAW X6中，曲线的节点分为3种类型，即尖突节点、平滑节点和对称节点。在编辑曲线的过程中，可以转换节点的属性，以更好地为曲线造型，也可以通过直线与曲线的相互转换来控制曲线的形状。

1. 将节点转换为尖突节点

将节点转换为尖突节点后，尖突节点两端的控制手柄成为相对独立的状态。当移动其中一个控制手柄的位置时，不会影响另一个控制手柄。

将节点转换为尖突节点的操作是单击【工具箱】中的【形状工具】按钮，选取其中一个节点，然后在【编辑曲线、多边形和封套】属性栏中单击【尖突节点】按钮，接着拖动其中的一个控制点，效果如图4.88所示。

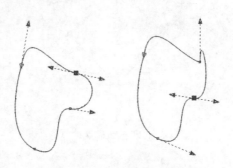

图4.88　将节点转换为尖突节点

2．将节点转换为平滑节点

平滑节点两边的控制点是相互关联的，当移动其中一个控制点时，另一个控制点也会随之移动，可产生平滑过渡的曲线。

曲线上新增的节点默认为平滑节点。要将尖突节点转换为平滑节点，只需在选择节点后，单击【编辑曲线、多边形和封套】属性栏中的【平滑节点】 按钮即可，如图4.89所示。

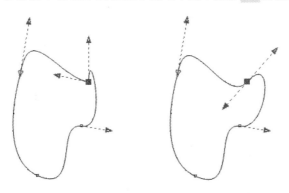

图4.89　将节点转换为平滑节点

3．将节点转换为对称节点

对称节点是指在平滑节点特征的基础上，使各个控制线的长度相等，从而使平滑节点两边的曲线率也相等。

将节点转换为对称节点的方法是单击【工具箱】中的【形状工具】 按钮，选取曲线对象中的一个节点，然后单击【编辑曲线、多边形和封套】属性栏中的【对称节点】 按钮，将该节点转换为对称节点，再拖动该节点两端的控制点，效果如图4.90所示。

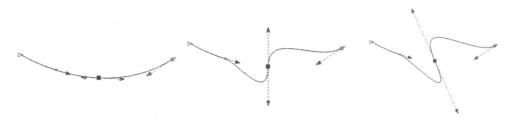

图4.90　将节点转换为对称节点

4．将直线转换为曲线

在CorelDRAW X6中，使用【转换为曲线】功能，可以将直线转换为曲线，其操作方法是，单击【工具箱】中的【形状工具】 按钮，选取直线中的一个节点，然后单击【编辑曲线、多边形和封套】属性栏中的【转换为曲线】 按钮，此时在该线条上将出现两个控制点，拖动其中一个控制点，可以调整曲线的弯曲度，如图4.91所示。

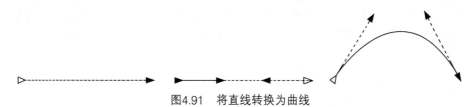

图4.91　将直线转换为曲线

5．将曲线转换为直线

在CorelDRAW X6中，使用【转换为曲线】功能，可以将曲线转换为直线，其操作方法是，单击【工具箱】中的【形状工具】按钮，选取曲线中的一个节点，然后单击【编辑曲线、多边形和封套】属性栏中的【转换为线条】按钮，效果如图4.92所示。

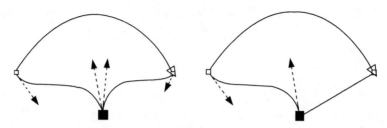

图4.92　将曲线转换为直线

4.2.3　闭合和断开曲线

在CorelDRAW X6中，使用【连接两个节点】和【断开曲线】功能，可以将曲线闭合或断开，下面详细介绍闭合和断开曲线的方法。

1．闭合曲线

使用【连接两个节点】功能，可以将同一个对象上断开的两个相邻节点连接成一个节点，从而使不封闭图形成为封闭图形。

使用【连接两个节点】功能闭合曲线的方法是，单击【工具箱】中的【形状工具】按钮，并按住Shift键的同时选取断开的两个相邻节点，然后单击【编辑曲线、多边形和封套】属性栏中的【连接两个节点】按钮，即可完成操作，效果如图4.93所示。

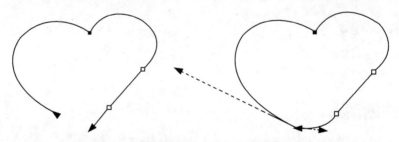

图4.93　使用【连接两个节点】功能关闭曲线

2．断开曲线

使用【断开曲线】功能，可以将曲线上的一个节点在原来的位置分离为两个节点，从而断开曲线的连接，使图形由封闭变为不封闭状态。此外，还可以将由多个节点连接成的曲线分离成多条独立的线段。

使用【断开曲线】功能断开曲线的方法是，单击【工具箱】中的【形状工具】按钮，选取曲线对象中需要分割的节点，然后单击【编辑曲线、多边形和封套】属性栏中的【断开曲线】按钮，并移动其中一个节点，可以看到原节点已经分割为两个独立的节点，如图4.94所示。

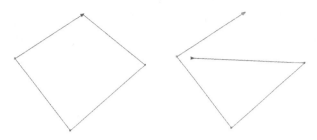

图4.94　断开曲线

4.2.4　自动闭合曲线

在CorelDRAW X6中，除了使用【连接两个节点】功能闭合曲线外，还可以使用【闭合曲线】功能，可以将绘制的开放式曲线的起始节点和终止节点自动闭合，形成闭合的曲线。

自动闭合曲线的方法是，单击【工具箱】中的【形状工具】 ┡ 按钮，并按住Shift键单击曲线的起始点和终止点，将它们同时选取，然后单击【编辑曲线、多边形和封套】属性栏中的【闭合曲线】 ⅅ 按钮，即可将该曲线自动闭合成为封闭曲线，效果如图4.95所示。

图4.95　自动闭合曲线

Section 4.3　切割和擦除图形

在CorelDRAW X6中，使用【刻刀工具】和【橡皮擦工具】不仅可以处理路径和矢量图形，还可以处理位图图像。

4.3.1　切割图形

使用CorelDRAW X6中的【刻刀工具】可以切割路径、矢量图形以及位图图形。使用【刻刀工具】不是删除对象而是将对象分割。

在【工具箱】中单击【刻刀工具】 ✐ 按钮，其属性栏如图4.96所示。

图4.96　【刻刀和橡皮擦工具】属性栏

> **Tip** 【刻刀工具】和【橡皮擦工具】共用一个属性栏。

● 【保留为一个对象】 ░ 按钮：单击该按钮，可以使分割后的对象成为一个整体。
● 【剪切时自动闭合】 ░ 按钮：单击该按钮，可以将一个对象分成两个独立的对象。

使用【刻刀工具】切割图形的具体操作步骤如下：

❶ 在【工具箱】中单击【刻刀工具】 ✐ 按钮，并在【刻刀和橡皮擦工具】属性栏中单击【剪切对自动闭合】按钮，将光标指向准备切割的对象，当光标变为 ✐ 状态时单击对象，然后将光标移动到适当位置处再次单击对象。

❷ 单击【工具箱】中的【选择工具】按钮，然后按键盘上的【→】键向右移动，调整切割后对象的位置，即可按光标移动的轨迹切割对象，如图4.97所示。

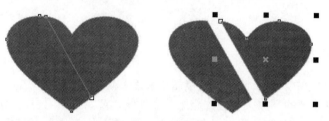

图4.97　切割图形

Questions 为什么切割后无法使用【选择工具】将图形分开?

Answered：如果单击【刻刀和橡皮擦工具】属性栏中的【保留为一个对象】按钮，则切割后所有部分仍为一个集合体，需要执行菜单栏中的【排列】【拆分】命令，才能使用【选择工具】将其分开。

Skill 用户也可以使用【刻刀工具】在对象上按住鼠标左键并拖动的方式切割对象，释放鼠标后，即可按光标移动的轨迹切割对象，如图4.98所示。单击【刻刀和橡皮擦工具】属性栏中的【剪切时自动关闭】按钮，还可以切割位图图像，如图4.99所示。

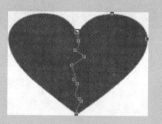 

图4.98　沿鼠标轨迹切割图形

图4.99　切割位图图像

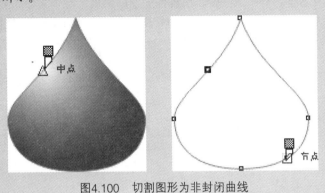

图4.100　切割图形为非封闭曲线

4.3.2　擦除图形

使用【橡皮擦工具】可以将图形对象多余的部分擦除掉，其操作步骤如下：

❶ 选中要擦除的对象，然后单击【工具箱】中的【橡皮擦工具】✍按钮。

❷ 将光标移至图形上，按下鼠标左键并拖动鼠标，即可擦除鼠标移动过的部分，如图4.101所示。

图4.101　擦除图形

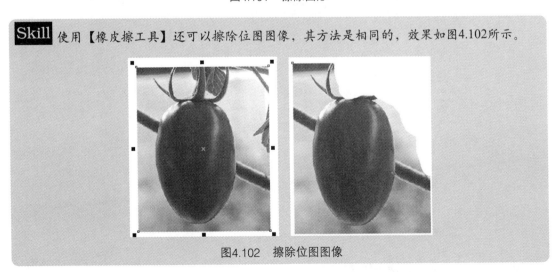

图4.102　擦除位图图像

Answered ：如果要擦除的对象部分很大或很小，可以在【刻刀和橡皮擦工具】属性栏的【橡皮擦厚度】文本框 8.0 mm 中，设置橡皮擦的厚度。数值越大，擦除的宽度越宽。单击【擦除时自动减少】按钮，可以减少使用橡皮擦工具擦除对象时所产生的节点。按下【橡皮擦形状】按钮，此时橡皮擦工具的形状为 方形；如果取消按下该按钮，橡皮擦工具的形状为 圆形。

图形的高级编辑技巧

在CorelDraw X6中，可以通过编辑节点、切割图形、修饰图形、编辑轮廓线等操作对图形的外形进行精确而随意的调整，以获得完美的造形。本章主要讲解修饰图形、造形图形和精确裁剪图形等知识。

 教学视频

- 涂抹笔刷工具   视频时间4:23
- 粗糙笔刷工具   视频时间3:27
- 自由变换工具   视频时间6:10
- 删除虚拟线段   视频时间3:17
- 造型图形   视频时间9:56
- 图框精确剪裁对象   视频时间6:46

Chapter

05

在编辑图形时，除了使用【形状工具】编辑图形和使用【刻刀工具】切割图形的方法外，还可以使用CorelDraw X6中的【涂抹笔刷工具】、【粗糙笔刷工具】、【自由变换工具】和【虚拟段删除工具】等对图形进行修饰，以满足不同的图形编辑需要。

5.1.1 涂抹笔刷工具

使用【涂抹笔刷工具】可以创建更为复杂的曲线图形。【涂抹笔刷工具】可在矢量图形边缘或内部任意涂抹，以达到变形对象的目的。

单击【工具箱】中的【涂抹笔刷工具】 ✐ 按钮，其属性栏如图5.1所示。

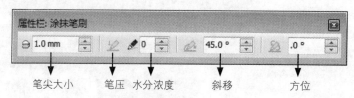

笔尖大小　笔压　水分浓度　斜移　方位

图5.1 【涂抹笔刷工具】属性栏

- 【笔尖大小】选项：设置涂抹笔刷的宽度。
- 【水分浓度】选项：设置涂抹笔刷的力度，只需单击【笔压】按钮，即可转换为使用已经连接好的压感模式。
- 【斜移】选项：设置涂抹笔刷、模拟压感笔的倾斜角度。
- 【方位】选项：设置涂抹笔刷、模式压感笔的笔尖方位角。

使用【涂抹笔刷工具】为对象应用不规则涂抹变形效果的具体操作步骤如下：

❶ 单击【工具箱】中的【选择工具】按钮，选取需要处理的对象。

❷ 单击【工具箱】中的【涂抹笔刷工具】 ✐ 按钮，此时光标变为 ◯ 椭圆形，然后在对象上按住鼠标左键并拖动鼠标，即可涂抹拖动的部位，如图5.2所示。

图5.2 涂抹笔刷图形

5.1.2 粗糙笔刷工具

【粗糙笔刷工具】是一种多变的扭曲变形工具，它可以改变矢量图形对象中曲线的平滑度，从而产生粗糙的边缘变形效果。

在【工具箱】中，单击【粗糙笔刷工具】 ✗ 按钮后，可以在其属性栏中设置相关的参数，如图5.3所示。

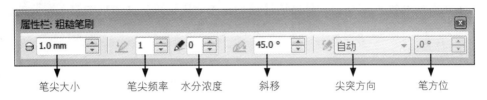

图5.3 【粗糙笔刷工具】属性栏

使用【粗糙笔刷工具】调整对象边缘的具体操作步骤如下：

❶ 单击【工具箱】中的【选择工具】按钮，选取需要处理的对象。

❷ 在【工具箱】中，单击【粗糙笔刷工具】 ✗ 按钮后，按住鼠标左键并在对象边缘拖动鼠标，即要可使对象产生粗糙的边缘效果，如图5.4所示。

图5.4 使用【粗糙笔刷工具】调整对象边缘

5.1.3 自由变换工具

单击【工具箱】中的【自由变换工具】 ⚙ 按钮，其【自由变换工具】属性栏中提供了4个变形工具，使用这些工具可以对选中的图形进行灵活变形，如图5.5所示。下面将分别对这4种变换操作进行讲解。

图5.5 【自由变换工具】属性栏

- 【自由旋转】 ↻ 按钮：单击该按钮，可以将对象按自由角度旋转。
- 【自由角度反射】 ↩ 按钮：单击该按钮，可以将对象按自由角度镜像。
- 【自由缩放】 ⊞ 按钮：单击该按钮，可以将对象任意缩放。
- 【自由倾斜】 ↗ 按钮：单击该按钮，可以将对象自由扭曲。

- 【应用到再制】 ⚙ 按钮：单击该按钮，可在旋转、镜像、调节和扭曲对象的同时再制对象。
- 【相对于对象】 ⊞ 按钮：单击该按钮，在【对象位置】文本框中输入需要的参数，然后按Enter键，可以将对象移动到指定的位置。

1. 自由旋转

单击【自由旋转】按钮可以将对象按任意角度旋转，也可以指定旋转中心点旋转对象。

单击【自由旋转】按钮调整对象的具体操作步骤如下：

❶ 单击【工具箱】中的【选择工具】按钮，选取需要处理的对象。

❷ 单击【工具箱】中的【自由变换工具】 ▨ 按钮，然后在【自由变换工具】属性栏中单击【自由旋转】按钮。

❸ 在对象上按住鼠标左键进行拖动，调整至适当的角度后释放鼠标，对象即被自由旋转，如图5.6所示。

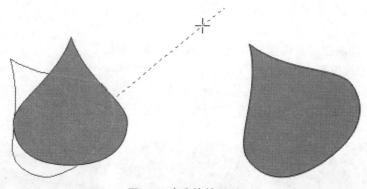

图5.6 自由旋转图形

> **Skill** 单击【工具箱】中的【自由变换工具】 ▨ 按钮后，在【自由变换工具】属性栏中单击【自由旋转】 ↻ 按钮，然后单击【应用到再制】 ⚙ 按钮，接着拖动对象至适当的角度后释放鼠标，即可在旋转对象的同时对该对象进行再制，如图5.7所示。

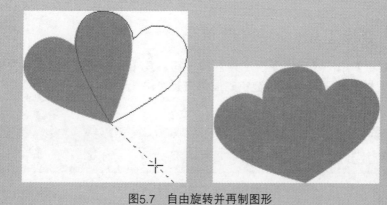

图5.7 自由旋转并再制图形

2. 自由角度反射

单击【自由角度反射】按钮可以将选择的对象按任意角度镜像，也可以在镜像对象的同时再制对象。

单击【自由角度反射】按钮对选中的对象进行自由角度反射的操作方法如下：

❶ 单击【工具箱】中的【选择工具】按钮，选取需要处理的对象。

❷ 单击【工具箱】中的【自由变换工具】 按钮，然后在【自由变换工具】属性栏中单击【自由角度反射】按钮。

❸ 在对象底部按住鼠标左键拖动，移动轴的倾斜度可以决定对象的镜像方向，方向确定后释放鼠标左键，即可完成镜像操作，如图5.8所示。

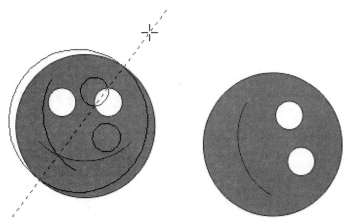

图5.8　自由角度反射图形

图5.9　自由角度反射并再制图形

3. 自由缩放

单击【自由缩放】按钮可以放大或缩小图像，也可以将对象扭曲或者在调节时再制对象。自由缩放图形的具体操作步骤如下：

❶ 单击【工具箱】中的【选择工具】按钮，选取需要处理的对象。

❷ 单击【工具箱】中的【自由变换工具】 按钮，然后在【自由变换工具】属性栏中单击【自由缩放】按钮。

❸ 在对象的任意位置上按住鼠标左键并拖动鼠标，对象就会随着拖动的位置进行缩放，缩放到所需的位置后释放鼠标左键，即可完成操作，如图5.10所示。

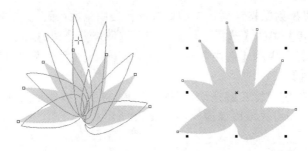

图5.10 自由缩放图形

单击【工具箱】中的【自由变换工具】按钮后，在【自由变换工具】属性栏中单击【自由缩放】按钮，然后单击【应用到再制】按钮，然后拖动对象至适当的角度后释放鼠标，即可在自由缩放对象的同时再制该对象，如图5.11所示。

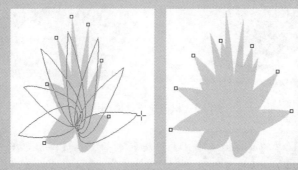

图5.11 自由缩放并再制图形

4．自由倾斜

单击【自由倾斜】按钮可以扭曲对象，该按钮的使用方法与【自由缩放】按钮相似。图5.12所示为使用【自由倾斜】按钮扭曲对象后的效果。

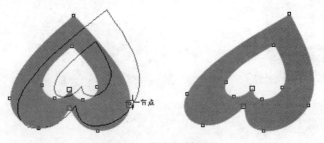

图5.12 自由倾斜图形

5.1.4 删除虚拟线段

在CorelDraw X6中，使用【虚拟段删除工具】可以删除相交对象中两个交叉点之间的线段，从而产生新的图形。

删除虚拟线段的具体操作步骤如下：

❶ 单击【工具箱】中的【虚拟段删除工具】按钮，移动光标到交叉的线段处，此时光标将变为竖立形态。

❷ 单击此处的线段，即可将该线段删除，如图5.13所示。

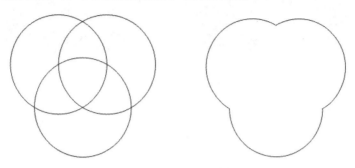

图5.13　删除虚拟线段

Questions 怎样才能删除多条虚拟线段？

Answered：如果要删除多条虚拟线段，可以在要删除的对象周围拖出一个虚线框，框选要删除的对象即可。

执行菜单栏中的【排列】|【造形】命令，在弹出的子菜单中提供了一些改变对象形状的功能命令，如图5.14所示。同时在属性栏中还提供了与造形命令相对应的功能按钮，以便更快捷地使用这些命令，如图5.15所示。

图5.14　【造形】子菜单

图5.15　【造形】按钮

5.2.1　合并图形

【合并】功能可以合并多个单一对象或组合的多个图形对象，还能结合单独的线条，但不能结合段落文本和位图图像。它可以将多个对象结合在一起，从而创建具有单一轮廓的独立对象。新对象将沿用目标对象的填充和轮廓属性，所有对象之间的重叠线都将消失。

使用框选对象的方法全选需要结合的图形，执行菜单栏中的【排列】|【造形】|【合并】命令，或单击属性栏中的【合并】 按钮即可，效果如图5.16所示。

图5.16 合并图形

　　除了使用【造形】命令修整对象外，还可以通过【造形】泊坞窗完成对象的合并操作。其具体操作是选择合并的来源对象，执行菜单栏中的【窗口】|【泊坞窗】|【造形】命令，打开【造形】泊坞窗，在泊坞窗顶部的下拉列表中选择【焊接】选项，如图5.17所示。

　　选中【保留原始源对象】和【保留原目标对象】复选框，然后单击【焊接到】按钮，当光标变为 🖫 形状时单击目标对象，即可将对象合并，效果如图5.18所示。

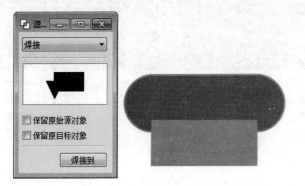

图5.17 【造形】泊坞窗　　　　　　　图5.18 使用【焊接】方式合并图形

5.2.2 修剪图形

　　使用【修剪】功能，可以从目标对象上剪掉与其他对象重叠的部分，目标对象仍保留原有的填充和轮廓属性。用户可以使用上面图层的对象作为来源对象修剪下面图层的对象，也可以使用下面图层的对象来修剪上面图层的对象。

　　使用框选的方法选择需要修剪的对象，执行菜单栏中的【排列】|【造形】|【修剪】命令或单击属性栏中的【修剪】 🖫 按钮，或执行菜单栏中的【窗口】|【泊坞窗】|【造型】命令，打开【造形】泊坞窗，在泊坞窗顶部的下拉列表中选择【修剪】选项，选中【保留原始源对象】和【保留原目标对象】复选框，然后单击【修剪】按钮，当光标变为 🖣 形状时单击目标对象，得到的效果是下面图层的对象被上面图层的对象修剪，如图5.19所示。

　　与【合并】功能相似，修剪后的图形效果与选择对象的方式有关。在执行【修剪】命令时，根据选择对象的先后顺序不同，执行【修剪】命令后的图形效果也不相同。图5.20所示为上面图层的对象被下面图层的对象修剪。

图5.19　修剪图形

图5.20　上面图层的对象被下面图层的对象修剪

Questions 为什么修剪图形后看不到修剪效果？

Answered：修剪对象后，需要把其中的一个图形移动开之后，才能看到修剪效果。

5.2.3　相交图形

　　使用【相交】功能，可以将两个或多个重叠对象的交集部分，创建成一个新对象，该对象的填充和轮廓属性以指定作为目标对象的属性为依据。

　　选择需要相交的图形对象，执行菜单栏中的【排列】|【造形】|【相交】命令，或单击属性栏中的【相交】 按钮，或执行菜单栏中的【窗口】|【泊坞窗】|【造形】命令，打开【造形】泊坞窗，在泊坞窗顶部的下拉列表中选择【相交】选项，如图5.21所示，选中【保留原始源对象】和【保留原目标对象】复选框，然后单击【相交对象】按钮，当光标变为 形状时单击目标对象，即可在这两个图形的交叠处创建一个新的对象，新对象以目标对象的填充和轮廓属性为准，效果如图5.22所示。

图5.21　【相交】选项

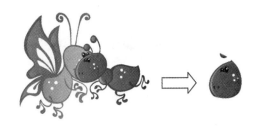

图5.22　相交图形

5.2.4　简化图形

【简化】功能可以减去两个或多个重叠对象的交集部分，并保留原始对象。

选择需要简化的对象后，单击属性栏中【简化】🔲按钮，或执行菜单栏中的【排列】|【造形】|【简化】命令，或在【造形】泊坞窗中选择【简化】选项，如图5.23所示，单击【应用】按钮，简化后的图形效果如图5.24所示。

图5.23　【简化】选项　　　　　　　　　　　　　　图5.24　简化图形

5.2.5　移除后面对象与移除前面对象

选择所有图形对象后，在属性栏中单击【移除后面对象】🔲按钮，或执行菜单栏中的【排列】|【造形】|【移除后面对象】命令，不仅可以减去最上层对象下的所有图形对象（包括重叠与不重叠的图形对象），还能减去下面对象与上面对象的重叠部分，而只保留最上层对象的剩余部分，如图5.25所示。

图5.25　移除后面对象

选择所有图形对象后，在属性栏中单击【移除前面对象】🔲按钮，或执行菜单栏中的【排列】|【造形】|【移除前面对象】命令，可以减去上面图层中所有的图形对象以及上层与下层对象的重叠部分，而只保留最下层对象中剩余的部分，如图5.26所示。

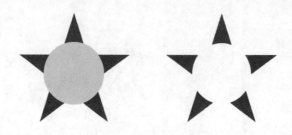

图5.26　移除前面对象

Section 5.3 图框精确剪裁对象

在CorelDraw X6中进行图形编辑、版式安排等实际问题时，【图框精确剪裁】命令是经常用到的一项很重要的功能。执行【图框精确剪裁】命令可以将对象置入到目标对象的内部，使对象按目标对象的外形进行精确地裁剪。

5.3.1 放置在容器中

将对象放置在容器中的具体操作步骤如下：

❶ 单击【工具箱】中的【基本形状工具】按钮，在其属性栏的【完美形状】下拉列表中选择口形状，然后将该图形绘制出来，如图5.27所示，按快捷键【Crtl+I】导入一个图形文件，如图5.28所示。

❷ 保持导入对象的选中状态，执行菜单栏中的【效果】|【图框精确剪裁】|【放置在容器中】命令，这时光标变为➡黑色粗箭头状态，单击上一步绘制的图形，即可将所选对象置于该图形中，如图5.29所示。

图5.27 绘制图形　　　　图5.28 导入图形　　　　图5.29 放置在容器中

图框精确剪裁对象的具体操作步骤如下：

❶ 使用【选择工具】选取需要置入容器中的对象，在按住鼠标右键的同时将该对象拖动至目标对象上，释放鼠标后弹出如图5.30所示的快捷菜单。

❷ 在弹出的快捷菜单中选择【图框精确剪裁内部】命令，所选对象即被置入到目标对象中，效果如图5.31所示。

图5.30　快捷菜单　　　　　　　　　　图5.31　图框精确剪裁对象

5.3.2　提取内容

使用【提取内容】命令可以提取嵌套图框剪裁中每一级的内容。执行菜单栏中的【效果】|【图框精确剪裁】|【提取内容】命令，或者在图框精确剪裁对象上右击，在弹出的快捷菜单中选择【提取内容】命令，即可将置入到容器中的对象提取出来，如图5.32所示。

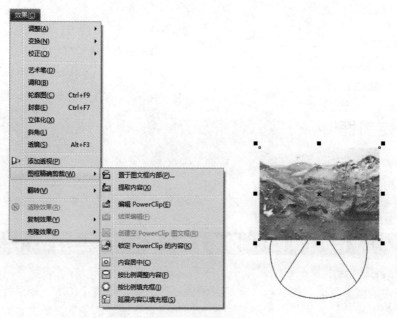

图5.32　提取内容

5.3.3 编辑图框精确剪裁内容

将对象精确剪裁后，还可以进入目标对象内部，对窗口内的对象进行缩放、旋转或位置等调整。

使用【选择工具】选中图框精确裁剪对象，如图5.33所示，然后执行【效果】|【图框精确裁剪】|【编辑PowerClip】命令，或者选中对象以后右击，在弹出的快捷菜单中选择【编辑PowerClip】命令，如图5.34所示。

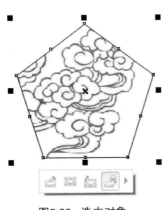

图5.33 选中对象

图5.34 选择编辑命令

5.3.4 锁定图框精确剪裁的内容

用户不但可以对【图框精确剪裁】对象的内容进行编辑，还可以通过在需要锁定的对象上右击，在弹出的快捷菜单中选择【锁定PowerClip的内容】命令，将容器内的对象锁定。锁定图框精确剪裁的内容后，在变换图框精确剪裁时，只对容器对象进行变换，而容器内的对象不受影响，如图5.35所示。要解除图框精确剪裁内容的锁定状态，可再次执行【锁定PowerClip的内容】命令即可。

5.3.5 结束编辑

在完成对图框精确剪裁内容的编辑后，执行菜单栏中的【效果】|【图框精确剪裁】|【结束编辑】命令，或右击，在弹出的快捷菜单中选择【结束编辑】命令，如图5.36所示，即可结束内容的编辑。

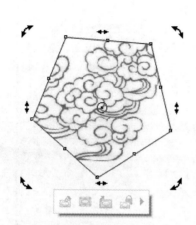

图5.35 锁定图框精确剪裁的内容

图5.36 选择【结束编辑】命令

轮廓及颜色填充

本章主要讲解了轮廓及颜色填充。绘制完图形后，需要对图形进行描边或填充，本章详细讲解了图形轮廓的相关操作，如轮廓的颜色、宽度、样式等，同时还详细讲解了图形的填充，如均匀、渐变、图样、底纹等填充，最后还详细讲解了滴管工具及交互式填充工具的使用方法，通过本章的学习，掌握颜色设置与图案填充的应用技巧，对以后的设计制作打下坚实的基础。

 教学视频

○ 选择调色板 视频时间1:46
○ 创建与编辑调色板 视频时间5:51
○ 编辑轮廓线 视频时间8:02
○ 填充对象 视频时间14:29
○ 使用交互式填充工具 视频时间6:39
○ 使用网状填充工具 视频时间3:47

Section 6.1 应用颜色

在CorelDRAW X6中，颜色的应用非常重要，如果应用的颜色不匹配，将会影响所绘图的美观。因此需要正确地应用和设置颜色，而颜色主要通过颜色调色板来设置。

6.1.1 选择调色板

执行菜单栏中的【窗口】|【调色板】命令，将打开一个如图6.1所示的子菜单，其中提供了多种不同的调色板供选择使用。

Questions 调色板怎么使用?

Answered：选择一个调色板后，该调色板选项前会显示一个【√】，并且所选调色板出现在CorelDRAW X6的工作区中；再次单击该调色板选项，即可将其关闭。在CorelDRAW X6中，可以同时打开多个调色板，这样能够更方便地选择颜色。

如果不使用调色板，则执行菜单栏中的【窗口】|【调色板】|【无】命令，此时将关闭所有在CorelDRAW X6工作区中打开的调色板。

执行菜单栏中的【窗口】|【调色板】|【打开调色板】命令，在弹出的【打开调色板】对话框中选择所需的调色板，如图6.2所示，单击【打开】按钮，可以将保存在磁盘中的调色板装入到CorelDRAW X6并进行使用。

图6.1 【调色板】子菜单

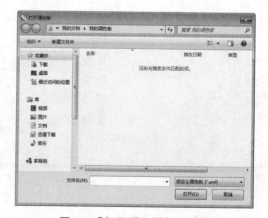

图6.2 【打开调色板】对话框

6.1.2 创建与编辑调色板

在CorelDRAW X6中还可以创建新的调色板，另外，用户也可以根据个人的需要对调色板进行编辑。

1. 创建调色板

创建调色板有两种方法，即通过现有的文档创建和通过选定的颜色创建。下面介绍这两种方法的具体操作步骤。

● 通过现有的文档创建

执行菜单栏中的【窗口】|【调色板】|【通过文档创建调色板】命令，打开如图6.3所示的【另存为】对话框，在该对话框中输入创建的文件名和文件类型后，单击【保存】按钮即可。

图6.3 【另存为】对话框

● 通过选定的颜色创建

执行菜单栏中的【窗口】|【调色板】|【通过选定的颜色创建调色板】命令，在弹出的【另存为】对话框中输入文件名和文件类型，然后单击【保存】按钮，即可保存创建的调色板。

2. 编辑调色板

对于现有的调色板，还可以对其进行编辑，具体操作步骤如下：

❶ 执行菜单栏中的【窗口】|【调色板】|【调色板编辑器】命令，打开如图6.4所示的【调色板编辑器】对话框。

❷ 单击【新建调色板】按钮，弹出如图6.5所示的【新建调色板】对话框，在该对话框中输入新建调色板的名称，在【描述】文本框中输入相关说明信息，然后单击【保存】按钮即可。

图6.4 【调色板编辑器】对话框

图6.5 【新建调色板】对话框

❸ 单击【打开调色板】按钮🖿，弹出如图6.6所示的【打开调色板】对话框，在该对话框中选择一个调色板，然后单击【打开】按钮，即可打开指定的调色板。

❹ 在窗口中新建一个调色板后，单击【保存调色板】按钮，即可对新建的调色板进行保存。如果单击【调色板另存为】按钮🖫，则可在弹出的【保存调色板为】对话框中将当前调色板另存。

❺ 单击【编辑颜色】按钮，弹出如图6.7所示的【选择颜色】对话框，在该对话框中可编辑当前所选的颜色。编辑完成后，单击【确定】按钮即可。

❻ 如果要向指定的调色板中添加颜色，则单击【添加颜色】按钮，在弹出的【选择颜色】对话框中调节好所需的颜色，然后单击【添加到调色板】按钮，即可将调节好的颜色添加到调色板中。

❼ 如果要删除某个颜色，则单击【删除颜色】按钮即可将所选的颜色删除。

图6.6 【打开调色板】对话框

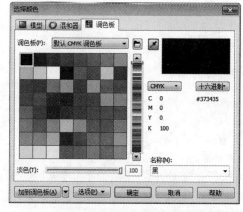

图6.7 【选择颜色】对话框

❽ 单击【将颜色排序】按钮，弹出如图6.8所示的下拉菜单，在该下拉菜单中可以选择调色板中颜色的排列方式。

图6.8 【将颜色排序】下拉菜单

❾ 如果要恢复系统的默认值，则单击【重置调色板】按钮即可。

Questions CorelDRAW X6提供了几个添加颜色到调色板中的命令？

Answered：CorelDRAW X6提供了两个添加颜色到调色板中的命令，分别是【从选定内容中添加颜色】和【从文档中添加颜色】命令。

编辑轮廓线

在绘图过程中，通过修改对象的轮廓属性，可以起到修饰对象的作用。在CorelDRAW X6默认状态下，系统都为绘制的图形添加颜色为黑色、宽度为0.2mm、线条样式为直线型的轮廓。本节主要介绍修改轮廓属性和转换轮廓线的方法。

6.2.1 改变轮廓线的颜色

在CorelDRAW X6中设置轮廓颜色的方法有多种，用户可以使用【调色板】、【轮廓笔】对话框、【轮廓颜色】对话框和【颜色】泊坞窗来完成，下面分别介绍它们的使用方法。

1. 使用调色板

使用【选择工具】选择需要设置轮廓色的对象，然后使用鼠标右键单击调色板中的色样，即可为该对象设置新的轮廓色，如图6.9所示。如果选择的对象无轮廓，则直接使用鼠标右键单击调色板中的色样，即可为对象添加指定颜色的轮廓。

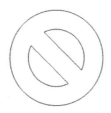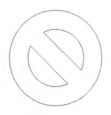

图6.9　使用调色板改变轮廓线的颜色

Questions 修改对象的轮廓色还有什么方法？

Answered：按住鼠标左键将调色板上的色样拖动至对象的轮廓上，也可修改对象的轮廓色。

2. 使用【轮廓笔】对话框

如果要定义轮廓颜色，还可以通过【轮廓笔】对话框来完成，具体操作步骤如下：

❶ 选择需要设置轮廓属性的对象，单击【工具箱】中的【轮廓笔工具】 ⬤ 按钮，或者按F12键，将弹出【轮廓笔】对话框。

❷ 在【宽度】下拉列表框中选择适合的轮廓宽度，单击【颜色】按钮，在弹出的下拉列表框中选择适合的轮廓颜色，也可以在弹出的下拉列表框中单击 更多(O)... 按钮，在弹出的【选择颜色】对话框中自定义轮廓颜色，然后单击【确定】按钮，返回【轮廓笔】对话框，如图6.10所示。

❸ 在【样式】下拉列表框中选择系统提供的轮廓样式，设置完成后单击【完成】按钮，效果如图6.11所示。

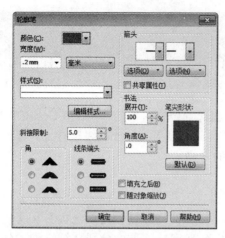

图6.10 【轮廓笔】对话框

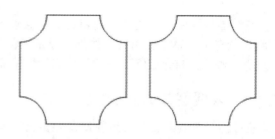

图6.11 使用【轮廓笔】对话框填充轮廓线的颜色

3. 使用【轮廓颜色】对话框

如果只需定义轮廓颜色，而不需要设置其他的轮廓属性，可以单击【工具箱】中的【轮廓色】 按钮，然后在弹出的【轮廓颜色】对话框中自定义轮廓色，如图6.12所示。

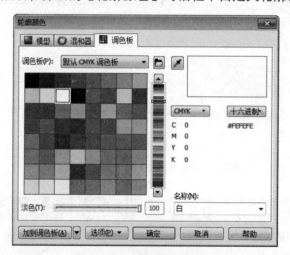

图6.12 【轮廓颜色】对话框

Questions 如何快速地打开【轮廓笔】对话框和【轮廓颜色】对话框?

Answered ：用户可以按F12键，打开【轮廓笔】对话框；按【Shift+F12】组合键，打开【轮廓颜色】对话框。

4. 使用【颜色】泊坞窗

在CorelDRAW X6中，除了前面介绍的设置轮廓颜色的方法外，还可以通过【颜色】泊坞窗进行设置。单击【工具箱】中的【彩色】按钮，或者执行菜单栏中的【窗口】|【泊坞窗】|【颜色】命令，打开如图6.13所示的【颜色】泊坞窗。

图6.13 【颜色】泊坞窗

在【颜色】泊坞窗中拖动滑块设置颜色参数，或直接在相应的文本框中输入所需的颜色值，然后单击【轮廓】按钮，即可将设置好的颜色应用到对象的轮廓。

Questions 如何为对象内部填充均匀颜色？

Answered：在【颜色】泊坞窗中设置好颜色参数后，单击【填充】按钮，可以为对象内部填充均匀颜色。

6.2.2 改变轮廓线的宽度

在CorelDRAW X6中，改变轮廓线的宽度有多种方法。

选择需要更改轮廓线宽度的对象后，单击【工具箱】中的【轮廓笔工具】按钮，在弹出的如图6.14所示的列表框中选择需要的轮廓线宽度；或者在属性栏的【轮廓宽度】选项中进行设置。在该选项下拉列表中可以选择预设的轮廓线宽度，也可以直接在该选项框中输入需要的宽度值。

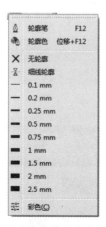

图6.14 【轮廓笔工具】列表框

Skill 按F12键，打开【轮廓笔】对话框，在该对话框的【宽度】选项中可以选择或自定义轮廓的宽度，并在【宽度】文本框右边的下拉列表中选择数值的单位，如图6.15所示。

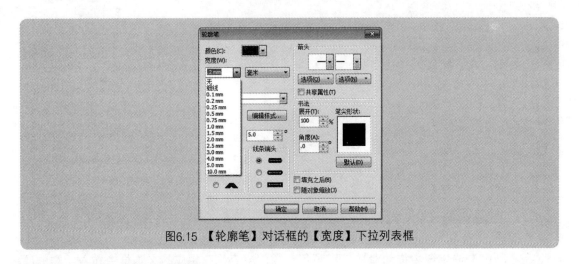

图6.15 【轮廓笔】对话框的【宽度】下拉列表框

6.2.3　改变轮廓线的样式

轮廓线不仅可以使用默认的直线，还可以将轮廓线设置为各种不同样式的虚线，并且还可以自行编辑线条的样式。选择需要设置轮廓线形状样式的对象，然后单击【工具箱】中的【轮廓笔工具】按钮，打开【轮廓笔】对话框，在其中就可以设置轮廓线的样式和边角形状。

选择需要改变轮廓线样式的对象，在【轮廓笔】对话框的【样式】下拉列表中为轮廓线选择一种线条样式，参数设置如图6.16所示，效果如图6.17所示。单击【编辑样式】按钮，在打开的【编辑线条样式】对话框中可以自定义线长的样式，如图6.18所示。

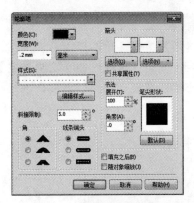

图6.16　设置轮廓线的样式

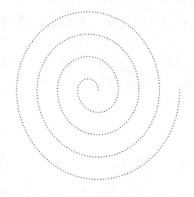

图6.17　改变轮廓线的样式

图6.18　【编辑线条样式】对话框

在【轮廓笔】对话框的【角】选项区域中，可以将线条的拐角设置为尖角、圆角或斜角样式。在【轮廓笔】对话框的【书法】选项区域中，可以为轮廓线条设置【书法】轮廓样式。在【展开】文本框中输入数值，可以设置笔尖的宽度；在【角度】文本框中输入数值，可以基于绘图画面而更改画笔的方向；还可以在『笔尖形状』预览框中单击或拖动，手动调整书法轮廓样式。图6.19所示为对象应用书法轮廓样式前后的效果对比。

展开为100%、角度为0　　　　　　展开为10%、角度为−450

图6.19　应用书法轮廓样式前后的效果对比

Questions 减小【展开】选项的取值范围有什么作用?

Answered：【展开】选项的取值范围为1～100。减小该选项后，可以使方形笔尖变成矩形，圆形笔尖变成椭圆形，以创建更加明显的书法效果。

6.2.4　清除轮廓线

要清除对象中的轮廓线，在选择对象后，直接使用鼠标右键单击调色板中的图标⊠，或者单击【工具箱】中的【无轮廓】按钮✖即可。

6.2.5　转换轮廓线

在CorelDRAW中，只能对轮廓线进行宽度、颜色和样式的调整。如果要为对象中的轮廓线填充渐变、图样或底纹效果，或者要对其进行更多的编辑，可以选择并将轮廓线转换为对象，以便能进行下一步的编辑。

选择需要转换轮廓线的对象，执行菜单栏中的【排列】|【将轮廓转换为对象】命令，即可将该对象中的轮廓线转换为对象，执行该命令后，使用鼠标可以将分离出来的轮廓线对象从原有对象中移动出来，如图6.20所示。

图6.20　转换轮廓线为对象

Section 6.3　填充对象

在CorelDRAW X6中，绘图对象以及文本对象都具有填充属性，但对于开放的路径对象来说，虽然具有填充属性，但不能填充颜色，因此开放路径的对象无法显示填充；而对于封闭路径的对象来说，都可以应用填充功能进行填充。

单击【工具箱】中的【填充工具】  右下角的小三角形，可以打开包含各种填充工具的工具组，如图6.21所示，使用这些填充工具，可以为对象进行各种各样的填充操作。

6.3.1 均匀填充

均匀填充就是在封闭路径的对象内填充单一的颜色，这是CorelDRAW X6最基本的填充方式。一般情况下，最简单的填充方法就是在绘制完图形之后，通过在工作界面最右侧的调色板中单击一个颜色样本块将绘制的图形填充为需要的颜色，如图6.22所示。

图6.21 填充工具组   图6.22 均匀填充效果

Questions **如何清除对象的内部填充颜色和外部轮廓？**

Answered ：在选中具有填充的图形时，使用鼠标左键单击调色板中的⊠按钮或单击【工具箱】中的【填充工具】|【无填充】✕按钮，可以清除对象的内部填充颜色；使用鼠标右键单击调色板中的⊠按钮，则可以清除对象的外部轮廓。

如果调色板中没有需要的颜色，那么还可以自定义颜色。通过【填充工具】组中的【均匀填充】按钮■，可对选定的对象进行均匀填充的操作。单击该按钮，弹出如图6.23所示的【均匀填充】对话框，该对话框中包括【模型】选项卡、【混和器】选项卡、【调色板】选项卡3种不同的颜色模型选项卡以供使用。

1．使用【模型】选项卡

使用【模型】选项卡设置颜色的具体步骤如下：

❶ 在【均匀填充】对话框中选择【模型】选项卡后，单击【模型】下拉按钮，在弹出的下拉列表框中选择一种颜色模型，如图6.24所示。

图6.23 【均匀填充】对话框   图6.24 选择颜色模型

②选择好颜色模型后，即可用鼠标直接拖移视图窗内各色轴上的控制点来得到各种颜色。在右侧的区域中将显示出颜色参数的具体设置，也可以对这些参数进行调整，得到所需要的颜色。

③在【名称】下拉列表框中，可以选择系统定义好的一种颜色名称，此时在该对话框中将显示出选中颜色的有关信息，如图6.25所示。

④在选中一种颜色后，单击【加到调色板】按钮，在调色板最后面将增添选中的颜色。

⑤单击【选项】按钮，在弹出的快捷菜单中可以做进一步的设置，如图6.26所示。

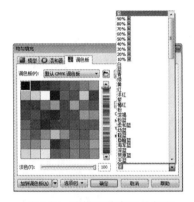

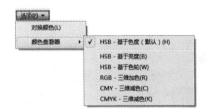

图6.25 选择系统定义的颜色　　　　　图6.26 【选项】菜单

> **Skill** 在弹出的快捷菜单中选择【对换颜色】命令，可以切换选中的新、旧颜色。选择【颜色查看器】命令，可从其弹出的子菜单中选择各种不同的颜色模式，再用鼠标直接拖动色轴上的控制点，即可得到各种颜色。

⑥设置完成后，单击【确定】按钮，即可将选定的颜色填充到所选对象。

2. 使用【混和器】选项卡

使用【混和器】选项卡设置颜色的具体操作步骤如下：

①选择【混和器】选项卡，单击【选项】按钮，在弹出的下拉菜单中选择【对换颜色】|【混合器】选项，此时【混和器】选项卡，如图6.27所示。

②用户也可以在【模型】下拉列表框中选择一种颜色类型，然后分别设置颜色，并通过调整【大小】滑块来设置颜色窗口中的格点大小。当选择颜色时，只要在颜色视图窗内单击即可。

③如果单击【选项】按钮，在弹出的下拉菜单中选择【混和器】|【颜色和谐】选项，此时【均匀填充】对话框中的【混和器】选项卡如图6.28所示。

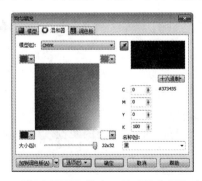

图6.27 【颜色调和】状态下的【混和器】选项卡　图6.28 【颜色和谐】状态下的【混和器】选项卡

④ 用户可以从【色度】下拉列表框中选择一种色度；可以从【变化】下拉列表框中选择颜色变化的趋向；还可以通过调整【大小】滑块来设置颜色窗口中的格点大小。但无论对哪项进行设置，右侧区域中的数值都会随着设置而改变。

⑤ 设置完成后，单击【确定】按钮，即可将选定的颜色填充到所选对象。

3. 使用【调色板】选项卡

使用【调色板】选项卡设置颜色的具体操作步骤如下：

① 选择【调色板】选项卡，在【调色板】下拉列表框中选择各种印刷工业中常见的标准调色板，如图6.29所示。

② 单击【选项】按钮，在弹出的菜单中选择【PostScript 选项】命令，在弹出的【PostScript 选项】对话框中进一步设定有关所选调色板的各种参数，如图6.30所示。

③ 在【名称】下拉列表框中选择一个颜色的名称，则在颜色框中将显示出该颜色。

④ 设置完成后，单击【确定】按钮，即可将选定的颜色填充到所选对象。

图6.29 选择标准调色板

图6.30 【PostScript选项】对话框

6.3.2 渐变填充

渐变填充可以作为对象增加两种或两种以上颜色的平滑渐近的色彩效果。使用【渐变填充】对话框，可以进行渐变填充的操作，具体操作步骤如下：

① 单击【工具箱】中的【填充工具】|【渐变填充】■按钮，打开【渐变填充】对话框，单击【类型】按钮，在弹出的下拉列表框中选择所需的渐变类型，如线性、射线、圆锥或方角，如图6.31所示。

Questions 【渐变填充】的类型都有什么作用？

Answered：在【渐变填充】对话框中，系统默认的填充类型为线性。线性渐变填充是指在两个或两个以上的颜色之间产生直线形的颜色渐变，从而产生丰富的颜色变化效果。辐射渐变填充是指在两个或两个以上的颜色之间，产生以同心圆的形式由对象中心向外辐射的颜色渐变效果。辐射渐变填充可以很好地体现球体的光线变化效果和光晕效果。圆锥渐变效果是指在两个或两个以上的颜色之间产生的色彩渐变，以模拟光线落在圆锥上的视觉效果，从而使平面图形表现出空间立体感。正方形渐变填充是指在两个或两以上的颜色之间，产生以同心方形的形式从对象中心向外扩散的色彩效果。

❷ 在【中心位移】选项区域中，通过调整【水平】和【垂直】文本框中的数值，可以设置射线、圆锥或方角填充的中心在水平和垂直方向上的位移。

Skill 在对话框右上角的预览窗格中，通过拖动鼠标可以更直观地对所选渐变类型的中心偏移位置进行调节。

❸ 通过调整【角度】文本框中的数值，可以设置线性、圆锥或方角填充的角度。输入正值可按逆时针旋转，输入负值可按顺时针旋转。

❹ 单击【步长】选项右侧的【锁定】🔒按钮，使其呈🔓打开状态，可以设置步长值。增加步长值可以使色调更平滑、调和，但会延长打印时间；减少步长值可以提高打印速度，但会使色调变得粗糙，如图6.32所示。

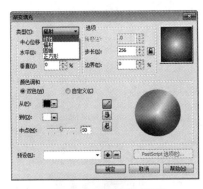

图6.31　选择填充类型

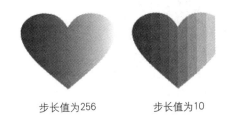

步长值为256　　　　步长值为10

图6.32　不同步长值产生的效果

❺ 通过调整【边界】文本框中的数值可以设置线性、射线或方角填充的颜色调和比例，如图6.33所示。

❻ 在【颜色调和】选项区域中选中【双色】单选按钮，可以在【从】和【到】选项中选择所需的两个主色调，并通过在【中点】文本框中设置所选两种颜色的汇聚点的位置，即可轻易制作出相当不错的渐变效果。

Questions 【渐变填充】对话框中的按钮都有什么作用？

Answered ：单击☑按钮，可在色轮中沿直线调和颜色；单击⑤按钮，可在色轮中以逆时针路径调和颜色；单击◲按钮，可在色轮中以顺时针路径调和颜色。

❼ 选中【自定义】单选按钮，可以将两种以上的颜色添加到渐变填充中，制作出各种彩虹或光影的效果。选中【自定义】单选按钮后，【颜色调和】选项区域将发生如图6.34所示的变化。

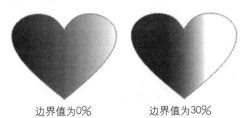

边界值为0%　　　　边界值为30%

图6.33　不同边界值产生的调和效果

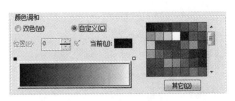

图6.34　选中【自定义】单选按钮后的【颜色调和】选项区域

❽ 在【预设】下拉列表框中，可以选择系统中预设的渐变填充类型，也会有很好的效果，如图6.36所示。此外，单击 ➕ 按钮即可将当前自定义的渐变填充保存到【预设】下拉列表中，单击 ➖ 按钮可将当前选定的渐变填充类型删除。

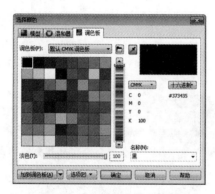

图6.35　【选择颜色】对话框

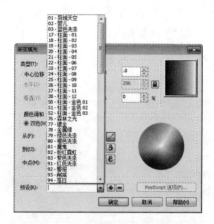

图6.36　选择预设的渐变填充类型

❾ 设置完毕后，单击【确定】按钮，即可将选定的渐变类型填充到所选对象中。

6.3.3　图样填充

图样填充就是指使用预先产生的、对称的图像进行填充。图样填充分为双色、全色和位图填充。单击【工具箱】中的【填充工具】|【图样填充】 按钮，可以对选定的对象进行图样填充，具体操作步骤如下：

❶ 选择需要填充的对象，然后单击【工具箱】中的【填充工具】|【图样填充】 按钮，打开【图样填充】对话框，如图6.37所示。

❷ 选择不同的填充图案类型，在这里选择【双色】填充图案类型，单击【图案显示样本】 按钮，即可在弹出的【样本库】列表框中选择系统预设的图样，如图6.38所示。

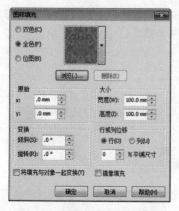

图6.37　【图样填充】对话框

图6.38　【样本库】列表框

uestions　**双色图样填充和全色图样填充的区别是什么?**

Answered：双色图样填充是指为对象填充只有【前部】和【后部】两种颜色的图案样式。全色图样填充可以由矢量图案和线描样式图形生成，也可以通过装入图像的方式填充为位图图案。在位图填充模式下，可以选择位图图像进行图案填充，其复杂性取决于图像大小和图像分辨率等，填充效果比前两种更加丰富。

❸ 在【前部】和【后部】选项中，设定双色图案的前景色与背景色。

❹ 如果要选择已经保存的图样，则单击【浏览】按钮，在打开的【导入】对话框中选择所需的图样填充，将其添加到当前所选图案的下拉列表中，如图6.39所示。

❺ 如果要删除图样，可以单击【删除】按钮可将当前选定的图案删除，此时将弹出如图6.40所示的对话框，提示是否确认删除所选的图案样本。

图6.39 【导入】对话框

图6.40 【CorelDRAW X6】对话框

❻ 用户也可以创建图样，单击【创建】按钮，弹出【双色图案编辑器】对话框，在这里可以自己创建图案，如图6.41所示。

❼ 通过设置【原始】选项区域中的x、y参数值，可以在指定第一个平铺位置的情况下将图案左右、上下移动。

❽ 在【大小】选项区域中，通过设置【宽度】和【高度】文本框中的数值，可以自定义图案的平铺宽度和高度。

❾ 在【变换】选项区域中，设置【倾斜】参数值可以设置图案倾斜的角度（角度为正值时填充的图案将向左倾斜，为负值时图案向右倾斜）；设置【旋转】参数值可设置图案的旋转角度。

❿ 在【行或列位移】选项区域中，选中【行】单选按钮可以指定行平铺尺寸的百分比，选中【列】单选按钮，可以指定列平铺尺寸的百分比，设置【平铺尺寸】文本框中的数值可指定行或列的交错数值。

⓫ 选中【将填充与对象一起变换】复选框，则选中的图案将随着对象外框的大小或缩放而自动调整大小，但分辨率会受到影响。若取消选择该复选框，则图案本身的分辨率及大小将不随对象大小而改变，只是图案本身的数目会随着对象的缩放而自动减少或增加。

⓬ 选中【镜像填充】复选框，可将选定的图案镜像填充到所选对象中。

⓭ 设置完成后，单击【确定】按钮，即可将选定的图样填充到所选对象，如图6.42所示。

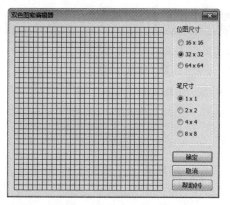

图6.41 【双色图案编辑器】对话框

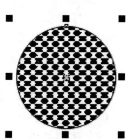

图6.42 双色图样填充

Tip 在【图样填充】对话框中选中【全色】单选按钮或者【位图】单选按钮后即可进行全色图样填充或位图图样填充，操作方式和双色填充相同，不再赘述。图6.43和图6.44所示为全色图样填充和位图图样填充。

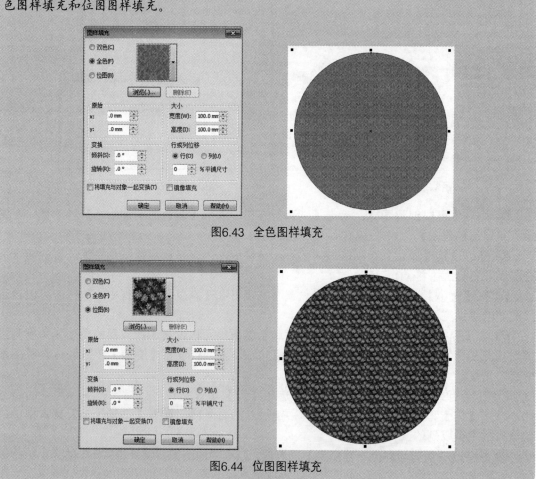

图6.43 全色图样填充

图6.44 位图图样填充

6.3.4 底纹填充

底纹填充也被称为纹理填充，用于赋予对象自然的外观。CorelDRAW X6提供预设的底纹样式，而且每种底纹均有一组可更改的选项。使用底纹填充所选对象的具体操作步骤如下：

❶ 选择需要填充的对象，单击【工具箱】中的【填充工具】|【底纹填充】 按钮，打开如图6.45所示的【底纹填充】对话框。

❷ 在【底纹库】下拉列表框中选择不同的底纹库。单击 按钮，可将当前所选的底纹另存到选定的底纹库中；单击 按钮，可删除所选的底纹。

❸ 选择好所需的底纹库后，在【底纹列表】列表框中选取各种底纹图案，并可根据改变所选底纹的颜色及明亮对比等参数，以产生各种不同的底纹图案。

❹ 单击【选项】按钮，弹出如图6.46所示的【底纹选项】对话框，设置所选底纹图案的分辨率和平铺尺寸。

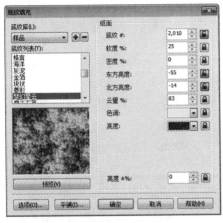

图6.45 【底纹填充】对话框

图6.46 【底纹选项】对话框

❺ 单击【平铺】按钮，打开【平铺】对话框，设置所选底纹图案的拼接方式，如图6.47所示。

❻ 设置完成后，单击【确定】按钮，即可将选定的底纹填充到所选对象，如图6.48所示。

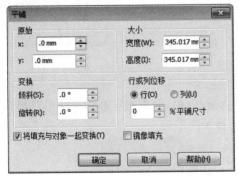

图6.47 【平铺】对话框

图6.48 底纹填充对象

6.3.5 PostScript填充

在CorelDRAW X6中，PostScript填充是指使用PostScript语言设计出的一种特殊的底纹填充。使用【PostScript底纹】填充对象的具体操作步骤如下：

❶ 选择要填的对象，单击【工具箱】中的【填充工具】|【PostScript填充】 按钮，打开如图6.49所示的【PostScript底纹】对话框。

❷ 选择各种内建的PostScript底纹，同时选中【预览填充】复选框，在预览窗格中预览所选的PostScript底纹图案。

❸ 在【PostScript底纹】对话框中，设置底纹填充的相关参数。选择不同的底纹样式，其参数设置也会相应发生变化。

❹ 设置完成后，单击【确定】按钮，即可将选定的PostScript底纹填充到所选对象，效果如图6.50所示。

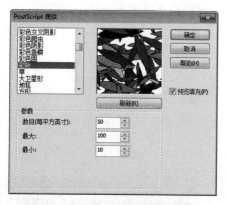

图6.49 【PostScript底纹】对话框

图6.50 PostScript底纹填充对象

Questions PostScript底纹填充使用时要注意的是什么？

Answered：在使用PostScript底纹填充时，可以改变底纹的大小、线宽以及前景或背景中出现的灰色量参数，在PostScript底纹对话框中选择不同的底纹样式，其参数也会相应发生改变。

Tip 由PostScript底纹填充的对象在正常屏幕显示模式下，仅能以"PS"两个小字作为底纹，以提示其为PostScript底纹，只有在增强模式下才能在屏幕上显示出其图案内容。早期的版本中，必须要用PostScript打印机才能正确输出PostScript底纹图案，而在现在的版本中则自动将PostScript底纹图案转变为位图文档，以便能在一般的非PostScript打印机输出。

6.3.6 使用【颜色泊坞窗】填充

单击【工具箱】中的【填充工具】|【颜色】 ▦ 按钮，打开如图6.51所示的【颜色泊坞窗】。使用该泊坞窗可以更有效地对图形对象进行颜色编辑。

图6.51 【颜色泊坞窗】

单击【颜色泊坞窗】中的【颜色模型】下拉列表按钮，在弹出的下拉列表框中选择一种颜色类型，然后通过拖动滑块或调整各参数栏中的数值来设置所需的颜色。单击【填充】按钮，可将选择的颜色填充到所选对象的内部；如果单击【轮廓】按钮，可将颜色应用到所选对象的轮廓。如果单击【自动应用颜色】🔒按钮，系统自动将颜色应用到选所对象的内部。

6.3.7　使用智能填充工具

在CorelDRAW X6中，【智能填充工具】除了可以实现普通的颜色填充外，还可以自动识别多个图形重叠的交叉区域，对其进行复制，然后进行颜色填充。

单击【工具箱】中的【智能填充工具】🖌按钮，其属性栏如图6.52所示。

图6.52　【智能填充】属性栏

- 【填充选项】选项：该选项包括【使用默认值】、【指定】和【无填充】3个选项。当选择【指定】选项时，单击右侧的颜色色块，可在弹出的颜色选择面板中选择需要填充的颜色。
- 【轮廓选项】选项：该选项包括【使用默认值】、【指定】和【无轮廓】3个选项。当选择【指定】选项时，可在右侧的【轮廓宽度】选项窗口中指定外轮廓线的粗细。单击最右侧的颜色色块，可在弹出的颜色选择面板中选择外轮廓的颜色。

Questions　智能填充工具的作用是什么?

Answered： 智能填充工具其实就是设置好一定的参数，在不改变参数的情况下，每次填充都是一样并复制一个填充对象。

Section 6.4　使用滴管工具

在CorelDRAW X6中，【滴管工具】包括【颜色滴管】和【属性滴管】两种工具。使用【滴管工具】可以为对象选择并复制对象属性，如填充、线条粗细、大小和效果等。使用【滴管工具】吸取对象中的填充、线条粗细、大小和效果等对象属性后，将自动切换到【应用颜色（属性）工具】，将这些对象属性应用于工作区的其他对象上。

单击【工具箱】中的【颜色滴管工具】按钮，弹出如图6.53所示的【滴管和颜料桶工具】属性栏，可以对滴管工具的工作属性进行设置，例如设置取色方式、要吸取的对象属性等。

图6.53 【滴管和颜料桶工具】属性栏

- 【选择颜色】 按钮：单击该按钮，可在文档窗口中进行颜色取样。
- 【应用颜色】 按钮：单击该按钮，可将取样颜色应用到对象上。
- 【从桌面选择】 从桌面选择 按钮：单击该按钮，【颜色滴管工具】可以移动到文档窗口以外的区域吸取颜色。
- 【1×1】 按钮、【2x2】 按钮和【5×5】 按钮：单击这些按钮，可以决定是在单像素中取样，还是对2×2或5×5像素区域中的平均颜色值进行取样。
- 【所选颜色】选项：在其右侧显示吸管吸取的颜色。
- 【添加到调色板】 添加到调色板 按钮：单击该按钮，可将所选的颜色添加到调色板中，单击右侧的 倒三角按钮，然后在弹出的下拉菜单中选择【文档调色板】选项，可将所选的颜色添加到当前文档的调色板中。

Questions 【属性滴管工具】的作用是什么？

Answered：使用【属性滴管工具】可以为对象选择并复制对象属性，如填充、线条粗细、大小和效果等。使用【颜色滴管工具】只能复制对象的颜色。

Section 6.5 交互式填充工具

在CorelDRAW X6中，使用【交互式填充工具】和【网状填充工具】可以对所选对象进行特殊填充。本节主要介绍这两种工具的使用方法。

6.5.1 使用交互式填充工具

【交互式填充】工具包含填充工具组中所有填充工具的功能，利用该工具可以为图形设置各种填充效果，其属性栏根据选择的填充样式的不同而不同。单击【工具箱】中的【交互式填充工具】 按钮，其默认状态下的属性栏如图6.54所示。

- 【填充类型】选项：在该选项的下拉列表中包括前面介绍过的所有填充效果，如【均匀填充】、【线形】、【辐射】、【圆锥】、【正方形】、【双色图样】、【全色图样】、【位图图样】、【底纹填充】和【PostScript填充】等。

图6.54 【交互式双色渐变填充】属性栏

- 【编辑填充】 按钮：单击该按钮，将弹出相应的填充对话框，通过设置对话框中的各选项，可以进一步编辑交互式填充的效果。

● 【复制属性】🔁按钮：单击该按钮，可以给一个图形复制另一个图形的填充属性。

使用【交互式填充工具】填充对象的具体操作步骤如下：

❶ 选择要填充的对象，然后单击【工具箱】中的【交互式填充工具】🖊️按钮，在所选对象上按下并拖动鼠标，释放鼠标后，即以系统默认的黑色至白色直线式渐变填充方式填充所选对象，如图6.55所示。

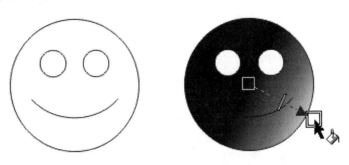

图6.55　交互式填充效果

❷ 在填充时，虚线连接的两个小方块，代表渐变色的起点与终点。在线条的中央有一个代表渐变填色中间点的控制条，当用鼠标移动渐变线条上的两个端点及中间点的位置，就会改变渐变填色的分布状况，效果如图6.56所示。

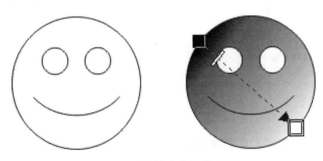

图6.56　改变填充方向的效果

❸ 使用鼠标还可以将调色板中的颜色拖至交互式填充效果对象的虚线上或者方块中，释放鼠标后，即可将所选颜色添加到对象，得到更加漂亮的效果。

❹ 在交互式填充工具属性栏的【填充类型】下拉列表中，可以选择填充的类型。

Questions　为什么选择【无填充】选项时属性栏中的其他参数不能用?

Answered：在【填充类型】下拉列表中，选择除【无填充】以外的其他选项时，属性栏中的其他参数才可用。

6.5.2　使用网状填充工具

使用【网状填充】工具，通过设置不同的网格数量可以给图形填充不同颜色的混合效果。单击【工具箱】中的【交互式填充工具】|【网状填充】按钮⚏，其属性栏如图6.57所示。

图6.57 【交互式网状填充工具】属性栏

- 【网格大小】选项：可分别设置水平和垂直网格的数目，从而决定图形中网格的多少。
- 【平滑网状颜色】按钮：激活此按钮，可减少网状填充中的硬边缘，使填充颜色的过渡更加柔和。
- 【选择颜色】按钮：激活此按钮，可在绘图窗口中吸取要应用的颜色；单击该按钮，可在弹出的列表中选择要应用的颜色。
- 【透明度】选项：设置颜色的透明度。数值为0时，颜色不透明；数值为100时，颜色完全透明。
- 【清除网状】按钮：单击该按钮，可以将图形中的网状填充颜色删除。

使用【网状填充】工具填充对象的具体操作步骤如下：

❶ 选择要填充的对象后，单击【工具箱】中的【交互式填充工具】|【网状填充】按钮 ，此时所选的图形对象上出现一些网格，如图6.58所示。

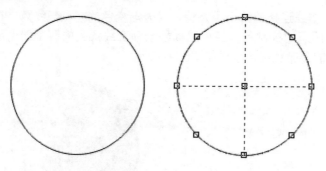

图6.58 出现交互式网格

❷ 在【交互式网状填充工具】属性栏的【网格大小】文本框中，可以设置对象上网格的垂直方向和水平方向的网格数目，如图6.59所示。

❸ 使用鼠标在任意一个网格中单击，即可将该网格选中，此时在调色板中选择一种颜色，将会看到所选颜色以选中的网格为中心，向外分散填充，如图6.60所示。

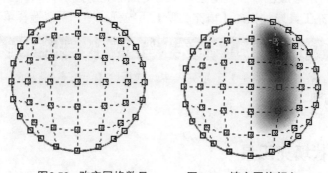

图6.59 改变网格数目　　　　图6.60 填充网格颜色

❹ 使用鼠标调节网格上的节点，可改变颜色所填充的区域。

强大的效果应用

在CorelDRAW X6，使用绘图工具绘制出图形后，可以使用调和工具组中的调和工具为所绘的图形添加更复杂的效果，从而使图形更接近设计构思，使之变得更加形象、完美。本章主要讲解制作调和效果、轮廓图效果、变形效果、阴影效果、封套效果、立体化效果和透明效果等效果的方法。

 教学视频

○ 调和效果　　　　　　　　视频时间18:34
○ 轮廓效果　　　　　　　　视频时间7:20
○ 变形效果　　　　　　　　视频时间8:49
○ 阴影效果　　　　　　　　视频时间6:40
○ 封套、立体化和透明效果　视频时间13:50

Chapter

07

Section 7.1 调和效果

调和效果也称为混和效果，使用调和效果，可以在两个或多个对象之间产生形状和颜色上的过渡。在两个不同对象之间应用调和效果时，对象上的填充方式、排列顺序和外形轮廓等都会直接影响调和效果。

7.1.1 创建调和效果

要在对象之间创建调和效果，具体操作步骤如下：

❶ 单击【工具箱】中的【选择工具】按钮，在页面中选中需要调和的对象。

❷ 在【工具箱】中单击【调和工具】🔲按钮，并在其属性栏的【调和对象】文本框中设置数值为20。

❸ 在起始对象上按住鼠标左键不放，向另一方向拖动鼠标，此时在两个对象之间会出现起始控制柄和结束控制柄，如图7.1所示。

图7.1 移动鼠标

❹ 释放鼠标后，即可在两个对象之间创建调和效果，如图7.2所示。

图7.2 调和效果

Skill 要在对象之间创建调和效果，还可以在选择用于创建调和效果的两个或多个对象之后，执行菜单栏中的【效果】|【调和】命令，打开【调和】泊坞窗，如图7.3所示，在其中设置调和的步长值和旋转角度，然后单击【应用】按钮即可。

图7.3 【调和】泊坞窗

7.1.2 控制调和对象

在对象之间创建调和效果后，其【交互式调和工具】属性栏设置如图7.4所示。

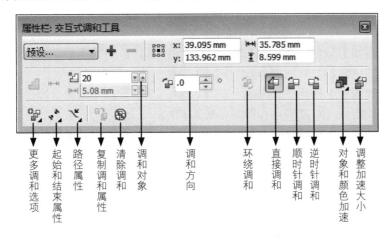

图7.4 【交互式调和工具】属性栏

- 【预设列表】 预设... 选项：系统提供的预设调和样式。在该选项下拉列表中选择其中一种预设样式后，对象的调和效果如图7.5所示。

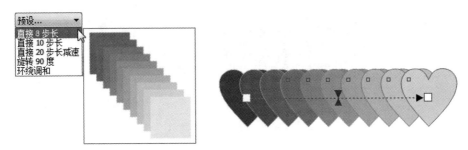

图7.5 选择预设样式

- 【调和对象】 选项：用于设置调和效果中的调和步数或形状之间的偏移距离。
- 【调和方向】选项：用于设置调和效果的角度。将【调和方向】设置为60后，对象的调和效果如图7.6所示。

图7.6 设置调和方向

- 【环绕调和】  按钮：按调和方向在对象之间产生环绕式的调和效果，该按钮只有在为调和对象设置了调和方向后才能使用。单击该按钮，对象的调和效果如图7.7所示。

图7.7　环绕调和

- 【直接调和】按钮：单击该按钮，直接在所选对象的填充颜色之间进行颜色过渡。单击该按钮后，对象的调和效果如图7.8所示。
- 【顺时针调和】按钮：使对象上的填充颜色按色轮盘中顺时针方向进行颜色过渡。单击该按钮后，对象的调和效果如图7.9所示。
- 【逆时针调和】按钮：使对象上的填充颜色按色轮盘中逆时针方向进行颜色过渡。单击该按钮后，效果如图7.10所示。

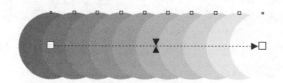

图7.8　直接调和

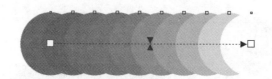

图7.9　顺时针调和

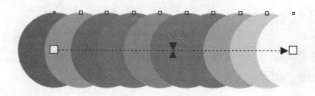

图7.10　逆时针调和

- 【对象和颜色加速】按钮：单击该按钮，弹出【加速】选项面板，拖动【对象】和【颜色】滑动条，可调整形状和颜色上的加速效果，如图7.11所示。

图7.11 加速对象和颜色

Questions 【加速】选项面板中的🔒按钮有什么作用?

Answered：单击【加速】选项的🔒按钮，使其处于🔒锁定状态时，表示【对象】和【颜色】同时加速。再次单击该按钮，将其解锁后，可以分别对【对象】和【颜色】进行设置。

- 【调整加速大小】按钮：单击该按钮，可以调整调和中对象大小的更改速率。
- 【起点和结束属性】按钮：单击该按钮，可以重新设置应用调和效果的起始端和末端对象。选择调和对象后，单击【起点和结束属性】按钮，在弹出的选项中选择【新终点】命令。此时光标变为◄►状态，在新绘制的图形对象上单击，即可重新设置调和的末端对象。

7.1.3 沿路径调和

在对象之间创建调和效果后，单击【调和工具】属性栏中的【路径属性】✈按钮，使调和对象按照指定的路径进行调和。沿路径调和的具体操作步骤如下：

❶ 选择调和对象后，单击【调和工具】属性栏中的【路径属性】✈按钮，然后在弹出的下拉列表框中选择【新路径】选项，此时光标将变为✐形状。

❷ 使用光标单击目标路径后，即可使调和对象沿该路径进行调和，效果如图7.12所示。

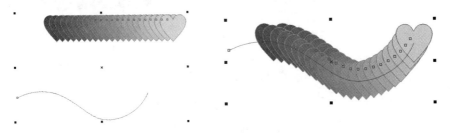

图7.12 沿路径调和

Skill 选择调和对象后，执行菜单栏中的【排列】|【顺序】|【逆序】命令，可以反转对象的调和顺序，在这里选择图7.12（右）的调和对象，调整其调和顺序，结果如图7.13所示。

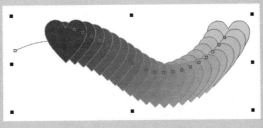

图7.13 调整调和对象的顺序

7.1.4 复制调和属性

当绘图窗口中有两个或两个以上的调和对象时，单击【调和工具】属性栏中的【复制调和属性】按钮，可以将其中一个对象中的属性复制到另一个调和对象中，得到具有相同属性的调和效果。

选择需要修改调和属性的目标对象，单击【调和工具】属性栏中的【复制调和属性】按钮，当光标变为➡形态时，单击用于复制调和属性的源对象，即可将源对象中的调和属性复制到目标对象中，如图7.14所示。

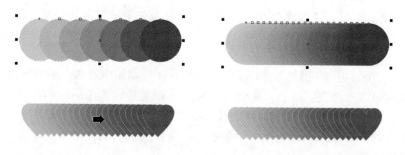

图7.14 复制调和属性

7.1.5 拆分调和对象

在选择调和对象后，执行菜单栏中的【排列】|【拆分调和群组】命令，或按快捷键【Ctrl+K】拆分群组对象。分离后的各个独立对象仍保持分离前的状态，如图7.15所示。

图7.15 拆分调和对象

Skill 在调和对象上右击，在弹出的快捷菜单中选择【拆分调和群组】命令，也可完成分离调和对象的操作，如图7.16所示。

调和对象被分离后，之前调和效果中的起端对象和末端对象可以被单独选取，而位于两者之间的其他图形将以群组的方式组合在一起，按快捷键【Ctrl+U】即可解散群组，从而方便用户进行下一步的操作，如图7.17所示。

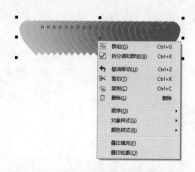

图7.16 选择【拆分调和群组】命令

图7.17 解散后的群组

7.1.6　清除调和效果

为对象应用调和效果后，如果不需要再使用此种效果，可以清除对象的调和效果，只保留起端对象和末端对象。

清除调和效果的操作是选择调和对象后，执行菜单栏中的【效果】|【清除调和效果】命令，或和单击【调和工具】属性栏中的【清除调和】⊛按钮，清除后的对象如图7.18所示。

图7.18　清除调和效果

Section 7.2　轮廓效果

在CorelDRAW X6中，用户可通过向中心、向内和向外3种方向创建轮廓图，不同的方向产生的轮廓图效果也会不同。交互式轮廓图效果是指由对象的轮廓向内或外放射而成的同心图形效果，它可以应用于图形或文本对象。

7.2.1　创建轮廓图

和创建调和效果不同的是，轮廓图效果只需在一个图形上即可完成。创建轮廓图效果的操作步骤如下：

❶ 单击【工具箱】中的【轮廓图工具】▣按钮，将光标移动到需要创建轮廓图的对象处，按住鼠标左键不放并向对象中心拖动鼠标，当光标变为如图7.19（左）所示的状态时释放鼠标，即可创建出由图形边缘向中心放射的轮廓图效果，如图7.19（右）所示。

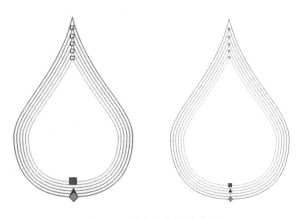

图7.19　创建向内的轮廓图

❷ 在对象上按住鼠标左键不放并向对象外拖动鼠标,当光标为如图7.20(左)所示的状态时释放鼠标,可创建由图形边缘向外放射的轮廓图效果,如图7.20(右)所示。

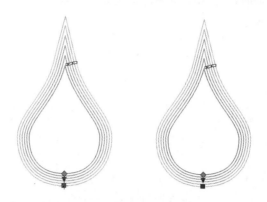

图7.20　创建向外的轮廓图

创建轮廓图后,在其【交互式轮廓线工具】属性栏可以进行相应的设置,如图7.21所示。

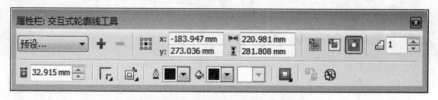

图7.21　【交互式轮廓线工具】属性栏

- 【预设】选项:在其下拉列表框中可选择系统提供的预设轮廓图样式。
- 【到中心】█按钮:单击该按钮,调整为由图形边缘向中心放射的轮廓图效果。将轮廓图设置为该方向后,将不能设置轮廓图步数,轮廓图步数将根据所设置的轮廓图偏移量自动进行调整。
- 【内部轮廓】█按钮:单击该按钮,调整为向对象内部放射的轮廓图效果。选择该轮廓图方向后,可在后面的【轮廓图步数】文本框中设置轮廓图的发射数量。
- 【外部轮廓】█按钮:单击该按钮,调整为向对象外部放射的轮廓图效果。用户同样也可以对其设置轮廓图的步数。
- 【轮廓图步长】选项:在其文本框中输入数值可决定轮廓图的发射数量。
- 【轮廓图偏移】按钮:可设置轮廓图效果中各步数之间的距离。
- 【线性轮廓色】█按钮:直线形轮廓图颜色填充,使用直线颜色渐变的方式填充轮廓的颜色。
- 【顺时针轮廓色】█按钮:顺时针轮廓图颜色填充,使用色轮盘中顺时针方向填充轮廓图的颜色。
- 【逆时针轮廓色】█按钮:逆时针轮廓图颜色填充,使用色轮盘中逆时针方向填充轮廓图的颜色。
- 【轮廓色】选项:改变轮廓图效果中最后一轮轮廓图的轮廓颜色,同时过渡的轮廓色也将随之发生变化。
- 【填充色】选项:改变轮廓图效果中最后一轮轮廓图的填充颜色,同过渡的填充色也将随之发生变化。

Skill 【对象和颜色加速】按钮及【复制轮廓图属性】按钮与调和效果中对应的按钮在功能和使用方法上相似，这里就不在重复介绍了。

7.2.2 设置轮廓的填充和颜色

创建轮廓图后，可以设置不同的轮廓颜色和内部填充颜色，不同的颜色设置可产生不同的轮廓图效果，其操作步骤如下：

❶ 选择轮廓图对象，单击【交互式轮廓线工具】属性栏中的【轮廓色】下拉按钮，在弹出的颜色选取器中选择所需的颜色。为轮廓的末端对象设置轮廓色后，效果如图7.22（左）所示。

❷ 保持轮廓图对象的选取状态，在调色板中所需的色样上右击，为轮廓图的起端对象设置轮廓颜色，此时轮廓之间的颜色过渡也随之发生变化，如图7.22（右）所示。

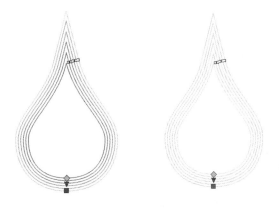

图7.22　设置轮廓的颜色

❸ 按F12键打开【轮廓笔】对话框，在【宽度】文本框中为轮廓设置适当的宽度，然后单击【确定】按钮，轮廓图效果如图7.23所示。

❹ 在调色板中所需的色样上单击，设置起端对象的内部填充色。

❺ 在【交互式轮廓线工具】属性栏中单击【填充色】下拉按钮，在弹出的颜色选取器中选择所需的颜色，为轮廓的末端对象设置内部填充色，效果如图7.24所示。

图7.23　更改轮廓的宽度　　　　　　　　图7.24　填充轮廓的颜色

7.2.3 分离与清除轮廓图

分离和清除轮廓的方法，与分离和清除调和效果相同。

选择轮廓图对象后，执行菜单栏中的【排列】|【拆分轮廓图群组】命令即可，分离后的对象仍保持分离前的状态。

要清除轮廓图效果，在选择应用轮廓图效果的对象后，执行菜单栏中的【效果】|【清除轮廓】命令，或单击【交互式轮廓线工具】属性栏中的【清除轮廓】按钮即可。清除轮廓图效果后的对象如图7.25所示。

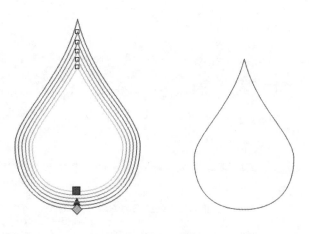

图7.25　清除轮廓

Section 7.3 变形效果

在CorelDRAW X6中，用户可以为对象应用推拉变形、拉链变形和扭曲变形3种不同类型的扭曲效果。扭曲效果与轮廓图一样，可应用于图形和文本对象。

7.3.1 推拉变形

应用【推拉变形】可以通过将图形向不同的方向拖动，从而将图形边缘推进或拉出。推拉变形图形的具体操步骤如下：

❶ 使用【选择工具】选择需要变形的图形，然后单击【工具箱】中的【变形】◌ 按钮。

❷ 在【交互式变形—推拉效果】属性栏中，单击【推拉变形】◌ 按钮，然后将鼠标光标移动到选择的图形上，按住鼠标左键并水平拖动。

❸ 拖动到合适的位置后,释放鼠标左键即可完成图形的变形操作,如图7.26所示。

图7.26 应用推拉变形效果

在【交互式变形—推拉效果】属性栏中,单击【推拉变形】按钮后,其相应的属性栏如图7.27所示。

添加新的变形 推拉振幅 居中变形

图7.27 【交互式变形—推拉效果】属性栏

● 【添加新的变形】按钮:单击该按钮,可以将当前的变形图形作为一个新的图形,从而可以再次对此图形进行变形。

● 【推拉振幅】按钮:可以设置图形推拉变形的振幅大小。设置范围为−200~200。当参数为负值时,可将图形进行推进变形;当参数为正值时,可以对图形进行拉出变形。此数值的绝对值越大,变形越明显。
● 【居中变形】按钮:单击该按钮,可以确保图形变形时的中心点位于图形的中心点。

7.3.2 拉链变形

应用【拉链变形】可以将当前选择的图形边缘调整为带有尖锐的锯齿状轮廓效果。拉链变形的具体操作步骤如下:

❶ 选择需要变形的图形,单击【工具箱】中的【变形】 🔄 按钮。

❷ 在【交互式变形—推拉效果】属性栏中,单击【拉链变形】 ⚙ 按钮,然后将鼠标光标移动到选择的图形上按住鼠标左键并拖动,直至合适的位置后释放鼠标左键即可为选择的图形添加拉链变形效果,如图7.28所示。

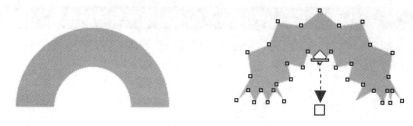

图7.28 应用拉链变形

在【交互式变形—推拉效果】属性栏中，单击【拉链变形】按钮后，其相应的属性栏如图7.29所示。

图7.29 【交互式变形—拉链效果】属性栏

- 【拉链振幅】选项：用于设置图形的变形幅度，设置范围为0～100。
- 【拉链频率】选项：用于设置图形的变形频率，设置范围为0～100。
- 【随机变形】 按钮：单击该按钮，可以使当前选择的图形根据软件默认的方式进行随机性的变形。
- 【平滑变形】 ：单击该按钮，可以使图形在拉链变形时产生的尖角变得平滑。
- 【局限变形】 ：单击该按钮，可以使图形的局部产生拉链变形的效果。

7.3.3 扭曲变形

应用【扭曲变形】可以使图形绕其自身旋转，产生类似螺旋形效果，其具体操作步骤如下：

❶ 选择需要变形的图形，单击【工具箱】中的【扭曲工具】 按钮。

❷ 在【交互式变形—推拉效果】属性栏中，单击【扭曲变形】 按钮，然后将鼠标移动到选择的图形上，单击确定变形的中心，最后拖动鼠标光标绕变形中心旋转，释放鼠标左键后即可产生扭曲变形效果，如图7.30所示。

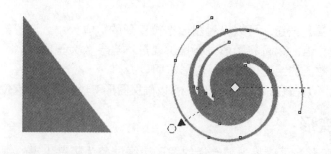

图7.30 应用扭曲变形

在【交互式变形—推拉效果】属性栏中，单击【扭曲变形】按钮后，其相应的属性栏如图7.31所示。

图7.31 应用扭曲变形

- 【顺时针旋转】 ↻ 按钮和【逆时针旋转】 ↺ 按钮：设置图形变形时的旋转方向。单击【顺时针旋转】 ↻ 按钮，可以使图形按照顺时针方向旋转；单击【逆时针旋转】 ↺ 按钮，可以使图形按照逆时针方向旋转。
- 【完整旋转】 ⊙1 选项：用于设置图形绕旋转中心旋转的圈数，设置范围为0～9。图7.32所示为设置1和5时图形的旋转效果。

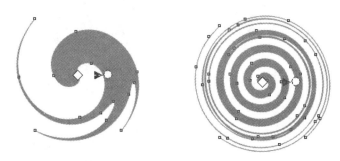

完整旋转为1　　　　　　　　　完全旋转为5

图7.32　不同完全旋转参数的扭曲效果

- 【附加度数】 ∡213 选项：用于设置图形旋转的角度，设置范围为0～359。图7.33所示为设置30和300时图形的变形效果。

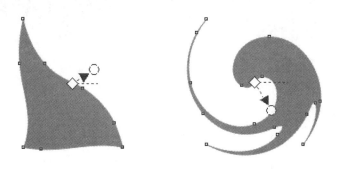

附加角度为30　　　　　　　　附加角度为300

图7.33　不同附加角度参数的扭曲效果

Section 7.4 阴影效果

交互式阴影效果可以为对象创建光线照射的阴影效果，使对象产生较强的立体感。本节主要介绍创建阴影、编辑阴影、分离和清除阴影效果的操作方法。

7.4.1 创建阴影效果

创建交互式阴影效果的具体操作步骤如下：

❶ 使用【选择工具】选择需要创建阴影效果的图形，单击【工具箱】中的【阴影工具】▢ 按钮。

❷ 在图形对象上按住鼠标左键不放，拖动鼠标到合适的位置，释放鼠标后，即可为对象创建阴影效果，如图7.34所示。

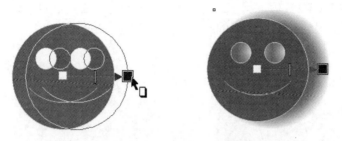

图7.34　创建阴影效果

> **Skill** 在对象的中心按住鼠标左键并拖动鼠标，可创建出与对象相同形状的阴影效果。在对象的边线上按住鼠标左键并拖动鼠标，可创建具有透视的阴影效果，如图7.35所示。 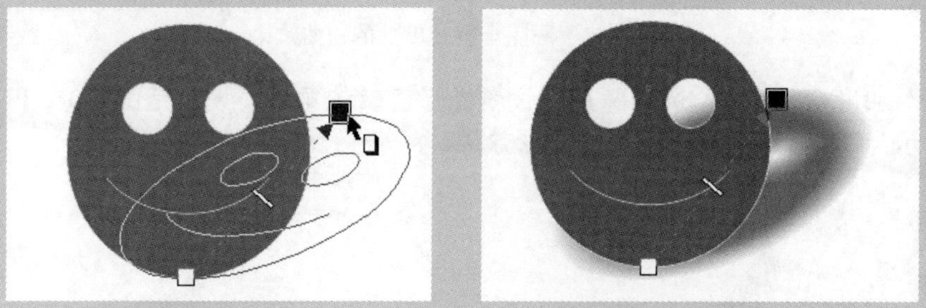
>
> 图7.35　创建具有透视的阴影效果

7.4.2 设置阴影效果

为对象创建阴影效果后，通常都需要对阴影属性栏进行进一步的编辑，以达到需要的阴影效果。单击【工具箱】中的【阴影工具】▢ 按钮，打开【交互式阴影】属性栏，如图7.36所示。

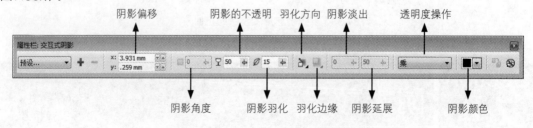

图7.36　【交互式阴影】属性栏

- 【阴影偏移】 选项：设置阴影与图形之间的偏移距离。正值代表向上或向右偏移，负值代表向左或向下偏移。在对象上创建与对象相同的阴影效果后，该选项才能使用。图7.37所示为阴影偏移分别为1和3的阴影效果。

阴影偏移为1　　　　　　　　　　阴影偏移为3

图7.37　不同阴影偏移值的阴影效果

- 【阴影角度】▢⁷ ◆选项：用于设置对象与阴影之间的透视角度。在对象上创建了透视的阴影效果后，该选项才能使用。图7.38所示为阴影角度为30°和45°的阴影效果。
- 【阴影的不透明】♀⁵⁰ ◆选项：用于设置阴影的不透明程度。数值越大透明度越弱，阴影颜色越深。反之则不透明度越强，阴影颜色越浅。图7.39所示为调整不同阴影不透明度后的阴影效果。

阴影角度为300　　　　　　　　　　阴影角度为450

图7.38　不同阴影角度值的阴影效果

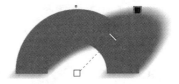

阴影不透度为300　　　　　　　　　阴影不透度为600

图7.39　不同阴影不透明度值的阴影效果

- 【阴影羽化】⊘¹⁵ ◆选项：用于设置阴影的羽化程度，使阴影产生不同程度的边缘柔和效果。图7.40所示为设置不同羽化值后的效果。

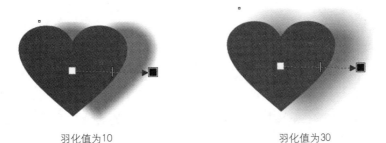

羽化值为10　　　　　　　　　　　羽化值为30

图7.40　不同阴影羽化值的阴影效果

- 【羽化方向】 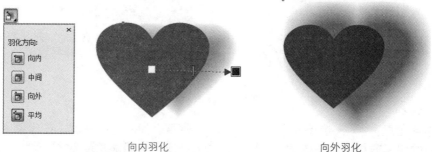 按钮：单击该按钮，弹出如图7.41所示的【羽化方向】选项，在其中可以设置阴影的羽化方向。选择不同的羽化方向后，对象的阴影效果如图7.42所示。

向内羽化   向外羽化

图7.41 【羽化方向】选项   图7.42 不同羽化方向的阴影效果

- 【阴影颜色】 按钮：单击下拉按钮，在弹出的颜色选取器中可设置阴影的颜色，如图7.43所示。

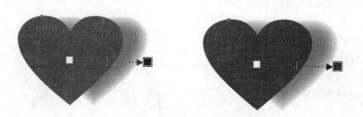

图7.43 不同阴影颜色的阴影效果

7.4.3 分离与清除阴影

用户可以将对象和阴影分离成两个相互独立的对象，分离后的对象仍保持原有的颜色和形态不变。

要将对象与阴影分离，在选择整个阴影对象后，按快捷键【Ctrl+K】，或执行菜单栏中的【排列】|【拆分阴影群组】命令，或右击，在弹出的快捷菜单中选择【拆分阴影群组】命令即可。分离阴影后，使用【选择工具】移动图形或阴影对象，可以看到对象与阴影分离后的效果，如图7.44所示。

图7.44 分离阴影和对象

清除阴影效果与清除其他效果的方法相似，只需选择整个阴影对象，然后执行【效果】|【清除阴影】命令，或单击【交互式阴影】属性栏的【清除阴影】按钮 即可，如图7.45所示。

图7.45 清除阴影

封套、立体化和透明效果

使用【封套工具】可以在图形或文字的周围添加带有控制点的蓝色虚线框，通过调整控制点的位置，可以很容易地对图形或文字变形。使用【立体化工具】可以通过图形的形状向设置的消失点延伸，从而使二维图形产生逼真的三维立体效果。使用【透明度工具】可以为矢量图形或位图图像添加各种各样的透明效果。

7.5.1 创建封套效果

单击【工具箱】中的【封套工具】⊠按钮，选择需要为其添加交互式封套效果的图形或文字，此时在图形或文字的周围将显示带有控制点的蓝色线框，将鼠标光标移动到控制点上拖动，即可调整图形或文字的形状，应用封套效果后的文字效果如图7.46所示。

单击【工具箱】中的【封套工具】⊠按钮，其属性栏如图7.47所示。

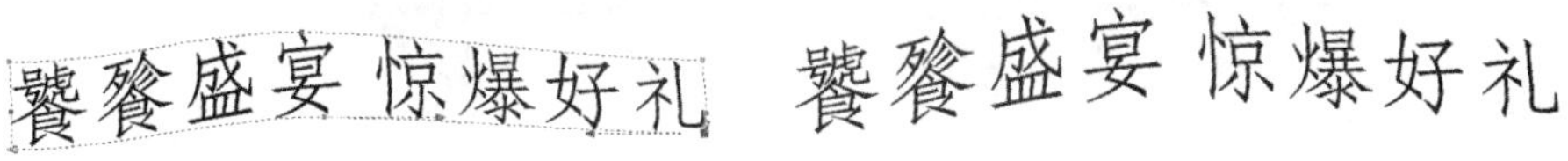

饕餮盛宴 惊爆好礼　　饕餮盛宴 惊爆好礼

图7.46 应用封套效果后的文字效果

图7.47 【交互式封套工具】属性栏

【直线模式】▱按钮：此模式可以制作一种基于直线形式的封套。激活此按钮，可以沿水平或垂直方向拖动封套的控制点来调整封套的一边。此模式可以为图形添加类似透视点的效果。

- 【单弧模式】▱按钮：此模式可以制作一种基于单圆弧的封套。激活此按钮，可以沿水平或垂直方向拖动封套的控制点，在封套的一边制作弧线形状。此模式可以使图形产生凹凸不平的效果。
- 【双弧模式】▱按钮：此模式可以制作一种基于双弧线的封套。激活此按钮，可以沿水平或垂直方向拖动封套的控制点,在封套的一边制作S形状。

- 【非强制模式】🖋按钮:此模式可以制作出不受任何限制的封套。激活此按钮,可以任意调整选择的控制点和控制柄。

Questions 使用不同封套模式对图形进行编辑时有什么小技巧?

Answered:当使用【直线模式】、【单弧模式】或【双弧模式】对图形进行编辑时,按Ctrl键,可以对图形中相对的节点一起进行反方向的调节;按住快捷键【Ctrl+Shift】,可以对图形4条边或4个角上的节点同时调节。

- 【添加新封套】🎛按钮:当对图形使用封套变形后,单击该按钮,可以再次为图形添加新封套,并进行编辑变形操作。
- 【映射模式】选项:用于选择封套改变图形外观的模式。
- 【保留线条】▓按钮:激活此按钮,为图形添加封套变形效果时,将保持图形中的直线不被转换为曲线。
- 【创建封套自】🖋按钮:单击该按钮,然后将鼠标光标移动到图形上单击,可将单击图形的形状添加新封套为选择的封套图形。

7.5.2 创建立体化效果

在【工具箱】中,单击【立体化工具】⬛按钮,选择需要添加立体化效果的图形,然后拖动鼠标光标即可为图形添加立体化效果,如图7.48所示。

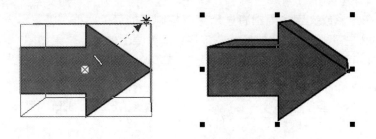

图7.48 创建立体化效果

单击【立体化工具】⬛按钮后,其属性栏如图7.49所示。

图7.49 【交互式立体化】属性栏

- 【立体化类型】选项:在其下拉列表框中包括预设的6种不同的立体化样式,当选择其中任意一种时,可以将选择的立体化图形变为与选择的立体化样式相同的立体效果。
- 【深度】📏选项:用于设置立体化的进深,设置范围为1~99。数值越大立体化深度越大。图7.50所示为设置不同的深度参数时图像产生的不同效果。
- 【灭点坐标】选项:用于设置立体图形灭点的坐标位置。灭点是指图形各点延伸线向消失点处延伸的相交点。

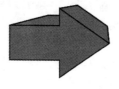

深度为5　　　　　　　　　　　　　深度为40

图7.50　不同深度的立体化效果

- 【灭点属性】选项：更改灭点的锁定位置、复制灭点或在对象间共享灭点。【灭点属性】包括【灭点锁定到对象】、【灭点锁定到页面】、【复制灭点】、【共享灭点】4个选项。

- 【灭点锁定到对象】选项：图形的灭点是锁定到图形上的。当对图形进行移动时，灭点和立体效果将随图形的移动而移动。

  - ➤ 【灭点锁定到页面】选项：图形的灭点将被锁定到页面上。当对图形进行移动时，灭点的位置保持不变。

  - ➤ 【复制灭点】选项：选择该选项后鼠标光标将变为形态，此时将鼠标光标移动到绘图窗口中的另一个立体化图形上单击，可以使该立体化图形与选择的立体化图形的灭点复制到选择的立体化图形上。

  - ➤ 【共享灭点】选项：选择该选项后鼠标光标将变为形态，此时将鼠标光标移动到绘图窗口中的的另一个立体化图形上单击，可以使该立体化图形与所选择的立体化图形共同使用一个灭点。

- 【页面或对象灭点】按钮：不激活此按钮时，可以将灭点以立体化图形为参考，此时【灭点坐标】中的数值是相对于图形中心的距离。激活此按钮，可以将灭点以页面为参考，此时【灭点坐标】中的数值相对于页面坐标原点的距离。

- 【立体化旋转】按钮：单击该按钮，将弹出如图7.51所示的选项面板。将鼠标光标移动到面板中，将鼠标光标变为形状按下鼠标左键拖动，旋转此页面的数值按钮，可以调节立体图形的视图角度。

- 按钮：单击该按钮，可以将旋转后立体图形的视图角度恢复为未旋转时的形态。

- 按钮：单击该按钮，【立体的方向面板】将变为【旋转值】选项面板，通过设置【旋转值】面板中的x、y、z的参数，也可以调整立体化图形的视图角度。

图7.51　【立体的方向】面板

Skill 在选择的立体化图形上再次单击，将出现如图7.52所示的旋转框，在旋转框内按住鼠标左键并拖动，也可以旋转立体图形。

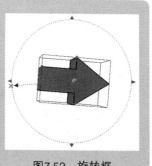

图7.52　旋转框

- 【立体化颜色】■按钮：单击该按钮，将弹出如图7.53所示的【颜色】面板。
- 【使用对象填充】■按钮：激活该按钮，可用当前选择图形的填充色应用到整个立体化图形上。
- 【使用纯色按钮】■按钮：激活该按钮，可以通过单击下方的颜色色块，在弹出的【颜色】面板中设置任意的单色填充到立体化面上，单击此按钮时图形的立体化效果如图7.54所示。
- 【使用递减的颜色】■按钮：激活该按钮，可以分别设置下方颜色块的颜色，从而使立体化的面应用这两个颜色的渐变效果，单击此按钮时图形的立体化效果如图7.55所示。

图7.53 【颜色】面板　　图7.54 使用纯色填充立体化图形　图7.55 使用递减的颜色填充立体化图形

- 【立体化倾斜】■按钮：单击该按钮，将弹出如图7.56所示的面板。利用此面板可以将立体变形后的图形边缘制作成斜角效果，使其具有更光滑的外观。选中【使用斜角修饰边】复选框后，此对话框中的选项才能使用。
- 【只显示斜角修饰边】复选框：勾选此复选项，将只显示立体化图形的斜角修饰边，不显示立体化效果。
- 【斜角修饰边深度】选项：用于设置图形边缘的斜角深度。
- 【斜角修饰边角度】选项：用于设置图形边缘与斜角相切的角度。数值越大，生成的倾斜角越大。
- 【立体化照明】■按钮：单击该按钮，将弹出如图7.57所示的【立体化照明】面板。在此面板中，可以为立体化图形添加光照效果和阴影，从而使立体化图形产生的立体效果更强。
- 【光源1】■、【光源2】■和【光源3】■按钮：单击光源按钮，可以在当前选择的立体化图形中应用1个、2个或3个光源。再次单击光源按钮，可以将其去除。另外，在预览窗口中拖动光源按钮可以移动其位置。
- 【强度】滑块：单击此滑块，可以调整光源的强度。向左拖动滑块，可以使光源的强度减弱，使立体化图形变暗；向右拖动滑块，可以增加光源的光照强度，使立体化图形变亮。注意，每个光源都是单独调整的，在调整之前应先在预览窗口中选择好光源。
- 【使用全色范围】复选框：选中该复选框，可以使阴影看起来更加逼真。

图7.56 【立体化倾斜】面板

图7.57 【立体化照明】面板

7.5.3 创建透明效果

创建透明效果的方法是单击【工具箱】中的【透明度工具】🔕按钮，选择需要为其添加透明效果的图形，然后在【交互式渐变透明】属性栏的【透明度类型】中选择需要的透明度类型，即可为选择的图形添加透明效果，如图7.58所示。

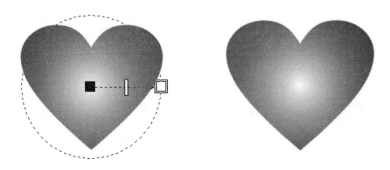

图7.58 创建透明效果

单击【工具箱】中的【透明度工具】🔕按钮后，其属性栏如图7.59所示。

图7.59 【交互式渐变透明】属性栏

【透明度类型】选项：在此下拉列表中包括前面学过的各种填充效果，如【标准】、【线性】、【辐射】、【圆锥】、【正方形】、【双色图样】、【全色图样】、【位图图样】和【底纹】。

Questions 为什么在【透明度类型】选项中选择【无】时，属性栏中的参数不能用？

Answered：在【透明度类型】选项中选择【无】以外的其他选项时，属性栏中的参数才可用。需要注意的是，选择不同的选项弹出的选项参数也各不相同。

- 【编辑透明度】按钮：单击该按钮，将弹出相应的填充对话框，通过设置对话框中的选项和参数，可以制作出各种类型的透明效果。
- 【透明度目标】选项：决定透明度应用到对象的填充、对象的轮廓还是同时应用到两者。
- 【冻结透明度】按钮：激活此按钮，可以将图形的透明效果冻结。当移动该图形时，图形之间叠加产生的效果将不会发生改变。

文本与表格的应用

在CorelDRAW X6中，不仅可以编排文本，还能创建复杂的文本效果。CorelDRAW支持Office的Doc格式和XLS格式的文件。另外，还可以绘制和编辑各种表格。本章主要讲解创建美术文本、创建段落文本、编辑文本、使段落文本环绕图形、使文本适合路径、创建表格、编辑表格等知识。

 教学视频

- ○ 创建与编辑文本   视频时间15:25
- ○ 文本的特殊编辑   视频时间11:52

Chapter

08

创建文本

在CorelDRAW X6中，文本分为美术文本和段落文本两种类型，它们都是使用【工具箱】中的【文本工具】，并结合键盘创建的，而且两者之间可以互相转换。

8.1.1 创建美术文本

美术文本适合于文字应用较少或需要制作特殊文字效果的文件。在输入时，行的长度会随着文字的编辑而增加或缩短，不能自动换行。美术文本的特点是每行文字都是独立的，方便各行的修改和编辑。

创建美术文本的方法是在【工具箱】中单击【文本工具】字按钮，或者按F8键，在页面中的任意位置单击，此时单击处将出现一个输入光标，然后选择合适的输入法，即可输入需要的文字，如图8.1所示。当需要另起一行输入文字时，必须按Enter键新起一行。

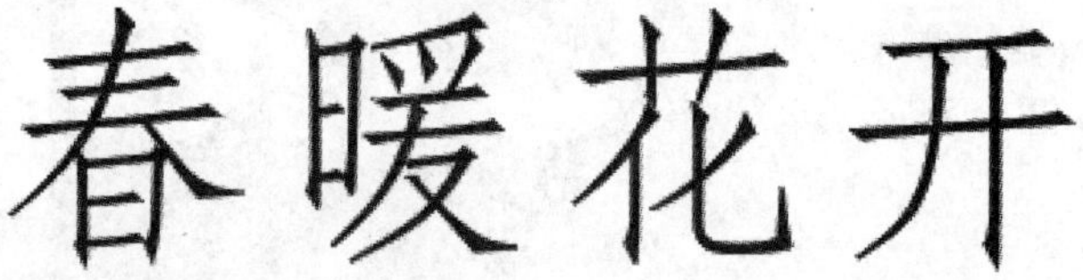

春暖花开

图8.1 创建美术文本

Questions 在CorelDRAW X6中可以输入英文吗？

Answered：在CorelDRAW X6中既可以输入中文，也可以输入英文。

8.1.2 创建段落文本

段落文本以【句】为单位，它应用了排版系统常见的框架概念。以段落文本方式输入的文字，都会包含在框架内，用户可以移动、缩放文本框，使它符合版面的要求。使用段落文本的好处是文字能够自动换行，并能迅速增加制表位和项目符号等。

创建段落文本的方法是单击【工具箱】中的【文本工具】字按钮，然后将鼠标光标移动到需要输入文字的位置，按住鼠标左键拖动，绘制一个段落文本框，接着选择一种合适的输入法，即可在绘制的段落文本中输入文字，如图8.2所示。在输入文字的过程中，当输入的文字至文本框的边界时，会自动换行，无须手动调整。

Questions 段落文字和美术文字的区别是什么？

Answered：段落文字与美术文字最大的不同点就是段落文字在文本框中输入，即在输入文字之前，首先根据要输入文字的多少，制定一个文本框，然后再进行文字的输入。

图8.2 输入段落文本

1．显示隐藏在段落文本框中的文字

当在文本框中输入了太多的文字，超出了文本框的边界时，文本框下方位置的符号将显示为 ▣ 符号。将文本框中隐藏的文字完全显示的方法是将鼠标光标放置到文本框中的任意一个控制点上，按住鼠标左键并向外拖动，调整文本框的大小，即可将隐藏的文字完全显示。

用户也可以单击文本框下方的 ▣ 符号，此时鼠标光标将显示为 ▣ 图标，将鼠标光标移动到合适的位置后，单击鼠标或拖动鼠标绘制一个文本框，此时绘制的文本框中将显示超出了第一个文本框大小其余的文字，并在两个文本框之间创建一条蓝色的连接线，如图8.3所示。

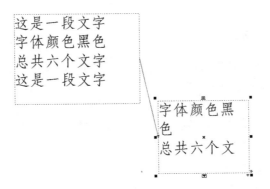

图8.3 显示隐藏在段落文本框中的文字

Questions 将文本框中隐藏的文字全部显示还有什么方法?

Answered：重新设置文本的字号或执行菜单栏中的【文本】|【段落文本框】|【使文本适合框架】命令，也可将文本框中隐藏的文字全部显示。执行【使文本适合框架】命令时，文本框的大小并没有改变，而是文字的大小发生了变化。

2．文本框的设置

在CorelDRAW X6中，文本框又分为固定文本框和可变文本框两种，系统默认的为固定文本框。

当使用固定文本框时，绘制的文本框大小决定了在文本框中能输入文字的多少，这种文本框一般应用于有区域限制的图像文件中。当使用可变文本框时，文本框的大小会随输入文字的多少随时改变，这种文本框一般应用于没有区域限制的文件中。

执行菜单栏中的【工具】|【选项】命令（快捷键为【Ctrl+J】），在弹出的【选项】对话框中，选择【工作区】|【文本】|【段落文本框】选项，然后在右侧的参数设置区域中选中【按文本缩放段落文本框】复选框，如图8.4所示，单击【确定】按钮，即可将固定的文本框设置为可变的文本框。

Tip 如果想隐藏文本框，则在图8.4所示的【选项】对话框中，取消选择【显示文本框】复选框，或者执行菜单栏中的【文本】|【段落文本框】|【显示文本框】命令，取消显示文本框命令的选择状态即可。隐藏文本框后的段落文本，如图8.5所示。

图8.4　【选项】对话框　　　　　　　　　　　图8.5　隐藏文本框

8.1.3　导入/粘贴文本

无论是创建美术文本、段落文本还是沿路径文本，使用导入/粘贴文本的方法都可以大大节省时间。导入/粘贴文本的方法是执行菜单栏中的【文件】|【导入】命令，或按快捷键【Ctrl+I】，或单击【工具栏】中的【导入】按钮，在弹出的【导入】对话框中选取需要的文本文件，然后单击【导入】按钮，系统将弹出如图8.6所示的【导入/粘贴文本】对话框，单击【确定】按钮，即可导入文本，如图8.7所示。

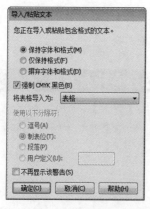

图8.6　【导入/粘贴文本】对话框

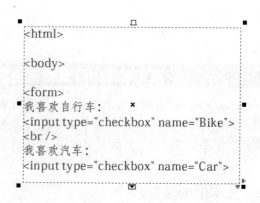

图8.7　导入的文本

在其他的应用程序中（如Word）复制需要的文件，然后在 CorelDRAW中，单击【工具箱】中的【文本工具】按钮，在页面中指定文本插入位置，执行菜单栏中的【编辑】|【粘贴】命令，可在弹出的【导入/粘贴文本】对话框中，单击【确定】按钮即可粘贴文本。

- 【保持字体和格式】单选按钮：选中该单选按钮，文本将以原系统的设置样式进行导入。
- 【仅保持格式】单选按钮：选中该单选按钮，文本将以原系统的文字大小，当前系统的设置样式进行导入。
- 【摒弃字体和格式】单选按钮：选中该单选按钮，文本将以当前系统的设置样式进行导入。
- 【不再显示该警告】复选框：选中该复选框，在以后导入文本文件时，系统将不再显示【导入/粘贴文本】对话框。若需要显示，则执行菜单栏中的【工具】|【选项】命令，在弹出的【选项】对话框中，选择【工作区】|【警告】选项，然后在右侧窗口中选中【粘贴并导入文本】复选框即可。

Section 8.2 编辑文本

在CorelDRAW X6中，不仅可以创建美术文本、段落文本以及导入/粘贴文本，还可以对美术文本和段落文本进行编辑，如调整文本的字、行、段间距等。

8.2.1 选择文本

在设置文本的属性之前，必须先将需要设置属性的文本选择。在【工具箱】中单击【文本工具】，将鼠标光标移动到要选择文字的前面单击，定位插入点，然后在插入点位置按住鼠标左键不放并拖动，拖动至要选择文字的右侧时释放，即可选择一个或多个文字，如图8.8所示。

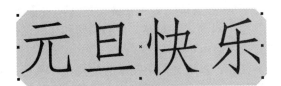

图8.8　选择文本

Questions 选择文本还有什么方法？

Answered：除上述选择文本的方法外，用户也可以在按住Shift键的同时，按键盘上的右箭头或左箭头即可选择文本；或者在文本中要选择字符的起点位置单击，然后按住Shift键并移动鼠标光标至选择字符的终点位置单击，可选择某个范围内的字符；或在【工具箱】中单击【选择工具】，单击输入的文本可将该文本中的所有文字选择。

8.2.2 设置文本的属性

在【文本属性】泊坞窗中，设置好需要应用属性的文本类型，即可结束文本默认属性的设置。更改了文本的默认属性后，在以后输入文字的过程中文本将应用设置好的属性。另外，用户也可以在【文本】属性栏中进行相应的设置，【文本】属性栏如图8.9所示。

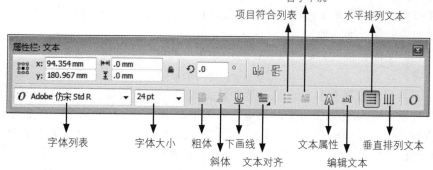

图8.9 【文本】属性栏

- 【字体列表】选项：单击该选项，可以在弹出的下拉列表框中选择需要的文字字体。
- 【字体大小】选项：单击该选项，可以在弹出的下拉列表框中选择需要的文字字号。当列表中没有需要的文字大小时，在文本框中直接输入需要的文字大小即可。
- 【粗体】按钮：单击该按钮，可以将选择的文本加粗显示。
- 【斜体】按钮：单击该按钮，可以将选择的文本倾斜显示。

Questions 【粗体】按钮和【斜体】按钮在什么情况下可以使用？

Answered：【粗体】按钮和【斜体】按钮只能适用于部分英文字体，即只有选择支持加粗和倾斜字体的文本时，这两个按钮才可用。

- 【下画线】按钮：单击该按钮，可以在选择的横排文字下方或竖排文字左侧添加下画线，线的颜色与文字的相同。
- 【文本对齐】按钮：单击该按钮，可在弹出的【对齐】面板中设置文字的对齐方式，包括左对齐、居中对齐、右对齐、全部调整和强制调整。选择不同的对齐方式时，文字显示的对齐效果也不相同。
- 【项目符号列表】按钮：当选择段落文本时此按钮才可用。单击该按钮（快捷键为【Ctrl+M】），可以在当前鼠标光标所在的段落或选择的所有段落前添加默认的项目符号。当再次单击该按钮时，可将添加的项目符号隐藏。
- 【首字下沉】按钮：当选择段落文本时此按钮才可用。单击该按钮（快捷键为【Ctlr+Shift+T】），可以将当前鼠标光标所在的段落中的第一个字设置为下沉效果。如果同时选择了多个段落，可将每一个段落前面的第一个字设置为下沉效果。再次单击该按钮，可以取消首字下沉。

Questions 选择美术文本时，为什么【项目符号列表】按钮和【首字下沉】按钮不可用？

Answered：【项目符号列表】按钮和【首字下沉】按钮是相对于段落文字设置的，如果选择美术文本，这两个按钮不可用。

- 【文本属性】按钮：单击该按钮（快捷键为【Ctlr+T】），将弹出【文本属性】泊坞窗，在此对话框中可以对文本的字体、字号、字符效果等选项进行设置。
- 【编辑文本】按钮：单击该按钮（快捷键为【Ctlr+位移+T】），将弹出【编辑文本】对话框，在此对话框中对文本进行编辑，包括字体、字号、对齐方式、文本格式、查找替换和拼写检查等。
- 【水平排列文本】和【垂直排列文本】按钮：用于改变文本的排列方向。单击【水平排列文本】按钮，可以将垂直排列的文本变为水平排列；单击【垂直排列文本】按钮，可以将水平排列的文本变为垂直排列。

8.2.3 格式化文本

在CorelDRAW X6中，不仅可以格式化美术文本，还可以格式化段落文本。下面分别介绍格式化美术文本和段落文本的方法。

1．美术文字文本

选择美术文本，然后执行菜单栏中的【文本】|【文本属性】命令，将弹出如图8.10所示的【文本属性】泊坞窗。

- 【脚本】选项：决定更改哪部分的文本属性。
- 【字体列表】 *O* Arial ▼按钮：单击该按钮，可以显示已安装在计算机上的字体。
- 【字体样式】 常规 ▼按钮：显示预设的字体样式。
- 【下画线】 ⬚ 按钮：单击该按钮，可以在弹出的下拉列表中为所选的文本设置需要的下画线样式。
- 【字体大小】 ᴀA 12.0 pt ⬚文本框：在该文本框中可以设置字体的大小。
- 【字距调整范围】 AV 0 % ⬚文本框：设置字距调整的百分比。
- 【填充类型】 A 均匀填充 ▼文本框：为所选文本设置填充类型，在选择了一种填充类型后，可以在后面的【文本颜色】下拉列表中选择需要的颜色。
- 【背景填充类型】 ab 无填充 ▼文本框：为所选的文本设置背景填充。
- 【轮廓宽度】文本框：为所选文本输入或选择需要的轮廓线宽度。
- 【其他样式选项】：在下方的样式选项中，单击一个样式按钮，可以在弹出的列表中为所选的文本选择需要的样式效果并应用，包括大写字母、上下标位置、替代注释格式、数字样式等。
- 【文本样式扩展选项】：单击【字体】选项组下方的 ▼ 按钮，可以展开字符选项的扩展选项，如图8.11所示。

Questions 怎么快速打开【文本属性】泊坞窗？

Answered ：按快捷键【Ctrl+T】，可以快速打开【文本属性】泊坞窗。

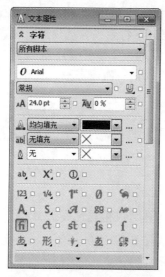

图8.10 【文本属性】泊坞窗

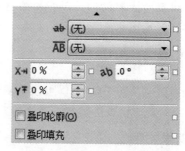

图8.11 文本样式扩展选项

2. 段落文字文本

在【文本属性】泊坞窗中单击【字符】选项组左上角的 ❮ 按钮，将弹出如图8.12所示的【段落】选项组，【段落】选项组中的选项，主要用于对所选的文本段落格式进行设置，例如，文本对齐方式、首行缩进、段落缩进、行距、字符间距等设置，单击【段落】选项组下方的 ▾ 按钮会弹出【图文框】选项组，【图文框】选项组中的选项，主要用于对所选文本的文本框内容格式进行设置，例如：文本框中文本的垂直对齐方式、背景样式、文本方向、分栏效果，如图8.13所示。

图8.12 【段落】选项组

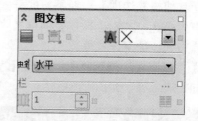

图8.13 【图文框】选项组

8.2.4 调整文本的字、行、段间距

创建文本后，用户可以根据需要使用【形状工具】或【选择工具】来调整文本的字、行、段间距。字间距就是指字与字之间的间隔量。行间距就是指两个相邻文本行与行基线之间的空白间隔量。

Questions 使用【形状工具】或【选择工具】调整文本有什么区别？

Answered：使用【形状工具】可以调整美术文本或段落文本的字、行、段间距，使用【选择工具】只能调整段落文本的字、行间距。

1．调整文本的字符和行距

选择要进行调整的文字，然后单击【工具箱】中的【形状工具】按钮，此时文字的下方将出现调整字距和调整行距的箭头。

将鼠标光标移动到调整字距箭头上，按住鼠标左键拖动，即可调整文本的字距。向左拖动调整字距箭头可以缩小字距；向右拖动调整字距箭头可以增加字距。增加字距后的效果如图8.14所示。

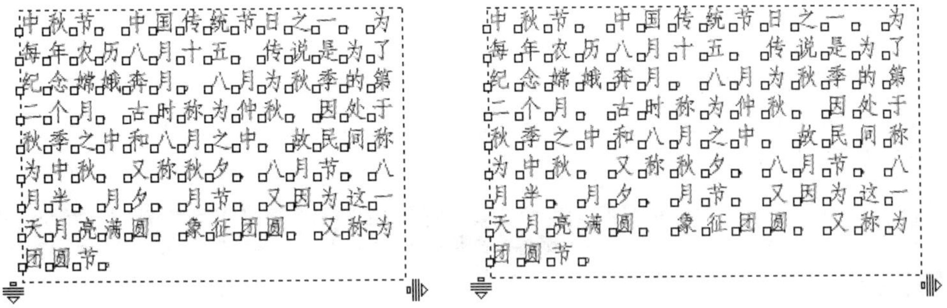

图8.14 调整文本的字距

使用【选择工具】调整字间距的方法是选中段落文本，然后向右或向左拖动调整字距箭头，即可增加或减少文字间距。

将鼠标光标移动到调整行距箭头上，按住鼠标左键拖动，即可调整行与行之间的距离。向上拖动鼠标光标调整行距箭头可以缩小间距；向下拖动鼠标光标调整行距箭头可以增加行距。增加行距后的效果如图8.15所示。

使用【选择工具】调整行间距的方法是选中段落文本，向下或向上拖动调整行距箭头，来减少或增加行间距。

2．调整单个文字

使用【形状工具】可以很容易地选择整个文本中的某一个文字或多个文字。当文字被选择后，就可以对其调整。

选择输入的文本，然后单击【工具箱】中的【形状工具】按钮，此时文本中每个字符的左下角会出现一个白色的小方形。

单击相应文字的白色小方形，即可选择相应的文字；按住Shift键单击相应的白色小方形，可以增加选择的文字。另外，利用框选的方法也可以选择多个文字。文字选择后，下方的白色小方形将变为黑色小方形，如图8.16所示。

使用【形状工具】选择单个文字后，即可通过设置属性栏中的选项参数来调整单个文字的属性。

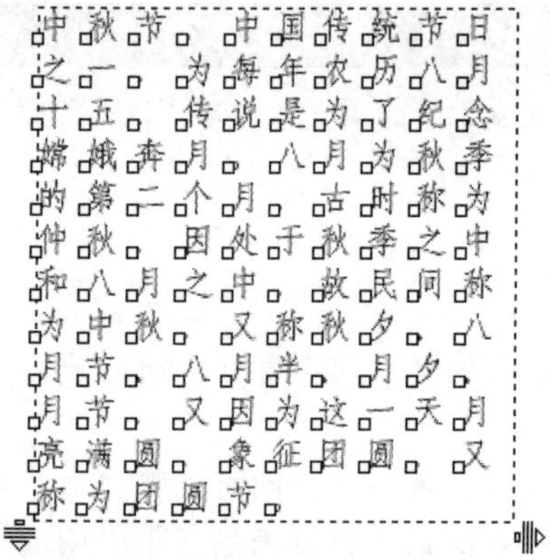

图8.15　调整文本的行距

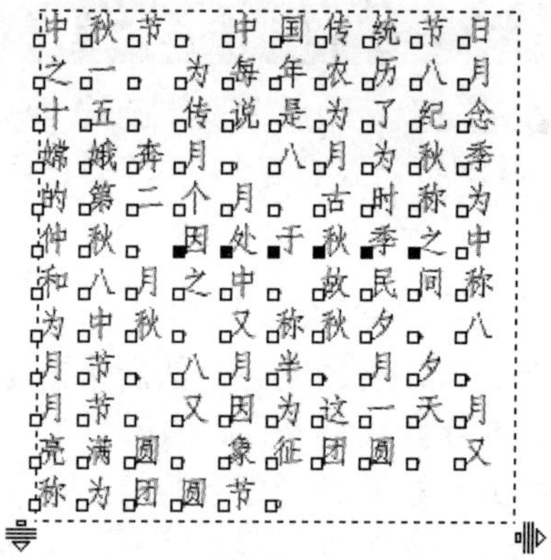

图8.16　选择单字

3.　调整文本的段间距

段间距就是指两个段落之间的间隔量。在段落文本框中每按一次Enter键就会创建一个段落。使用【形状工具】选择文本，然后在按下Ctrl键的同时，向下或向上拖动调整行距箭头⯯，即可调整段间距。

Questions　【图文框】选项中的【与基线网格对齐】▤按钮有什么功能？

Answered：在工作区域中选择段落文本对象后，在【文本属性】泊坞窗中按下【图文框】选项中的【与基线网格对齐】▤按钮，可以将文本框中的文本与文档的网格基线对齐。这个功能适合进行大量文字内容的编辑时，通过设置文档的网格基线来控制页面中文本的行距、宽度，按下该按钮后，即可强制文本框中的文本对齐到设置的网格基线，使文档内容保存统一的行距和对齐格式。

8.2.5　【编辑文本】对话框

选择要进行编辑的文本，然后执行菜单栏中的【文本】|【编辑文本】命令，打开如图8.17所示的【编辑文本】对话框，可以对所选的美术文本或段落文本进行编辑，还可以输入新的文本、检查文本语法与拼写以及设置文本的其他属性。

在【字体】下拉列表框中，可以选择文本所要使用的字体；在【字号】下拉列表框中可以设置所选文本的大小；单击【粗体】按钮、【斜体】按钮、【下画线】按钮，可以加粗、倾斜文本或为所选文本加上下画线。

单击【编辑文本】对话框中的【非打印字符】π按钮，可以标识文本中的硬回车和软回车，即回车符和空格符等。

单击【选项】按钮，将弹出选项菜单，其中的【更改大小写】命令，可以对选择的英文字母进行大小转换。选择此命令，将弹出下一级子菜单，如图8.18所示。

单击【导入】按钮，可以将在其他软件中输入的文本导入到当前软件中。

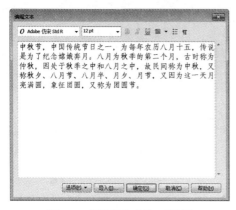

图8.17 【编辑文本】对话框　　　　　　图8.18 【更改大小写】子菜单

8.2.6 转换文本

在CorelDRAW X6中，不仅可以将美术文本和段落文本转换为曲线，还可以将美术文本和段落文本互相转换。

1. 转换文本为曲线

在编辑文字时，虽然系统中提供的字体非常多，但都是规范的，有时候不能满足用户的创意需要，此时可以将文本转换为曲线性质，任意改变其形状，使创意得到更大的发挥。

如果当前文件中选用了不是系统自带的字体，且将编辑完成的文件保存后再在另一台计算机中打开时，经常会出现【替换字体】提示对话框，也就是这台计算机并没有安装当前文件选用的特殊字体，系统将默认与选取的特殊字体最相似的字体进行替换。

将文本转换为曲线性质后，在其他的计算机中打开时，将不会弹出【替换字体】提示对话框。

转换文本为曲线的方法是选择需要转换的美术文本或段落文本，然后选后执行菜单栏中的【排列】|【转换为曲线】命令，或按快捷键【Ctlr+Q】，或右击，在弹出的快捷菜单中选择【转换为曲线】命令，此时选择的文本就被转换成曲线，如图8.19所示为将文本转换成曲线。

图8.19 转换文本为曲线

Questions 文本转换成曲线后还能不能进行文本属性编辑?

Answered：文本转换成曲线后，就不再具有文本的属性了，一般将文字转换为曲线之前要将原文件保存，将文字转换为曲线后再进行另存。这样保存一个备份，可避免不必要的麻烦。

2. 美术文本与段落文本互换

美术文本与段落文本虽各有特性，但它们可以互相转换。如果要转换文本，只需选中

美术文本或段落文本，然后执行菜单栏中的【文本】|【转换到段落文本】命令，或右击，在弹出的快捷菜单中选择【转换为段落文本】命令，即可将美术文本与段落文本互相转换。图8.20所示为将美术文本转换为段落文本的结果。

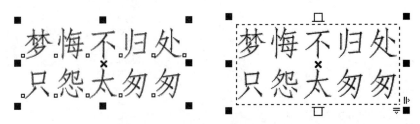

图8.20　美术文本转换为段落文本

Section 8.3　文本的特殊编辑

在CorelDRAW X6中，还可以对文本进行特殊的编辑，例如使段落文本环绕图形、使文本适合路径、使文本适合框架等。

8.3.1　使段落文本环绕图形

在CorelDRAW X6中，可以将段落文本围绕图形进行排列，使画面更加美观。段落文本围绕图形排列称为文本绕图。

使段落文本环绕图形的具体操作步骤如下：

❶ 单击【工具箱】中的【文本工具】按钮，输入段落文本，如图8.21所示。

❷ 使用绘图工具绘制任意图形或导入位图图像，将图形或图像放置在段落文本上，使其与段落文本有重叠的区域，如图8.22所示。

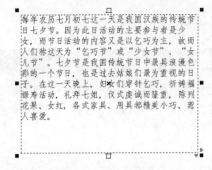

图8.21　创建段落文本　　　　　　　　　　图8.22　移动图形

❸ 使用【选择工具】选中图形，然后单击属性栏中的【文本换行】■按钮，将弹出如图8.23所示的【换行样式】选项面板。

图8.23 【换行样式】选项面板

文本绕图主要有两种方式，一种是围绕图形的轮廓进行排列；另一种是围绕图形的边界框进行排列。在【轮廓图】和【正方形】选项中单击任意一选项，即可设置文本绕图效果。在【文本换行偏移】选项下方的文本框中输入数值，可以设置段落文本与图形之间的距离。如果要取消文本绕图，可以单击【换行样式】选项面板中的【无】选项。

选择不同文本绕图样式后的效果如图8.24所示。

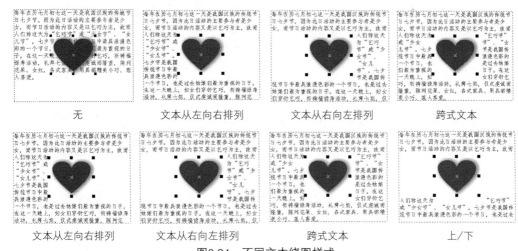

图8.24 不同文本绕图样式

8.3.2 使文本适合路径

使文本适合路径是将所输入的美术文本按指定的路径进行编辑，使其达到意想不到的艺术效果。使文本适合路径的具体操作步骤如下：

❶ 单击【工具箱】中的【手绘工具】|【贝塞尔工具】按钮，绘制一条开放的曲线，作为路径。

❷ 单击【工具箱】中的【文本工具】按钮，创建一行美术文本。

❸ 单击【工具箱】中的【选择工具】按钮，同时选中创建的美术文本和绘制的曲线，如图8.25所示。

❹ 执行菜单栏中的【文本】|【使文本适合路径】命令，将选中的美术文本填入选中的路径，如图8.26所示。

| 图8.25　选中美术文本和曲线路径 | 图8.26　将文本填入路径 |

Questions 还有什么方法将文本填入路径？

Answered：用户可以在选择创建美术文本后，执行菜单栏中的【文本】|【使文本适合路径】命令，此时光标变为 ⭢字 形态，在曲线路径上单击即可将文本填入路径。还可以使用【选择工具】把文本移动到曲线的下方。

另外，沿路径输入文本时，系统会根据路径的形状自动排列文本，使用的路径可以是闭合的图形也可以是未闭合的曲线。其优点在于文字以按任意形状排列，并且可以轻松地制作各种文本排列的艺术效果。

将鼠标光标移动到路径的外轮廓上，当鼠标光标显示为 I字 形态时，单击插入文本光标，依次输入需要的文本，此时输入的文本可沿图形的外轮廓排列。如果将鼠标光标放置在闭合图形的内部，当鼠标光标显示为 ✛字 形态时单击，此时图形内部将根据闭合图形的形状出现虚线框，并显示插入文本光标，依次输入需要的文本，所输入的文本即以图形外轮廓的形状进行排列。

将文本将填入路径后，其属性栏如图8.27所示。

图8.27　【曲线/对象上的文字】属性栏

- 【文本方向】按钮：单击该按钮，在弹出的下拉列表框中设置适配路径后的文字相对于路径的方向。
- 【与路径的距离】选项：设置文本与路径之间的距离。参数为正值时，文本向外扩展；参数为负值时，文本向内放缩。
- 【偏移】选项：设置文本在路径上偏移的位置。数值为正值时，文本按顺时针方向旋转偏移；数值为负值时，文本按逆时针方向旋转偏移。
- 【镜像文本】选项：对文本进行镜像设置，单击【水平镜像文本】 按钮，可以使文本在水平方向上镜像；单击【垂直镜像文本】 按钮，可以使文本在垂直方向上镜像。
- 【贴齐标记】 贴齐标记 · 按钮：单击该按钮，将弹出【贴齐标记】选项面板。选择【打开贴齐标记】选项，在调整路径中的文本与路径之间的距离时，会按照设置的【记号间距】参数自动捕捉文本与路径之间的距离。选择【关闭贴齐标记】选项，将关闭该功能。

8.3.3 使文本适合框架

在封闭曲线图形或矩形、椭圆形、多边形对象中，可以放入段落文本，并可以选择使用【使文本适合框架】命令，使整个文本适合于框架显示，其具体操作步骤如下：

❶ 使用绘图工具，绘制一个封闭曲线图形或矩形、椭圆形、多边形对象。

❷ 单击【工具箱】中的【文本工具】按钮，将光标移至绘制的图形上，当光标变为 I▣ 形状时单击，这时该图形内缘会自动产生一个虚线文本框架，并在其上端出现一个文字游标。

❸ 在该文本框内直接输入文字，或者使用【复制】和【粘贴】命令将事先创建的段落文本输入其中，如图8.28所示。

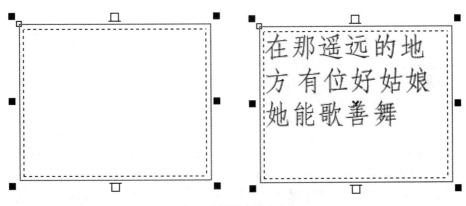

图8.28 在框架中输入文字

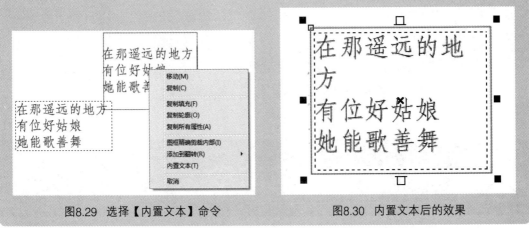

Skill 用户也可以选择创建好的段落文本，然后按住鼠标右键不放，将其拖动到绘制的图形中，此时光标显示为 ⊕ 形状，释放鼠标右键，在弹出的快捷菜单中选择【内置文本】命令，如图8.29所示，内置文本后的效果如图8.30所示。

图8.29 选择【内置文本】命令　　　　图8.30 内置文本后的效果

❹ 如果输入的文字太多，有部分文字无法出现在文本框架内，可以执行菜单栏中的【文本】|【段落文本框】|【使文本适合框架】命令，系统就会根据文本框架的大小而自动调整字体大小，以使整个段落文本呈现在文本框中，如图8.31所示。

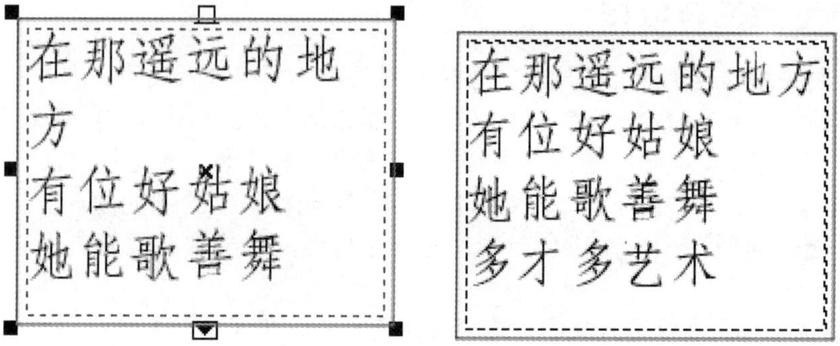

图8.31 使文本适合框架

Questions 为什么【使文本适合框架】命令呈灰色，无法使用？

Answered：如果在【选项】对话框的【工作区】|【文本】|【段落】选项中，选中了【按文本缩放段落文本框】复选框，则菜单栏中的【文本】|【段落文本框】|【使文本适合框架】命令呈灰色，无法使用。

Tip 当对图形对象进行任何变动时，其中的段落文本也会做相同的变动。例如移动图形，则文本框架也随之移动。如果不希望文本随对象移动，则必须将对象与文本框架分离。如果需要分离对象与文本框架，应先使用【选择工具】选中对象与文本框架，然后执行菜单栏中的【排列】|【拆分路径内的段落文本】命令，即可将对象与文本框架分离。使用鼠标将分离的文本框架移开一些，即可查看到分离的效果，如图8.32所示。

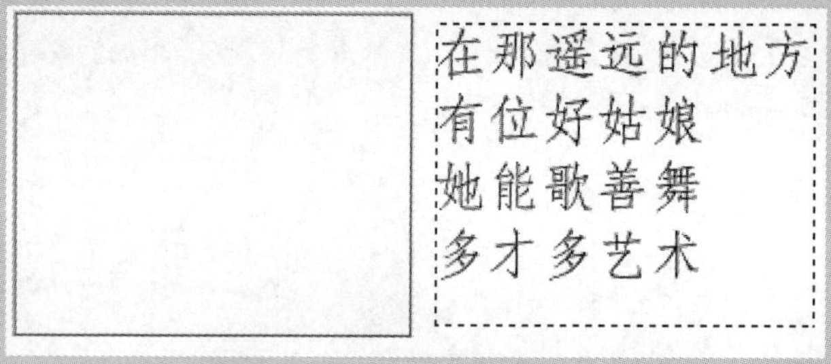

图8.32 分离对象与文本框架

Section 8.4 文本的其他命令

下面主要讲解在实际工作中的几种比较常用的文本其他命令，包括制表位、栏、项目符号、首行下沉、断行规则和插入特殊符号等。

8.4.1 段落文本的其他菜单命令

下面主要讲解【文本】菜单中对段落文本起作用的几种命令，包括【制表位】、

【栏】、【项目符号】、【首字下沉】和【断行规则】。

1．制表位命令

设置制表位的目的是为了保证段落文本按照某种方式进行对齐，以使整个文本井然有序。执行菜单栏中的【文本】|【制表位】命令，将弹出如图8.33所示的【制表位设置】对话框。

图8.33 【制表位设置】对话框

- 【制表位位置】选项：用于设置添加制表位的位置。此数值是在最后一个制表位的基础上而设置的。单击右侧的【添加】 添加(A) 按钮，可将此位置添加到制表位窗口的底部。
- 【移除】 移除(R) 按钮：单击该按钮，可将选择的制表位删除。
- 【全部移除】 全部移除(E) 按钮：单击该按钮，可以删除制表位列表中的全部制表位。
- 【前导符选项】 前导符选项(L)... 按钮：单击该按钮，将弹出【前导符设置】对话框，在此对话框中可选择制表位间显示的符号，并能设置各符号间的距离。

在制表位列表中的制表位的参数上单击，当参数高亮显示时，输入新的数值，可以改变该制表位的位置。在【对齐】列表中单击，将会出现 按钮，然后再次单击，可以在弹出的下拉列表框中改变该制表位的对齐方式，包括【左】、【右】、【居中】和【十进制】。

Questions 通过【对齐】列表对齐文本有什么需要注意的？

Answered ：要使用此功能对齐的文本，每个对象之间必须先使用Tab键进行分隔，即在每个对象之前加入Tab空格。

2．栏命令

当编辑大量文字的文件时，通过对【栏】命令的设置，可以使排列的文字更加容易阅读，看起来也更加美观。执行菜单栏中的【文本】|【栏】命令，将弹出如图8.34所示的【栏设置】对话框。

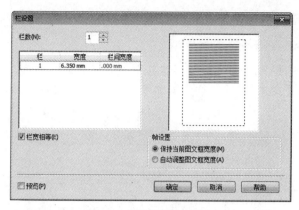

图8.34 【栏设置】对话框

- 【栏数】选项：用于设置段落文本的分栏数目。在列表中显示了分栏后的栏宽间距。当【栏宽相等】复选框不被选中时，在【宽度】和【栏间宽度】中单击，可以设置不同的栏宽和栏间宽度。
- 【栏宽相等】复选框：选中该复选框，可以使分栏后的栏和栏之间的距离相同。
- 【保持当前图文框宽度】单选按钮：选中该单选按钮后，可以保持分栏后文本框的宽度不变。
- 【自动调整图文框宽度】单选按钮：选中该单选按钮后，当对段落文本进行分栏时，系统可以根据设置的栏宽自动调整文本框宽度。

3．项目符号命令

在段落文本中添加项目符号，可以将一些没有顺序的段落文本内容排成统一的风格，使版面的排列井然有序。执行菜单栏中的【文本】|【项目符号】命令，将弹出如图8.35所示的【项目符号】对话框。

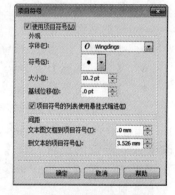

图8.35 【项目符号】对话框

- 【使用项目符号】复选框：选中该复选框，即可在选择的段落文本中添加项目符号，且下方的各选项才可用。
- 【字体】选项：设置选择项目符号的字体。随着字体的改变，当前选择的项目符号也将随之改变。
- 【符号】选项：单击右侧的下拉按钮，可以在弹出的【项目符号】选项面板中选择想要添加的项目符号。
- 【大小】选项：设置选择项目符号的大小。
- 【基线位移】选项：设置项目符号在垂直方向上的偏移量。参数为正值时，项目符号向上偏移；参数为负值时，项目符号向下偏移。
- 【项目符号的列表使用悬挂式缩进】复选框：选中该复选框，添加的项目符号将在整个段落文本中悬挂式缩进。

4．首字下沉命令

首字下沉可以将段落文本中每一段文字的第一个字母或文字放大并嵌入文本。执行菜单栏中的【文本】|【首字下沉】命令，将弹出如图8.36所示的【首字下沉】对话框。

- 【使用首字下沉】复选框：选中该复选框，即可在选择的段落文本中添加首字下沉效果，且下方的各选项才能使用。

- 【下沉行数】选项：设置首字下沉的行数，设置范围在2～10之间。
- 【首字下沉后的空格】选项：设置下沉文字与主体文字之间的距离。
- 【首字下沉使用悬挂式缩进】复选框：选中该复选框，首字下沉效果将在整个段落文本中悬挂式缩进。

5. 断行规则命令

执行菜单栏中的【文本】|【断行规则】命令，弹出【亚洲断行规则】对话框，如图8.37所示。

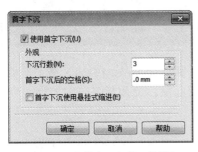 

图8.36 【首字下沉】对话框　　　　　　图8.37 【亚洲断行规则】对话框

- 【前导字符】复选框：选中该复选框，将确保不在选项文本框中的任何字符之后断行。
- 【下随字符】复选框：选中该复选框，将确保不在选项文本框中的任何字符之前断行。
- 【字符溢值】复选框：选中该复选框，将允许选项文本框中的字符延伸到行边距之外。

Questions　**【前导字符】、【下随字符】和【字符溢值】有什么区别？**

Answered：【前导字符】是指不能出现在行尾的字符；【下随字符】是指不能出现在行首的字符；【字符溢值】是指不能换行的字符，它可以延伸到右侧页边距或底部页边距之外。

在相应的选项文本框中，可以自行输入或移除字符，当要恢复以前的字符设置时，可单击右侧的【重置】按钮。

8.4.2 插入符号字符命令

执行菜单栏中的【文本】|【插入符号字符】命令，可以将系统已经定义好的符号或图形插入到当前文件中。

执行菜单栏中的【文本】|【插入符号字符】命令，弹出如图8.38所示的【插入字符】泊坞窗，选择好【代码页】及【字体】选项，然后拖动下方符号选项窗口右侧的滑块，当出现需要的符号时释放鼠标，选择需要的符号，并在【字符大小】文本框中设置插入符号的大小，单击【插入】按钮或在选择的符号上双击，即可将选择的符号插入到绘图窗口的中心位置。

图8.38 【插入字符】泊坞窗

Section 8.5 表格工具

在CorelDRAW X6中还可以使用表格工具创建表格，和Office Word中的表格工具类似。不过，在CorelDRAW绘制的表格主要用于设计一些绘图版面，使用起来非常方便。创建出表格后，还可以对它进行各种编辑、添加背景和文字等。

8.5.1 创建表格

在CorelDRAW X6中，可以使用多种方式来创建表格，比如可以使用表格工具绘制表格，也可以使用表格创建命令创建表格。下面简单地介绍制作表格的方法。

1. 使用表格工具栏绘制表格

新建一个绘图文档，在【工具箱】中单击【表格工具】▦按钮，然后在页面中单击并拖动鼠标即可创建出表格，表格效果如图8.39所示。

2. 使用表格创建命令创建表格

执行菜单栏中的【表格】|【创建新表格】命令，打开【创建新表格】对话框，如图8.40所示。在该对话框中可以设置表格的行数和列数，以及高度和宽度。然后单击【确定】按钮即可创建需要的表格。

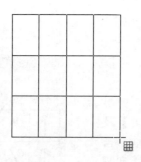

图8.39 使用【表格工具】绘制的表格

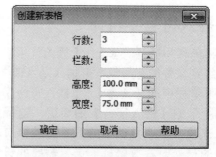

图8.40 【创建新表格】对话框

3. 使用转换命令制作表格

如果已经在页面中输入了一段文字，那么可以直接将这段文字转换成表格，其具体操作步骤如下：

❶ 单击【工具箱】中的【文本工具】按钮，在页面中输入段落文本，如图8.41所示。注意，在每行文本的后面都有一个逗号或句号。

❷ 使用【选择工具】选择输入的段落文本，然后执行菜单栏中的【表格】|【将文本转换为表格】命令，打开【将文本转换为表格】对话框，如图8.42所示。

图8.41　创建的段落文本　　　　　　图8.42　【将文本转换为表格】对话框

❸ 在【转换文本为表格】对话框中，单击【确定】按钮，即可将文本转换为一个表格，效果如图8.43所示。

图8.43　转换为表格的段落文本

Tip　在把文本转换为表格后，还可以将表格转换为文本。选择表格，在执行菜单栏中的【表格】|【将表格转换为文本】命令，打开【将表格转换为文本】对话框，如图8.44所示，然后单击【确定】按钮即可。

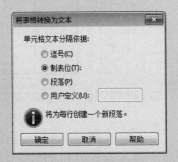

图8.44　【将表格转换为文本】对话框

8.5.2 编辑表格

绘制或者制作表格之后，还可以对表格进行各种编辑，比如移动位置、调整大小、进行旋转、填充颜色等。

1. 调整位置、大小和角度

可以和其他图形一样对表格进行位置、大小和角度的编辑操作。绘制表格之后，使用【选择工具】可以把表格移动到绘图区的任意位置。通过调整表格四周的控制框可以调整表格的大小。连续单击表格后，会显示出旋转柄，通过调整旋转柄可以旋转表格，效果如图8.45所示。

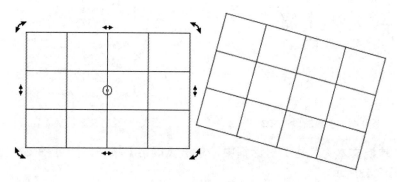

图8.45 旋转表格

在绘制表格后，还可以在属性栏中对表格进行编辑，比如改变表格外边框的粗细、颜色、表格的行数和列数等。【表格工具】属性栏如图8.46所示。

图8.46 【表格工具】属性栏

例如绘制一个表格后，在默认设置下，外边框轮廓线和单元格的边线粗细是相同的。通过在【表格工具】属性栏的【轮廓宽度】下拉列表中选择粗一些的轮廓线，可以使轮廓线变得粗一些，效果如图8.47所示。

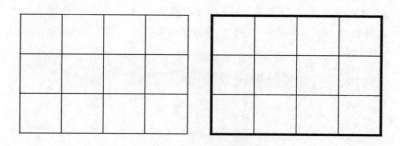

图8.47 更改表格的轮廓宽度

2. 选择表格元素

绘制表格后，还可以在表格中选择行、列和单元格等。这些表格元素的选择非常简单，不过不能使用【选择工具】进行选择，需要使用【形状工具】进行选择。

在【工具箱】中单击【形状工具】按钮，在表格中单击单元格则选择一个单元格；把鼠标指针移动到表格的一侧，当光标变成 ➡ 或 ⬇ 箭头形状时单击，则可以选择表格的一行或者一列，选择效果如图8.48所示。

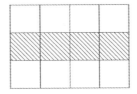

图8.48 选择表格的一行

如果要选择不是同一行或者同一列的多个单元格，那么在【工具箱】中单击【形状工具】按钮后，按住Ctrl键选择需要的单元格即可，选择效果如图8.49所示。

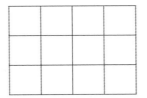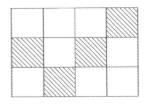

图8.49 选择多个单元格

Tip 选择一个单元格后，如果想在该单元格中输入文本，则单击【工具箱】中的【文本工具】按钮，在选择的单元格中单击，然后输入文本即可。输入文本的效果如图8.50所示。注意：也可以输入数字或者中文。输入文本后，可以通过按【Ctrl+A】组合键来选择单元格中的所有文本。

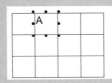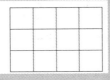

图8.50 在单元格中输入文字

通过选择并编辑网格线还可以编辑网格的形状。在【工具箱】中单击【形状工具】按钮后，把鼠标指针移动到表格的网格线上，当鼠标指针变成 ↕ 双箭头形状时，即可移动网格线，从而改变表格的单元格大小，效果如图8.51所示。

图8.51 改变单元格的大小

Tip 用户也可以右击，在弹出的快捷菜单中选择【选择】命令下的子菜单命令来选择表格元素，如图8.52所示，不过，需要在【工具箱】中单击【形状工具】后才能使用这些菜单命令。

3．插入单元格

绘制完表格后，还可以插入新的行或者列来满足编辑需要，具体操作步骤如下：

❶ 在【工具箱】中单击【形状工具】按钮，并选择一个单元格。执行菜单栏中的【表格】|【插入】命令，将打开一个子菜单，如图8.53所示。

图8.52 【选择】子菜单命令

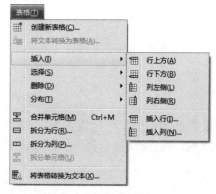

图8.53 【插入】子菜单命令

❷ 如果选择【表格】|【插入】|【行上方】命令，那么将在选择的单元格上方插入一行单元格。如果选择【表格】|【插入】|【行下方】命令，那么将在选择的单元格下方插入一行单元格。如果选择【表格】|【插入】|【列右侧】命令，那么将在选择的单元格右侧插入一行单元格，依此类推。插入行和列后的效果如图8.54所示。

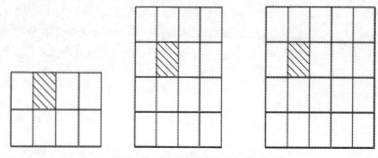

图8.54 插入行和列后的效果

4．合并单元格

在绘制完表格后，还可以合并单元格，比如把2个或者3个单元格合并为一个单元格。也可以把成行或者成列的单元格合并为一个单元格。

合并为一个单元格时，选择多个单元格后，执行菜单栏中的【表格】|【合并单元格】命令，或者按【Ctrl+M】组合键，即可将其合并为一个单元格。效果如图8.55所示。

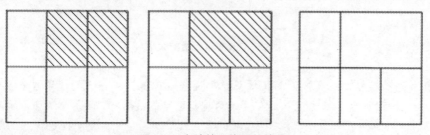

图8.55 合并单元格后的效果

5. 删除表格元素

绘制完表格后，还可以删除不需要的行或者列来满足编辑需要，其具体操作步骤如下：

❶ 在【工具箱】中单击【形状工具】按钮，选择需要的行或者列，然后选择菜单栏中的【表格】|【删除】命令，将打开一个子菜单，如图8.56所示。

❷ 如果选择表格中的一行，那么执行菜单栏中的【表格】|【删除】|【行】命令，即可将该行删除，如图8.57所示。

图8.56 【删除】子菜单命令

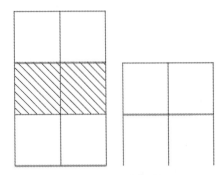

图8.57 删除表格的行

8.5.3 在表格中添加图形和设置背景色

绘制或者制作表格之后，还可以在表格中添加各种图形，也可以设置整个表格的背景色或者某个单元格的背景色。

1. 为整个表格填充颜色

绘制好表格之后，使用【选择工具】选中表格，在颜色调色板中选择需要的颜色样本单击，将其填充到表格的背景，右击，将其填充到表格的轮廓。为表格填充颜色的效果如图8.58所示。

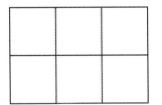
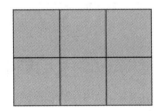

图8.58 填充表格颜色

Questions 还有什么方法选择需要填充的背景颜色和轮廓颜色？

Answered：用户可以在【表格工具】属性栏中，单击【背景】旁边的【填充色】▢▾下拉按钮，在弹出的【颜色】列表框中选择需要填充的背景颜色；单击【轮廓色】▮▾下拉按钮，在弹出的【颜色】列表框中选择需要填充的轮廓颜色。

2. 为单元格填充颜色

绘制好表格之后，还可以为某个或者多个单元格填充颜色。使用【形状工具】选中单元格后，在颜色调色板中选择需要的颜色样本单击，将其填充到单元格的背景，右击，将其填充到单元格的轮廓。为单元格填充颜色的效果如图8.59所示。

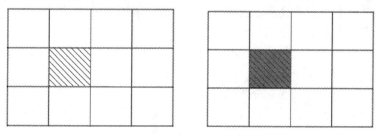

图8.59　填充单元格的颜色

3．在单元格中添加图形

绘制好表格之后，还可以在某一个或者多个单元格中添加各种图形，具体操作步骤如下：

❶ 打开或者绘制一幅图形，执行选择菜单栏中的【编辑】|【复制】命令进行复制。也可以使用快捷键【Ctrl+C】。

Tip　用户也可以打开和使用位图。

❷ 使用【形状工具】选中一个单元格，然后执行菜单栏中的【编辑】|【粘贴】命令，粘贴图形的效果如图8.60所示。

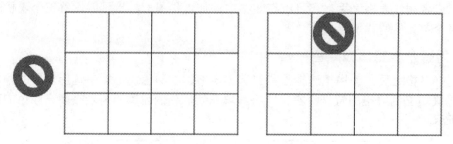

图8.60　在单元格中添加图形

8.5.4　在CorelDRAW中导入表格

不仅可以在CorelDRAW中绘制表格，还可以把在其他应用程序中制作的表格导入CorelDRAW中，比如在Excel中绘制的表格。下面就以Excel表格为例介绍如何导入表格。

❶ 在CorelDRAW X6中，执行菜单栏中的【文件】|【导入】命令，打开【导入】对话框，如图8.61所示。

❷ 找到并选择在其他软件中制作好的表格文件，然后单击【导入】按钮。一般会打开【导入/粘贴文本】对话框，如图8.62所示。

❸ 在【导入/粘贴文本】对话框中，把【将表格导入为】选项设置为【表格】，然后单击【确定】按钮，即可把选择的表格导入进CorelDRAW中。

❹ 如果在计算机中没有合适的字体，那么将打开【缺失字体的替代字体】对话框。在该对话框中提示缺失的字体和用于替代的字体。

图8.61 【导入】对话框

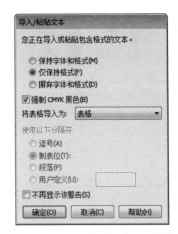

图8.62 【导入/粘贴文本】对话框

Answered：导入表格和导入位图一样，在页面中鼠标指针将改变成广形状，然后在页面中拖动才可以显示出导入的表格。

笔记栏

全视频！矢量绘图与商业设计一本就Go！

编辑和处理位图

在CorelDRAW X6中，除了可以绘制和编辑矢量图形对象外，还可以直接导入位图，并对位图形进行各种编辑，如旋转位图、调整位图颜色、调整位图色彩效果等。本章主要讲解导入位图、裁剪位图、变换位图、调整位图的颜色和色调、调整位图的色彩效果、校正位图色斑效果、更改位图的颜色模式、描摹位图和应用滤镜效果等知识。

 教学视频

○ 导入与编辑位图	视频时间9:11
○ 调整位图的颜色和色调	视频时间4:27
○ 位图的颜色遮罩	视频时间3:50
○ 更改位图的颜色模式	视频时间8:03
○ 应用滤镜效果	视频时间7:53

Chapter

09

导入与编辑位图

在CorelDRAW X6中，不仅可以绘制各种效果的矢量图形，还可以通过导入位图并对位图进行编辑整理后，制作出更加完美的画面效果。

9.1.1 导入位图

在CorelDRAW X6中，导入位图的具体操作步骤如下：

❶ 执行菜单栏中的【文件】|【导入】命令或者单击【标准工具】栏中的【导入】 按钮，弹出如图9.1所示的【导入】对话框。

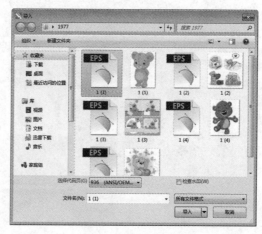

图9.1 【导入】对话框

❷ 选择需要导入的位图，单击【导入】按钮，此时光标变成 的状态，同时在光标后面会显示该文件的大小和导入时的操作说明。

❸ 在页面上按住鼠标左键拖出一个红色的虚线框，如图9.2所示；释放鼠标后，图片将以虚线框的大小被导入进来，如图9.3所示。

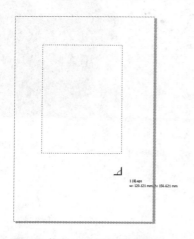

图9.2 拖出一个红色的虚线框

图9.3 导入的位图

9.1.2 链接和嵌入位图

在CorelDRAW X6中，可以将CorelDRAW X6文件作为链接或嵌入的对象插入到其他应用程序中，也可以在其中插入链接或嵌入的对象。链接的对象与其源文件之间始终保持链接，而嵌入的对象与其源文件之间是没有链接关系的，它是集成到活动文档中的。

链接位图和导入文图在本质上有很大的区别，导入的位图可以在CorelDRAW中进行修改和编辑，而链接的位图则不能对其进行修改。如果要修改链接的位图，就必须在创建源文件的原软件中进行。

1. 链接位图

在CorelDRAW X6中插入链接位图的方法是，执行菜单栏中的【文件】|【导入】命令，在弹出的【导入】对话框中选择需要链接到CorelDRAW X6中的位图，并单击【导入】按钮后面的▼图标，在弹出的菜单中选择【导入为外部链接的图像】，如图9.4所示；然后单击【导入】按钮导入位图，如图9.5所示。

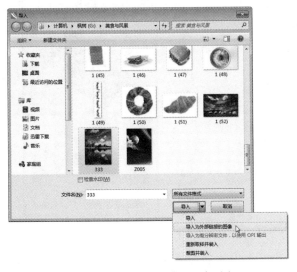

图9.4　选中【外部链接位图】复选框

图9.5　导入的位图

2. 嵌入位图

在CorelDRAW X6中嵌入位图的方法是执行菜单栏中的【编辑】|【插入新对象】命令，在弹出的【插入新对象】对话框中，选中【由文件创建】单选按钮，并选中【链接】复选框，如图9.6所示；然后单击【浏览】按钮，在弹出的【浏览】对话框中选择需要嵌入CorelDRAW X6的图像文件，最后单击【确定】按钮，即可将该图像嵌入到CorelDRAW X6中。

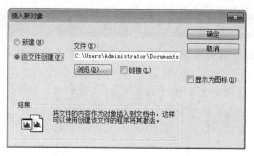

图9.6 【插入新对象】对话框

9.1.3 裁剪位图

在实际应用中，有时因为文件编排的需要，往往只需导入位图的一部分，而将不需要的部分裁剪掉。要裁剪位图，可在导入位图时进行，也可以在将位图导入到当前文件后进行。

1. 导入位图时裁剪位图

导入位图时裁剪位图的具体操作步骤如下：

❶ 在【导入】对话框中选择需要导入的位图，单击【导入】按钮后面的▼图标，在弹出的菜单中选择【裁剪并装入】，如图9.7所示。

❷ 选取需要导入的图像，然后单击【导入】按钮，弹出如图9.8所示的【裁剪图像】对话框。

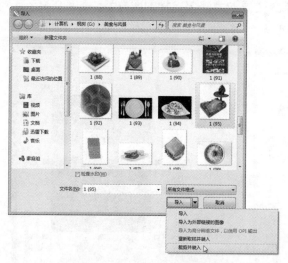

图9.7 选择【裁剪】选项

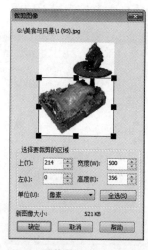

图9.8 【裁剪图像】对话框

❸ 在【裁剪图像】对话框的预览窗口中，可以拖动裁剪框四周的控制点，控制图像的裁剪范围。在控制框内按下鼠标左键并拖动，可调整控制框的位置，被选框的图像将被导入到文件中，其余部分将被裁剪掉。

❹ 在【选择要裁剪的区域】选项栏中，可通过输入数值来精确地调整裁剪框的大小，此时【新图像大小】选项将显示裁剪后的图像大小。

❺ 如果对裁剪区域不满意，则单击 全选(S) 按钮，重新设置修剪选项参数。设置好后，单击【确定】按钮，光标将变成标尺形状，同时在光标右下角将显示图像的相关信息，此时单击可导入图像，也可将图像按指定的大小进行导入，如图9.9所示。

Questions 如何将图像链接到绘图中?

Answered：如果要将图像链接到绘图中，则导入文件时，在【导入】对话框中选中【外部链接位图】复选框即可。

在将位图导入到当前文件以后，还可以使用【裁剪工具】和【形状工具】对位图进行裁剪。

图9.9　裁剪后的图像

2. 使用【裁剪工具】裁剪位图

使用【裁剪工具】可以将位图裁剪为矩形状，具体操作步骤如下：

❶ 单击【工具箱】中的【裁剪工具】按钮，此时光标显示为中形状，在位图上按下鼠标左键并拖动，创建一个裁剪控制框。

❷ 拖动控制框上的控制点，调整裁剪控制框的大小，按Enter键即可控制框外的图像裁剪掉，裁剪后的效果如图9.10所示。

图9.10　使用【裁剪工具】裁剪位图

Questions 使用【剪切工具】剪切后的对象还能恢复吗?

Answered：使用【剪切工具】处理后的对象是不能恢复的，所以在使用【剪切工具】时一定要慎重。

3. 使用【形状工具】裁剪位图

使用【形状工具】可以将位图裁剪为不规则的各种形状，具体操作步骤如下：

❶ 单击【工具箱】中的【形状工具】按钮，选择位图图像，此时在图像边角上将出现4个控制节点。

❷ 按照调整曲线形状的方法进行操作，即可将位图裁剪为指定的形状。裁剪后的效果如图9.11所示。

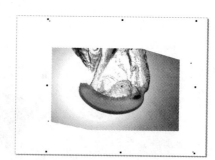

图9.11 使用【形状工具】裁剪位图

> **Tip** 在使用【形状工具】裁切位图图像时，按下Ctrl键可使鼠标在水平或者垂直方向移动。使用【形状工具】裁切位图与控制曲线的方法相同，可将位图边缘调整成直线或曲线，用户可根据需要，将位图调整为各种所需的形状。

9.1.4 重新取样位图

通过重新取样，可以增加像素以保留原始图像的更多细节。执行菜单栏中的【位图】|【重新取样】命令后，调整图像大小即可使像素的数量无论在较大区域还是较小区域中均保持不变。

Questions 使用固定分辨率和变量分辨率重新取样有什么区别？

Answered：使用固定分辨率重新取样可以在改变图像大小时用增加或减少像素的方法保持图像的分辨率。使用变量分辨率重新取样可让像素的数目在图像大小改变时保持不变，从而产生低于或高于原图像的分辨率。

1. 导入时重新取样位图

重新取样位图的具体操作步骤如下：

❶ 执行菜单栏中的【文件】|【导入】命令，或者按下快捷键【Ctrl+I】，打开【导入】对话框。

❷ 在弹出的【导入】对话框中选择需要导入的位图，单击【导入】按钮后面的▼图标，在弹出的菜单中选择【重新取样并装入】命令，打开对话框，如图9.12所示。

❸ 在【重新取样】对话框中更改对象的尺寸大小、解析度及消除缩放对象后产生的锯齿现象等，从而达到控制文件大小和图像质量的目的。

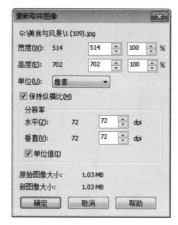

图9.12 【重新取样图像】对话框

2．导后重新取样位图

用户也可以将图像导入到当前文件后，再对位图进行重新取样，具体操作步骤如下：

❶ 选择需要重新取样的图像，然后执行菜单栏中的【位图】|【重新取样】命令，或者单击【位图或OLE对象】属性栏上的【对位图重新取样】按钮，弹出【重新取样】对话框，如图9.13所示。

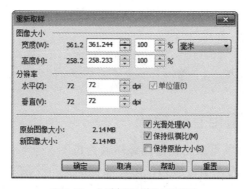

图9.13 【重新取样】对话框

❷ 分别在【图像大小】选项区域的【宽度】和【高度】文本框中输入图像大小的数值，并在【分辨率】选项区域的【水平】和【垂直】文字框中设置图像的分辨率大小，然后选择需要的测量单位。

❸ 选中【光滑处理】复选框，以最大限度地避免曲线外观参差不齐。选中【保持纵横比】复选框，并在宽度或高度文字中输入适当的数值，从而保持位图的比例，也可以在【图像大小】的百分比文字中输入数值，根据位图原始大小的百分比对位图重新取样。

❹ 设置完成后，单击【确定】按钮，即可完成操作。

9.1.5　编辑位图

使用CorelDRAW X6的附加应用程序Corel PHOTO-PAINT X6，可以对位图进行编辑，具体操作步骤如下：

❶ 单击【工具箱】中的【选择工具】按钮，选择需要编辑的位图，如图9.14所示。

❷ 执行菜单栏中的【位图】|【编辑位图】命令，或者单击【位图或OLE对象】属性栏

上的  编辑位图(E)... 按钮，即可将位图导入到Corel PHOTO-PAINT中进行编辑，如图9.15所示。

图9.14　选择需要编辑的位图　　　　　　　　图9.15　【Corel PHOTO-PAINT X6】窗口

Questions **还有别的方法打开Corel PHOTO-PAINT X6吗?**

Answered：Corel PHOTO-PAINT X6应用程序也可以通过单击【开始】|【程序】|
【CorelDRAW Graphics Suite X6】|【Corel PHOTO-PAINT X6】命令来打开。

❸ 编辑完成后，单击【保存】按钮即可保存编辑结果，关闭Corel PHOTO-PAINT，已
编辑的位图将会出现在CorelDRAW的绘图窗口中。

Tip 要详细了解在Corel PHOTO-PAINT中编辑图像的方法，可单击Corel PHOTO-PAINT中的
【帮助菜单】，然后通过【帮助主题】命令，查看需要帮助的内容，以找到解决问题的方法。

9.1.6　矢量图与位图相互转换

在CorelDRAW X6中，既可以将矢量图像转换为位图，也可以把位图转换为矢量图。通
过把含有图样填充背景的矢量图转换为位图，图像的复杂程度就会显著降低，并且可以运
用各种位图效果。通过将位图转换为矢量图，就可以对其进行所有矢量性质的形状调整和
颜色填充。

1．将矢量图转换为位图

矢量图转换为位图的具体操作步骤如下：

❶ 选择需要转换为位图的矢量图，然后执行菜单栏中的【位图】|【转换为位图】命
令，弹出【转换为位图】对话框，如图9.16所示。

❷ 在【转换为位图】对话框的【颜色模式】下拉列表框中选择矢量图转换为位图后的
颜色模式，在【分辨率】下拉列表框中选择转换为位图后的分辨率。

Questions **如何使所选的矢量图转换为位图后可以使用各种位图效果?**

Answered：如果要使所选的矢量图转换为位图后可以使用各种位图效果，必须在【转
换为位图】对话框中将对象的色彩和分辨率参数设置得较高一些，一般颜色选择在24位以上，
分辨率选择在200dpi以上。

图9.16 【转换为位图】对话框

③ 设置好选项后，单击【确定】按钮。即可将矢量图转换为位图，转换后的效果看起来稍微有点模糊的感觉，如图9.17所示。

图9.17 转换为位图后的效果

【转换为位图】对话框的选项含义如下：

● 【分辨率】选项：设置矢量图转换为位图后的清晰程度。在此下拉列表中选择转换成位图的分辨率，也可直接输入。

● 【颜色模式】选项：设置矢量图转换成位图后的颜色模式。

● 【递色处理的】复选框：选中该复选框，则模拟数目比可用颜色更多的颜色。此选项可用于使用256色或更少颜色的图像。

● 【总是叠印黑色】复选框：选中该复选框，矢量图中的黑色转换成位图后，黑色就被设置了叠印。当印刷输出后，图像或文字的边缘就不会因为套版不准而出现雾白或显露其他颜色的现象发生。

● 【光滑处理】复选框：选中该复选框，可以去除图像边缘的锯齿，使图像边缘变得平滑。

● 【透明背景】复选框：选中该复选框，可以使转换为位图的图像背景透明。

Questions 矢量图转换为位图后有什么区别？

Answered：位图是由像素组成的，而矢量图是以数学计算出来的线条和色块为主。所以放大后不清楚的就是位图，而清楚的就是矢量图，但矢量图转换为位图后颜色会有一点改变，也不能对对象的形状进行改变。

2. 将位图转换为矢量图

在CorelDRAW X6中，将位图转换为矢量图，使用的是【描摹位图】命令。使用【描摹位图】的命令主要有三种：一是【快速描摹】命令，该命令可用系统预设的选项参数快速对位图图像进行描摹，适用于描摹技术图解、线条画和拼版等；二是【中心线临摹】，它使用未封闭和开放的曲线来描摹图像，此种方式适用于描摹线条图纸、施工图、线条画和拼版；三是【轮廓描摹】命令，该命令是用无轮廓的曲线对象进行描摹图像，适用于描摹剪贴画、徽标和相片图像。

选择要矢量化的位图图像后，执行菜单栏中的【位图】|【轮廓描摹】|【高质量图像】命令，将弹出如图9.18所示的【PowerTRACE】窗口。在【PowerTRACE】窗口中设置选项后，单击【确定】按钮，即可将位图转化为矢量图，如图9.19所示。

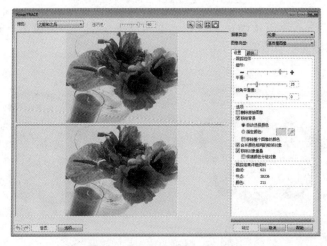

图9.18 【PowerTRACE】窗口

位图

矢量图

图9.19 将位图转换为矢量图的效果

【PowerTRACE】窗口主要选项的含义如下：

- 【描摹类型】选项：用于设置图像的描摹方式。
- 【图像类型】选项：用于设置图像的描摹品质。
- 【细节】选项：设置保留原图像细节的程度。数值越大，图像失真越小，质量越高。
- 【平滑】选项：设置生成图形的平滑程度。数值越大，图形边缘越光滑。
- 【拐角平滑度】选项：该滑块可与平滑滑块一起使用可以控制拐角的外观。值越小，则保留拐角外观；值越小，则平滑拐角。

- 【删除原始图像】复选框：选中该复选框，系统会将原始图像矢量化；反之会将原始图像复制，然后进行矢量化。
- 【移除整个图像的颜色】复选框：选中该复选框，则从整个图像中移除背景颜色。
- 【移除背景】复选框：选中该复选框，可将位图中的背景图像不需要的像素进行合并。
- 【移除对象重叠】复选框：选中该复选框，将保留通过重叠对象隐藏的对象区域。
- 【根据颜色分组对象】复选框：当【移除对象重叠】复选框处于选择状态时，该复选框才可用，可根据颜色分组对象。
- 【跟踪结果详细资料】选项区域：显示描绘成矢量图形后的细节报告。

Section 9.2 调整位图的颜色和色调

在CorelDRAW X6中，通过执行菜单栏中的【效果】|【调整】的相应子菜单，如图9.20所示，可以对位图进行色彩亮度、光度和暗度等方面的调整。通过应用颜色和色调效果，可以恢复阴影或高光中丢失的细节，清除色块，校正曝光不足或曝光过度，全面提高图像的质量。

图9.20 【效果】|【调整】的子菜单

Questions 为什么在【效果】菜单中有些命令对矢量图不起作用?

Answered：在【效果】菜单中有些命令只对位图起作用，而对矢量图不起作用。在选中图形后，如果菜单栏中的命令处于激活状态，那么它就起作用，否则不起作用。

9.2.1 调整高反差

使用【高反差】命令，可以调整位图输出颜色的浓度，可以通过从最暗区域到最亮区域重新分布颜色的浓淡来调整阴影区域、中间区域和高光区域。它通过调整图像的亮度、对比度和强度，使高光区域和阴影区域的细节不被丢失，也可通过定义色调范围的起始点和结束点，在整个色调范围内重新分布像素值。

选择一张位图，然后执行菜单栏中的【效果】|【调整】|【高反差】命令，弹出【高反差】对话框，如图9.21所示。

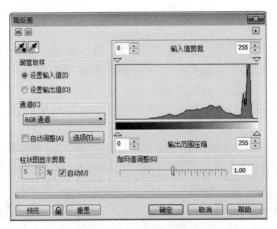

图9.21 【高反差】对话框

【高反差】对话框的选项含义如下：

● 【显示预览窗口】□按钮：单击该按钮，可将【高反差】对话框调整为图9.22所示的显示方式，通过此种方式可直观地观察图像调整前后的效果变化。

● 【隐藏预览窗口】□按钮：单击该按钮后，【高反差】对话框显示如图9.23所示，视图窗口只显示图像调整后的最终效果。

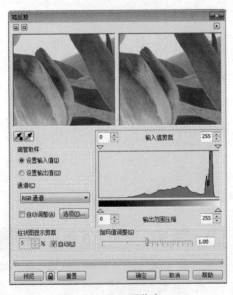

图9.22 显示预览窗口

图9.23 隐藏预览窗口

● 【设置输入值】单选按钮：选中该单选按钮，设置最小值和最大值，颜色将在这个范围内重新分布。

● 【设置输出值】单选按钮：选中该单选按钮，为【输出范围压缩】设置最小值和最大值。

● 【自动调整】复选框：选中该复选框，在色阶范围内自动分别像素值。

- 【选项】按钮：单击该按钮，弹出【自动调整范围】对话框，如图9.24所示，在该对话框中可以设置自动调整的色阶范围。
- 【伽玛值调整】选项：通过拖动滑块调节伽玛值的大小，可以改变图像中明暗等细节部分。

图9.24 【自动调整范围】对话框

对位图进行高反差调整的具体操作步骤如下：

❶ 单击【工具箱】中的【选择工具】按钮，选取对象，如图9.25所示，然后执行菜单栏中的【效果】|【调整】|【高反差】命令。

❷ 在弹出的【高反差】对话框中，单击【黑色吸管工具】按钮，然后在图像中最深的颜色上用吸管单击，如图9.26所示。

图9.25 选取位图对象

图9.26 吸取最深的颜色

❸ 单击【白色吸管工具】按钮，然后在颜色最浅的地方使用吸管工具单击，如图9.27所示。

❹ 单击【预览】按钮，即可发现图像的色调发生了改变，如图9.28所示。

图9.27 吸取最浅的颜色

图9.28 调整位图高反差后的效果

9.2.2 调整局部平衡

执行菜单栏中的【效果】|【调整】|【局部平衡】命令，可以用来提高边缘附近的对比度，以显示明亮区域和暗色区域中的细节；也可以在此区域周围设置高度和宽度来强化对比度。调整图像局部平衡的具体操作步骤如下：

❶ 选中需要调整局部平衡的图像，执行菜单栏中的【效果】|【调整】|【局部平衡】命令，弹出【局部平衡】对话框，并在该对话中设置各项参数，如图9.29所示。

图9.29 【局部平衡】对话框

❷ 单击【宽度】和【高度】选项右边的锁定按钮，可以将【宽度】和【高度】值锁定，这时可同时调整两个选项的数值，调整前后的效果对比如图9.30所示。

原图　　　　　　　　　　　　　　　调整后的图形

图9.30 调整位图局部平衡的效果

❸ 如果再次单击【宽度】和【高度】选项右边的锁定按钮，使其呈状态，解除锁定，从而可以随意调整两个选项的数值。

❹ 单击【确定】按钮，即可把调整好的效果应用到图像。

9.2.3 取样/目标平衡

使用【取样/目标平衡】命令可以从图像中选取的色样来调整位图中的颜色值，可以从图像的暗色调、中间色调及浅色部分选取色样，并将目标颜色应用于每个色样中。

调整图像目标平衡的具体操作步骤如下：

❶ 选取导入的位图，执行菜单栏中的【效果】|【调整】|【取样/目标平衡】命令，弹出【样本/目标平衡】对话框，如图9.31所示。

❷ 在【样本/目标平衡】对话框中，使用【黑色吸管工具】 、【中间色调吸管工具】 和【白色吸管工具】 分别在图像颜色最深处、中间色调处、颜色最浅处单击，如图9.31所示。

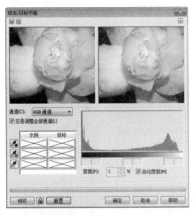 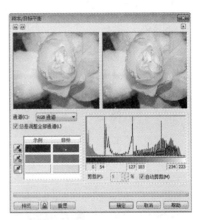

图9.31 【样本/目标平衡】对话框　　　图9.32 吸取目标色的暗部、中间和亮部的颜色

❸ 设置完成后单击【预览】按钮，即可发现图像的色调得到了改变，调整前后效果对比如图9.33所示。

调整前　　　　　　　　　　调整后

图9.33 调整位图目标平衡的效果

9.2.4 调合曲线

使用【调合曲线】命令，可以改变图像中单个像素的值，包括改变阴影、中间色调和高光等方面，以精确地图像局部的颜色。调整图像局部颜色的操作步骤如下：

❶ 选取需要调整的位图，执行菜单栏中的【效果】|【调整】|【调合曲线】，弹出【调合曲线】对话框，如图9.34所示。

② 单击【色频通道】下拉按钮，在弹出的下拉列表框中选择所需的颜色通道，如RGB通道、红色通道、绿色通道和兰色通道等。

③ 单击【样式】下拉按钮，在弹出的下拉列表框中选择需要的曲线样式，如曲线、直线、手绘和伽玛值等。

> **Tip** 选择【曲线】样式可以在【曲线编辑】编辑窗口中以平滑曲线进行调节；选择【直线】样式可以在【曲线编辑】编辑窗中以两节点间保持平直的尖锐曲线进行调节；选择【手绘】样式可以在【曲线编辑】编辑窗中以手绘曲线的方式进行调节；选择【伽玛值】样式在【曲线编辑】编辑窗中以仅两节点间平滑曲线的方式进行调节。

④ 在曲线编辑窗口中的曲线上单击，可以添加一个控制点。移动该控制点，以调整曲线的形状，如图9.35所示，然后单击【预览】按钮，可以观察调节后的色调效果。

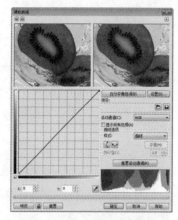

图9.34 【调合曲线】对话框

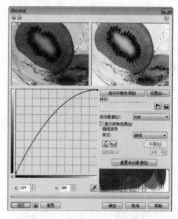

图9.35 调整曲线的形状

Questions 曲线的调整方法是什么?

Answered：默认情况下，曲线上的控制点向上移动可使用图像变亮，反之变暗。S形的曲线可使图像中原来亮的部位越亮，而原来暗的部分越暗，以提高图像的对比度。

⑤ 设置好调整色调的选项参数后，单击【确定】按钮即可，执行【调合曲线】命令前后的效果如图9.36所示。

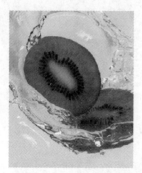

原图   调整后的图形

图9.36 调整调合曲线前后的效果

9.2.5 调整亮度/对比度/强度

使用【亮度/对比度/强度】命令可以调整所有颜色的亮度及明亮区域与暗色区域之间的差异。

调整对象【亮度/对比度/强度】的操作步骤如下：

❶ 单击【工具箱】中的【选择工具】按钮，选择需要调整的位图，然后执行菜单栏中的【效果】|【调整】|【亮度/对比度/强度】命令，打开【亮度/对比度/强度】对话框，如图9.37所示。

图9.37 【亮度/对比度/强度】对话框

❷ 拖动【亮度/对比度/强度】对话框中的【亮度】滑块或直接输入数值，可以等量地调亮或调暗图像的像素；拖动【对比度】滑块或直接输入数值，可以调整位图中最亮与最暗像素间的差距；拖动【强度】滑块或直接输入数值，可以调整图像中浅色区域的亮度而不影响深色区域。

❸ 设置好后，单击【确定】按钮，即可将调整后的效果应用于选择的图像，图9.38所示为调整亮度/对比度/强度的前后对比效果。

原图　　　　　　　　调整亮度/对比度/强度后

图9.38 调整亮度/对比度/强度的前后对比效果

Questions 【亮度/对比度/强度】的调整方法是什么?

Answered：一般都是使用于对比度不够明显、曝光度不足的图像中，【亮度/对比度/强度】对话框中，【亮度】是设置对象的明暗度，【对比度】是设置对象中亮面和暗面的对比，【强度】是设置图像中的设置【亮度】和【对比度】的整体强度。

9.2.6 调整颜色平衡

使用【颜色平衡】命令可以将青色或红色、品红或绿色、黄色或蓝色添加到位图中选定的色调中。

调整对象【颜色平衡】的操作步骤如下：

❶ 单击【工具箱】中的【选择工具】按钮，选取需要调整的位图，然后执行菜单栏中的【效果】|【调整】|【颜色平衡】命令。

❷ 在弹出的【颜色平衡】对话框中，对【范围】和【颜色通道】选项进行设置，如图9.39所示，然后单击【确定】按钮，调整后的图像效果如图9.40所示。

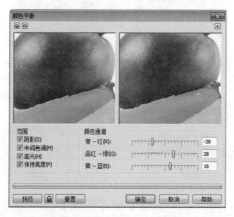

图9.39 【颜色平衡】对话框

原图　　　　　　　　　　　调整颜色平衡后

图9.40 调整颜色平衡前后的对比效果

Questions 【颜色平衡】的调整方法是什么？

Answered：【颜色平衡】命令可以对象颜色进行细致的调整，在对话框中可以分别设置对象的阴影、中间色调、高光的颜色，还可以对亮度进行调整。

9.2.7 调整伽玛值

使用【伽玛值】命令可以在较低对比度区域中强化细节而不会影响阴影或高光。调位图【伽玛值】的操作步骤如下：

❶ 单击【工具箱】中的【选择工具】按钮，选择需要调整的位图，然后执行菜单栏中的【效果】|【调整】|【伽玛值】命令。

❷ 在弹出的【伽玛值】对话框中，对各参数进行设置，如图9.41所示，然后单击【确定】，调整伽玛值前后的位图效果对比如图9.42所示。

图9.41 【伽玛值】对话框

原图

调整伽玛值后

图9.42 调整伽玛值前后的对比效果

9.2.8 调整色度/饱和度/亮度

使用【色度/饱和度/亮度】命令可以调整位图中的色频通道，并更改色谱中颜色的位置。这种效果可以更改对象的颜色和浓度，以及对象中白色所占的百分比。

调整色度/饱和度/亮度的操作步骤如下：

❶ 单击【工具箱】中的【选择工具】按钮，选择需要调整的位图。

❷ 执行菜单栏中的【效果】|【调整】|【色度/饱和度/亮度】命令，或者使用快捷键【Ctrl+Shift+U】，弹出如图9.43所示的【色度/饱和度/亮度】对话框。

❸ 在【通道】选项区域中，选择一种颜色作为调整对象。其中，当选中【主对象】单选按钮时，可以设置图像的整体效果。

❹ 拖动【色度】、【饱和度】、【亮度】选项的滑块，可以分别调整图像的色度、饱和度和亮度。

❺ 设置完成后，单击【确定】按钮，将调整后的效果应用于图像，图9.44所示为调整色度/饱和度/亮度前后的对比效果。

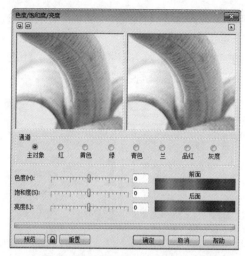

图9.43 【色度/饱和度/亮度】对话框

原图   调整色度/饱和度/亮度后

图9.44 调整色度/饱和度/亮度前后的对比效果

9.2.9 所选颜色

【所选颜色】命令用于通过改变图像中的红、黄、绿、青、蓝和品红色谱的CMYK百分比来改变颜色。例如，降低红色色谱中的品红色百分比，会使整体颜色偏黄。

调整对象【所选颜色】的具体操作步骤如下：

❶ 单击【工具箱】中的【选择工具】按钮，选择需要调整的位图。

❷ 执行菜单栏中的【效果】|【调整】|【所选颜色】命令，弹出【所选颜色】对话框。在【色谱】选项区域中选择一种适当的颜色光谱，或在【灰】选项区域中选择一种调色范围。

❸ 在【调整】选项区域中，调整各颜色的参数值，改变图形对象中的颜色；在【调整百分比】选项区域中，根据需要选中【相对】单选按钮或【绝对】单选按钮，如图9.45所示。

❹ 设置完成后，单击【确定】按钮，即可将调整后效果应用于图像。图9.46所示为调整所选颜色前后的对比效果。

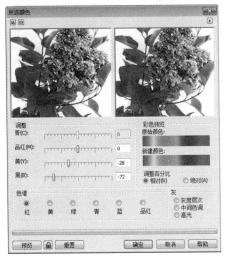

图9.45 【所选颜色】对话框

原图　　　　　　　　　　　调整所选颜色后
图9.46　调整所选颜色前后的对比效果

9.2.10　替换颜色

在CorelDRAW中允许使用一种位图颜色替换另一种位图颜色。使用【替换颜色】命令会创建一个颜色遮罩来定义要替换的颜色。根据设置的范围，可以替换一种颜色或将整个位图从一个颜色范围变换到另一个颜色范围，还可以为新颜色设置色度、饱和度和亮度。

替换颜色的具体操作步骤如下：

❶ 单击【工具箱】中的【选择工具】按钮，选择需要调整的位图。

❷ 执行菜单栏中的【效果】|【调整】|【替换颜色】命令，弹出【替换颜色】对话框。

❸ 在【原颜色】下拉列表框中选择一种将要替换的颜色，或单击 按钮，使用【滴管工具】从图像中吸取要替换的颜色；然后在【新建颜色】下拉列表框中选择一种用来替换的颜色，也可以单击 按钮用来吸取替换的颜色。

❹ 在【选项】选项区域中选中【忽略灰度】复选框，可以忽略图像中的灰度；如果选中【单目标颜色】复选框，可以使图像中的新颜色发亮，如图9.47所示。

❺ 设置完成后，单击【确定】按钮，即可将替换的颜色应用于图像中。图9.48所示为替换颜色前后的对比效果。

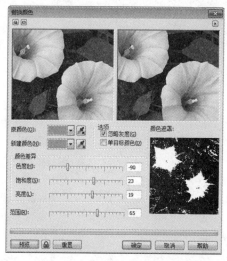

图9.47 【替换颜色】对话框

原图 替换颜色后

图9.48 替换颜色前后的对比效果

9.2.11 取消饱和

使用【取消饱和】命令可以将位图中每种颜色的饱和度降到零，移除色度组件，并将每种压缩转换为与其相对应的灰度。这将创建灰度黑白相片效果，而不会更改颜色模型。

取消饱和的具体操作步骤如下：

❶ 单击【工具箱】中的【选择工具】按钮，选择需要调整的位图。

❷ 执行菜单栏中的【效果】|【调整】|【取消饱和】命令，即可将图像的饱和取消。图9.49所示为取消饱和前后的对比效果。

Questions 为什么执行【效果】|【调整】|【取消饱和】命令没有打开对话框?

Answered：执行【效果】|【调整】|【取消饱和】命令后，不会打开任何对话框。

原图

取消饱和后

图9.49　取消饱和前后的对比效果

9.2.12　通道混合器

使用【通道混合器】命令可以调整所选通道的颜色参数，从而改变图像的颜色，其具体操作步骤如下：

❶ 单击【工具箱】中的【选择工具】按钮，选择需要调整的位图。

❷ 执行菜单栏中的【效果】|【调整】|【通道混合器】命令，弹出如图9.50所示的【通道混合器】对话框。

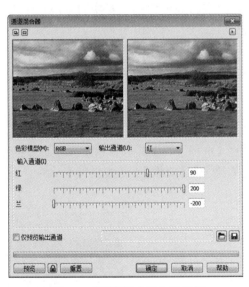

图9.50　【通道混合器】对话框

❸ 在【色彩模型】下拉列表框中选择一种颜色模型，并在【输出通道】下拉列表框中选择所需的通道；在【输入通道】选项区域中，设置各颜色的参数值。

❹ 设置完成后，单击【确定】按钮，即可将调整颜色后的效果应用于图像，图9.51所示为设置通道混合器前后的对比效果。

原图　　　　　　　　　　　　　设置通道混合器后

图9.51　设置通道混合器前后的对比效果

Section 9.3　调整位图的色彩效果

在CorelDRAW X6中，允许将颜色和色调变换同时应用于位图图像。执行菜单栏【效果】|【变换】子菜单中的适当命令，如图9.52所示，可以变换对象的颜色和色调以产生各种特殊的效果。

9.3.1　去交错

使用【去交错】命令，可以将图像中不清楚的颜色以扫描的形式进行变换，其具体操作步骤如下：

❶ 单击【工具箱】中的【选择工具】按钮，选择需要调整的位图。

❷ 执行菜单栏中的【效果】|【变换】|【去交错】命令，弹出【去交错】对话框，如图9.53所示。

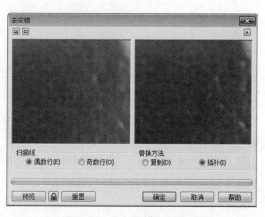

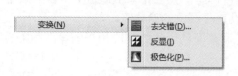

图9.52　【变换】子菜单　　　　　　　　　　图9.53　【去交错】对话框

❸ 在【扫描行】选项区域中，设置扫描的方式；在【替换方法】选项区域中，设置替换的方法。

❹ 设置完成后，单击【确定】按钮，即可将去交错的效果应用于图像。

9.3.2 反显

使用【反显】命令，可以使所选图像的颜色反显，形成摄影图片的外观。反显的方法是在页面区域中选中图像，然后执行菜单栏中的【效果】|【变换】|【反显】命令即可。图9.54所示为反显前后的对比效果。

原图　　　　　　　　　　　　　　　　反显后

图9.54　反显前后的对比效果

9.3.3 极色化

使用【极色化】命令，可以将图像中的颜色范围成纯色色块、使图像简单化，常常用于减少图像中的色调值数量。调整对象【极色化】的操作步骤如下：

❶ 单击【工具箱】中的【选择工具】按钮，选择需要调整的位图。

❷ 执行菜单栏中的【效果】|【变换】|【极色化】命令，弹出如图9.55所示的【极色化】对话框。

图9.55　【极色化】对话框

❸ 通过调整对话框框中的【层次】滑块，可以调整图像的色调分离效果。数值越低，色调分离效果越明显；数值越高，色调分离效果越不明显。

❹ 设置完成后，单击【确定】按钮即可。图9.56所示为极色化前后的对比效果。

原图 极色化后

图9.56 极色化前后的对比效果

Section 9.4 | 校正位图色斑效果

使用【校正】命令可以通过更改图像中的相异像素来减少杂色。校正位图色斑效果的具体操作步骤如下:

❶ 单击【工具箱】中的【选择工具】按钮,选择需要调整的位图。

❷ 执行菜单栏中的【效果】|【校正】|【尘埃与刮痕】命令,弹出【尘埃与刮痕】对话框,如图9.57所示。

❸ 通过调整【阈值】和【半径】选项的滑块,可以调整图像中刮痕减少的效果。

❹ 设置完成后,单击【确定】按钮即可。图9.58所示为校正位图色斑后的效果。

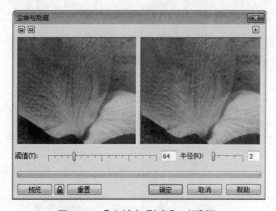

图9.57 【尘埃与刮痕】对话框

图9.58 校正位图色斑后的效果

位图的颜色遮罩

在CorelDRAW X6中，使用【颜色遮罩】命令可以将位图显示的颜色进行隐藏，使该处位图像变为透明状态。遮罩颜色还能改变选定的颜色，而不改变图像中的其他颜色，也可以将问题颜色遮罩保存到文件中，以便在日后使用时打开此文件。

使用【位图颜色遮罩】命令的具体操作步骤如下：

❶ 单击【工具箱】中的【选择工具】按钮，选择需要调整的位图。

❷ 执行菜单栏中的【位图】|【位图颜色遮罩】命令，弹出【位图颜色遮罩】泊坞窗，选中【隐藏颜色】单选按钮，在色彩条列表框中选取一个色彩条，如图9.59所示。

❸ 单击【颜色选择】 🖋 按钮，使用光标在位图中需要隐藏的颜色上单击。

❹ 在【容限】选项中，拖动滑块设置容限值；然后单击【应用】按钮，即可将位于所选颜色范围内的颜色全部隐藏，效果如图9.60所示。

图9.59 【位图颜色遮罩】泊坞窗　　　　　　　图9.60 遮罩位图颜色

❺ 在【位图颜色遮罩】泊坞窗中，选中【显示颜色】单选按钮，并保持选取的颜色不变，然后单击【应用】按钮，即可将所选颜色以外的其他颜色全部隐藏，如图9.61所示。

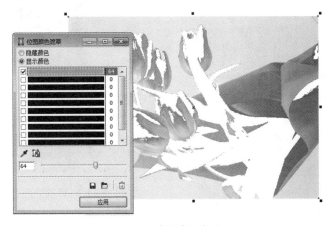

图9.61 遮罩位图颜色

Section 9.6　更改位图的颜色模式

　　颜色模式是指图像在显示与打印时定义颜色的方式。根据其构成色彩方式的不同，其显示也有所不同，常见的色彩模式包括CMYK、RGB、灰度、HSB和Lab模式等。本节主要讲解在CorelDRAW X6中转换图像的颜色模式及这些颜色模式的特点。

9.6.1　黑白模式

　　位图的黑白模式与灰度模式不同，应用黑白模式后，图像只显示为黑白色。这种模式可以清楚地显示位图的线条和轮廓图，适用于艺术线条和一些简单的图形。

① 单击【工具箱】中的【选择工具】按钮，选择需要调整的位图。

② 执行菜单栏中的【位图】|【模式】|【黑白】命令，弹出【转换为1位】对话框。

③ 在【转换为1位】对话框中，设置【转换方法】为基数分布，【强度】为60，如图9.62所示，然后单击【确定】按钮，转换后的图像效果如图9.63所示。

图9.62　【转换为1位】对话框

图9.63　转换为黑白模式的效果

9.6.2 灰度模式

灰度色彩模式使用亮度（L）来定义颜色，颜色值的定义范围为0～255。灰度模式有彩色信息的，可以用于作品的黑白印刷。应用灰度模式后，可以去掉图像中的色彩信息，只保留0～255的不同级别的灰度颜色，因此图像中只有黑、白、灰的颜色显示。

转换为灰度模式的方法是使用【选择工具】选取对象，然后执行菜单栏中的【位图】|【模式】|【灰度】命令，即可将该图像转换为灰度效果，调整前后的效果对比如图9.64所示。

原图　　　　　　　　　　　　　　　　转换为灰度模式后

图9.64　转换为灰度模式前后的对比效果

9.6.3 双色模式

双色模式包括单色调、双色调、三色调和四色调4种类型，可以使用1～4种色调构建图像色彩，使用双色模式可以为图像构建统一的色调效果。

使用【选择工具】选取对象，然后执行菜单栏中的【位图】|【模式】|【双色】命令，弹出【双色调】对话框，在该对话框的【类型】下拉列表中可选择双色模式的类型，如图9.65所示。

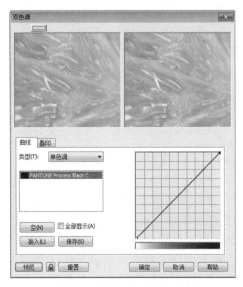

图9.65　选择双色模式的类型

- 【类型】选项：选择色调的类型，有单色调、双色调、三色调和四色调4个选项。
- 【颜色列表】：显示了目前色调类型中的颜色。单击选择一个颜色，在右侧窗口中可以看到该颜色的色调曲线。在色调曲线上单击，可添加一个调节节点，通过拖动该节点改变曲线上这一点颜色百分比。将节点拖动到色调曲线编辑窗口之外，即可将该节点删除。双击【颜色列表】中的颜色块或颜色名称，可以在弹出的【选择颜色】对话框中选择其他的颜色。
- 【全部显示】复选框：选中该复选框，显示目前色调类型中所有的色调曲线。
- 【保存】按钮：单击该按钮，保存目前的双色调设置。
- 【预览】按钮：单击该按钮，显示图像的双色调效果。
- 【重置】按钮：单击该按钮，恢复对话框默认状态。

在【双色调】对话框中，按图9.66所示设置好参数后，单击【预览】按钮可以显示相应的效果，然后单击【确定】按钮，即可将图像调整为【双色调】模式，效果如图9.67所示。

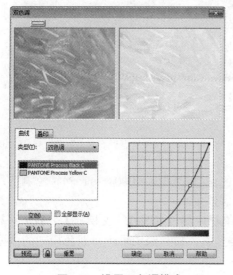

图9.66　设置双色调模式

图9.67　应用双色调模式

9.6.4　调色板模式

调色板模式最多能够使用256种颜色来保存和显示图像。位图转换为调色板模式后，可以减小文件的大小。系统提供了不同的曲线类型，也可以根据位图中的颜色来创建自定义调色板。如果要精确地控制调色板所包含的颜色，还可以在转换时指定使用颜色的数量和灵敏度范围。

使用【选择工具】选取对象，然后执行【位图】|【模式】|【调色板色】命令，弹出【转换至调色板色】对话框，如图9.68所示。【转换至调色板色】对话框包括3个选项卡，分别是【选项】选项卡、【范围的灵敏度】选项卡和【已处理的调色板】选项卡。

【转换至调色板】对话框中主要选项的含义如下：
- 【平滑】选项：拖动滑块设置颜色过渡的平滑程度。
- 【调色板】选项：在其下拉列表框中选择调色板的类型。
- 【递色处理的】选项：在其下拉列表框中，选择图像抖动的处理方式。
- 在【范围的灵敏度】选项卡中，可以设置转换颜色过程中某种颜色的灵敏程度。

● 在【已处理的调色板】选项卡中，可以看到当前调色板中所包含的颜色。

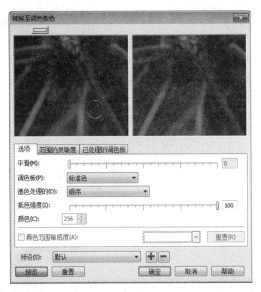

图9.68 【转换至调色板色】对话框

9.6.5 RGB模式

RGB色彩模式中的R、G、B分别代表红色、绿色和蓝色的相应值，3种色彩叠加形成了其他的信息，也就是真彩色，RGB颜色模式的数值设置范围为0～255。在RGB颜色模式中，当R、G、B值均为255时，显示为白色；当R、G、B值为0时，显示为纯黑色，因此也称为加色模式。RGB颜色模式的图像应用于电视、网络、幻灯和多媒体等领域。

转换为RGB模式的方法是，使用【选择工具】选取对象，然后执行菜单栏中的【位图】|【模式】|【RGB颜色】命令，即可将图像转换为RGB颜色模式，如图9.69所示。

原图   RGB模式

图9.69 转换为RGB模式前后的对比效果

Questions 为什么导入的位图不能执行RGB模式？

Answered：如果导入的位图是RGB色彩模式，则此项命令不能执行。同理，其他色彩模式也是如此。

9.6.6 Lab模式

Lab色彩模式是国际色彩标准模式，它能产生与各种设备匹配的颜色（如监视器、印刷机、扫描仪、打印机等的颜色），还可以作为中间色实现各种设备颜色之间的转换。

转换为Lab颜色模式的方法是，使用【选择工具】选取对象，然后执行【位图】|【模式】|【Lab色】命令，即可将图像转换为Lab颜色模式，效果如图9.70所示。

图9.70 转换为Lab颜色模式后的效果

Questions 颜色模式的转换有什么需要注意的？

Answered：Lab色彩模式在理论上包括了人眼可见的所有色彩，它所表现的色彩范围比任何色彩模式更加广泛。当RGB和CMYK两种模式相互转换时，最好先转换为Lab色彩模式，这样可以减少转换过程中颜色的损耗。

9.6.7 CMYK模式

CMYK色彩模式中的C、M、Y、K，分别代表青色、品红、黄色和黑色的相应值，各色彩的设置范围可为0～100，四种色彩混合能够产生各种颜色。在CMYK颜色模式中，当C、M、Y、K值均为100时，显示效果为黑色；当C、M、Y、K值均为0时，显示效果为纯白色。CMYK也称印刷色。印刷用青、品红、黄、黄四色进行，每一种颜色都有独立的色板，在色板上记录了这种颜色的网点，青、品红、黄三色混合产生的黑色不纯。而且印刷时在黑色的边缘上会产生其他的色彩。印刷之前，将制作好的CMYK文件送到出片中心出片，就会得到青、品红、黄、黑4张菲林片。

转换为CMYK模式的方法是，使用【选择工具】选取对象，然后执行【位图】|【模式】|【CMYK色】命令，即可将图像转换为CMYK模式，如图9.71所示。

图9.71 转换为CMYK模式后的效果

Section 9.7 描摹位图

在CorelDRAW X6中除了具备矢量图转换位图的功能外，同时还具备了位图转换为矢量图的功能。通过描摹位图命令，即可将位图按不同的方式转换为矢量图形。

在实际工作中，应用描摹位图功能，可以帮助提高编辑图形的工作效率，如在处理扫描的线条图案、徽标、艺术形全字或剪贴画时，可以先将这些图像转换为矢量图，然后在转换后的矢量图基础上作相应的调整和处理，即可省去重新绘制的时间，以最快的速度将其应用到设计中。

9.7.1 快速描摹位图

使用【位图描摹】命令，可以一步完成位图转换为矢量图的操作。

快速描摹位图的方法是，选择需要描摹的位图，然后执行菜单栏中的【位图】|【快速描摹】命令，或者单击【位图或OLE对象】属性栏中的 描摹位图(T) 按钮，从弹出的下拉列表中选择【快速描摹】命令，即可将选择的位图转换为矢量图，如图9.72所示。

原图   矢量图
图9.72 快速描摹位图前后的对比效果

9.7.2 中心线描摹位图

【中心线描摹】又称为【笔触描摹】，它使用未填充的封闭和开发曲线来描摹图像。此种方式适用于描摹线条图纸、施工纸、线条画和拼版等。

【中心线描摹】提供了两种预设样式，一种用于技术图解，另一种用于线条画。用户要根据所要描摹的图像内容选择适合的描摹样式。选择【技术图解】样式，可使用很细很淡的线条描摹黑白图解。

选择【线条画】样式，可使用很粗且很突出的线条描摹黑白草图。

中心线描摹位图的方法是，选择需要描摹的位图，然后执行菜单栏中的【位图】|【中心线描摹】|【技术图解】命令，弹出【PowerTRACE】窗口，如图9.73所示，在其中调整跟踪控件的细节、线条平滑度和拐角平滑度，得到满意的描摹效果后，单击【确定】按钮，即可将选择的位图按指定的样式转换为矢量图。图9.74所示为转换为中心线描摹位图前后的对比效果。

图9.73　【PowerTRACE】窗口

原图　　　　　　　　　　　中心线描摹位图后

图9.74　中心线描摹位图前后的对比效果

9.7.3　轮廓描摹位图

【轮廓描摹】又称为【填充描摹】，使用无轮廓的曲线对象来描摹图像，它适用于描摹贴画、徽标、相片图像、低质量和高质量图像。

【轮廓描摹】方式提供了6种预设方式，包括线条画、徽标、详细徽标、剪贴画、低质量和高质量图像。

下面以剪贴画方式轮廓描摹位图为例，介绍轮廓描摹位图的方法，其具体操作步骤如下：

❶ 选择需要描摹的位图，然后执行菜单栏中的【位图】|【轮廓描摹】|【剪贴画】命令。

❷ 在弹出的【PowerTRACE】窗口中调整描摹结果，如图9.75所示。

❸ 设置好后，单击【确定】按钮即可。图9.76所示为剪贴画方式描摹位图前后的对比
效果。

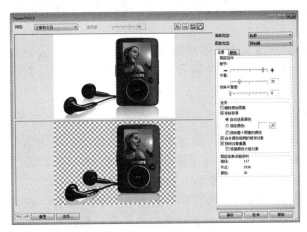

图9.75　【PowerTRACE】窗口

原图　　　　　　　　　　　　剪贴画方式描摹位图

图9.76　　中心线描摹位图前后的对比效果

【PowerTRACE】窗口中选项的含义如下：

● 　【细节】选项：控制描摹结果中保留的颜色等原始细节量。

● 　【平滑】选项：调整描摹结果中的节点数，以控制产生的曲线与原图像中线条的接
近程度。

● 　【拐角平滑度】选项：控制描摹结果中拐角处的节点数，以控制拐角处的线条与原
图像中线条的连接程度。

● 　【删除原始图像】复选框：选中该复选框，在生成描摹结果后删除原始位图图像。

● 　【移除背景】复选框：在描摹图像时清除图像的背景，选中【指定颜色】单选按
钮，可指定要清除的背景颜色。

● 　【跟踪结果详细资料】选项区域：显示描摹结果中的曲线、节点和颜色信息。

Questions　描摹的功能是什么?

Answered：描摹，简单地说就是将位图转换成矢量图，一般使用于简单的线条位图的
转换。比如手稿的图转换为可编辑矢量图形。

添加和删除滤镜效果

在CorelDRAW X6中系统提供了多种滤镜效果，为位图添加不同的滤镜可以产生不同的效果，恰当地使用这些效果，可以丰富画面，使图像产生意想不到的效果。同时，用户也可以将不需要的滤镜效果删除。

1．添加滤镜效果

为位图添加滤镜效果的方法是，选取需要调整的位图，单击菜单栏中的【位图】菜单，在其中选择所要应用的滤镜，如图9.77所示，然后在展开的滤镜组下一级子菜单中选择所需的效果即可。

在选择所需的滤镜效果后，会弹出相应的参数设置对话框，在其中设置好相关选项，并通过预览得到满意的效果后，单击对话框中的【确定】按钮，即可将该效果应用到所选的图像上。

2．删除滤镜效果

在为图像应用滤镜效果后，如果对产生的图像效果不满意。可以通过对CorelDRAW中的还原操作，将图像还原到应用滤镜效果之前的状态。还原图像后，如果还需要应用该滤镜效果，可通过使用重做功能，将其恢复。

图9.77　滤镜组

要撤销上一步的应用滤镜操作，可执行菜单栏中的【编辑】|【撤销】命令，或者使用快捷键【Ctrl+Z】，即可将图像还原到应用滤镜前的状态。在还原图像后，如果未对图像进行其他的编辑和修改，可执行菜单栏中的【编辑】|【重做】命令，或使用快捷键【Shift+Ctrl+Z】，将图像恢复到应用滤镜效果后的状态。

应用滤镜效果

在CorelDRAW X5中提供了多种类型的滤镜效果，包括三维效果、艺术笔触效果、模糊效果、相机效果、颜色变换效果、轮廓图效果、创造性效果、扭曲效果、杂点效果和鲜明化效果。

本节将详细讲解这些滤镜组中各种效果的功能和使用方法。

9.9.1　三维效果

三维效果滤镜，可以为位图添加各种模拟的3D立体效果。此滤镜组中包含三维旋转、柱面、浮雕、卷页、透视、挤远/挤近及球面7种滤镜类型。

1．三维旋转

使用【三维旋转】命令，可以改变位图水平或垂直方向的角度，以模拟三维空间的方式来旋转位图，产生出立体透视的效果，其具体操作步骤如下：

❶ 单击【工具箱】中的【选择工具】按钮，选择需要调整的位图。

❷ 单击菜单栏中的【位图】|【三维效果】|【三维旋转】命令，弹出【三维旋转】对话框。

❸ 在【垂直】或【水平】文本框中，输入垂直方向或水平方向的旋转角度，如图9.78所示。

❹ 设置完成后，单击【确定】按钮，完成后的效果如图9.79所示。

图9.78 【三维旋转】对话框

原图　　　　　　三维旋转后

图9.79 三维旋转前后的对比效果

【三维旋转】对话框中的选项含义如下：

● 【垂直】选项：可以设置对象在垂直方向上的旋转效果。

● 【水平】选项：可以设置对象在水平方向上的旋转效果。

● 【最适合】复选框：选择该复选框，可以使经过变形后的位图适应于图框。

Questions 滤镜对话框中的效果都有什么作用？

Answered：在所有的滤镜效果对话框中，左上角的回和回按钮用于在双窗口、单窗口和取消预览窗口之间进行切换。将鼠标移动到预览窗口中，当光标变为🖐手形状态时，按下鼠标左键拖动，可以平移视图。单击鼠标左键，可以放大视图。单击鼠标右键，可以缩小视图。单击【预览】按钮，可以预览应用后的效果。单击【重置】按钮，可以取消对话框中各选项参数的修改，返回默认状态。

2．柱面

使用【柱面】命令，可以使用图像产生缠绕在柱面内侧或柱面外侧的变形效果，其具体操作步骤如下：

❶ 单击【工具箱】中的【选择工具】按钮，选择需要调整的位图。

❷ 执行菜单栏中的【位图】|【三维效果】|【柱面】命令，弹出【柱面】对话框，如图9.80所示。

❸ 在【柱面模式】选项区域中，选中【水平】或【垂直的】单选按钮，并设置【百分比】数值。

❹ 设置完成后，单击【确定】按钮，完成后的效果如图9.81所示。

【柱面】对话框中的选项含义如下：

● 【水平】单选按钮：选中该单选按钮，则沿水平柱面产生缠绕效果。

● 【垂直的】单选按钮：选中该单选按钮，则沿垂直柱面产生缠绕效果。

- 【百分比】选项：可以设置柱面凹凸的强度。

图9.80 【柱面】对话框

原图　　　　　　柱面转后

图9.81 柱面转前后的对比效果

3. 浮雕

使用【浮雕】命令，可以设置深度和光线的方向，在平面的图像上建立一种三维浮雕效果，其具体操作步骤如下：

❶ 单击【工具箱】中的【选择工具】按钮，选择需要调整的位图。

❷ 执行菜单栏中的【位图】|【三维效果】|【浮雕】命令，弹出如图9.82所示的【浮雕】对话框。

❸ 在【浮雕色】选项区域中，选中"灰色"单选按钮，拖动【深度】滑块或直接在文本框中输入数值，改变浮雕的凹凸深度，其数值越大凹凸深度越明显；拖动【层次】滑块设置浮雕色包含背景色的数量；拖动【方向】圆盘中的滚动箭头或在文本框中输入数值，设置浮雕的光照角度。

❹ 设置完成后，单击【确定】按钮，完成后的效果如图9.83所示。

图9.82 【浮雕】对话框

原图　　　　　　应用浮雕后

图9.83 应用浮雕前后的对比效果

【浮雕】对话框中选项的含义如下：

- 【深度】选项：用于设置浮雕效果中凸起区域的深度。
- 【层次】选项：用于设置浮雕效果的背景颜色总量。
- 【方向】选项：用于设置浮雕效果采光的角度。

- 【浮雕色】选项区域：在该选项区域中可以将创建浮雕所使用的颜色设置为原始颜色、灰色、黑色或者其他颜色。

4．卷页

使用【卷页】命令，可以从图像的4个角落开始，将位图的部分区域像纸一样卷起来，其具体操作步骤如下：

❶ 单击【工具箱】中的【选择工具】按钮，选择需要调整的位图。

❷ 执行菜单栏中的【位图】|【三维效果】|【卷页】命令，弹出如图9.84所示的【卷页】对话框。

❸ 在【卷页】对话框中单击选择一个卷页类型，然后在【定向】选项区域中选择卷页的方向；在【纸张】选项区域中，选择卷页部分是否透明。

❹ 设置完成后，单击【确定】按钮，完成后的效果如图9.85所示。

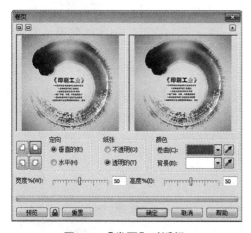

图9.84 【卷页】对话框

原图　　　　　　　应用卷页后

图9.85 应用卷页前后的对比效果

【卷页】对话框中选项的含义如下：

- 【定向】选项：可以将页面卷曲的方向设置为【垂直的】或【水平】方向。
- 【纸张】选项：可以将纸张上卷曲的区域透明性设置为不透明。
- 【颜色】选项：可以在选择页面卷曲时，同时选择纸张背面抛光效果的卷曲部分和背景颜色。
- 【宽度和高度】选项：可以调整页面卷曲区域的大小范围。

5．透视

使用【透视】命令可以使图像产生三维透视效果，其具体操作步骤如下：

❶ 单击【工具箱】中的【选择工具】按钮，选择需要调整的位图。

❷ 执行菜单栏中的【位图】|【三维效果】|【透视】命令，弹出【透视】对话框，如图9.86所示。

❸ 在该对话框的【类型】选项区域中，选中【透视】单选按钮，然后调整窗口中的4个控制点，可以改变图像的透视点位置；如果选中【切变】单选按钮，可以调整图像的倾斜透视点。

❹ 设置完成后，单击【确定】按钮，完成后的效果如图9.87所示。

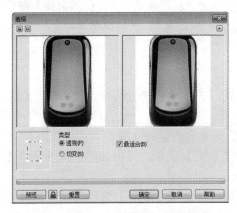

原图　　　　　　　应用透视后

图9.86 【透视】对话框　　　　　图9.87 应用透视前后的对比效果

6. 挤远/挤近

使用【挤远/挤近】命令可使图像相对于某个点弯曲，产生拉近或拉远的效果，其具体操作步骤如下：

❶ 单击【工具箱】中的【选择工具】按钮，选择需要调整的位图。

❷ 执行菜单栏中的【位图】|【三维效果】|【挤远/挤近】命令，弹出【挤远/挤近】对话框，如图9.88所示，单击🔲按钮，在预览框的原图像上单击，确定挤远或挤压位置，并通过拖动【挤远/挤近】滑块，改变图像的捏起或挤压程序。

❸ 设置完成后，单击【确定】按钮，完成后的效果如图9.89所示。

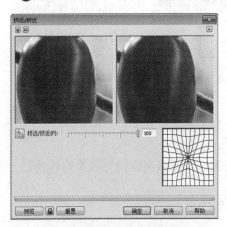

原图　　　　　　　应用挤远/挤近后

图9.88 【挤远/挤近】对话框　　　图9.89 应用挤远/挤近前后的对比效果

Questions 【挤远/挤近】数值调整有什么作用？

Answered：【挤远/挤近】数值为负值时，图像显示挤压效果；为正值时，图像显示捏起效果。

7. 球面

使用【球面】命令，可以使图像产生凹凸的球面效果，其具体操作步骤如下：

❶ 单击【工具箱】中的【选择工具】按钮，选择需要调整的位图。

❷ 执行菜单栏中的【位图】|【三维效果】|【球面】命令，弹出【球面】对话框，如图9.90所示。

❸ 在该对话框的【优化】选项区域中选择优化方式为【速度】或【质量】；然后单击按钮，在预览框的原图像上单击，确定球的中心位置；并调整【百分比】参数，改变球体化程度。

❹ 设置完成后，单击【确定】按钮，调整后的效果如图9.91所示。

图9.90 【球面】对话框

原图　　　　　　应用球面后

图9.91 应用球面前后的对比效果

Questions 【球面】对话框中的数值调整有什么作用？

Answered：【百分比】数值为负值时，应用的是凹下的球面效果；为正值时，应用的是凸起的球面效果。

9.9.2 艺术笔触效果

执行菜单栏中的【位图】|【艺术笔触】命令，将打开如图9.92所示的子菜单，使用其中的命令可以使位图显示出自然描绘的效果。

1. 炭笔画

使用【炭笔画】命令，可以使位图图像具有类似炭笔绘制的画面效果，其具体操作步骤如下：

❶ 单击【工具箱】中的【选择工具】按钮，选择需要调整的位图。

❷ 执行菜单栏中的【位图】|【艺术笔触】|【炭笔画】命令，弹出【炭笔画】对话框，如图9.93所示。

❸ 在该对话框中拖动滑块来设置【大小】及【边缘】大小，设置画笔尺寸的大小和轮廓边缘的清晰度。

图9.92 【艺术笔触】子菜单

❹ 设置完成后，单击【确定】按钮，调整后的效果如图9.94所示。

图9.93 【炭笔画】对话框

原图

应用炭笔画后

图9.94 应用炭笔画前后的对比效果

Questions 炭笔画效果的设置有什么作用？

Answered：在【炭笔画】对话框中设置【大小】数值越大颜色越清楚。【边缘】数值越大明暗分界线越粗。

2．单色蜡笔画

使用【单色蜡笔画】命令可以将图像制作成类似粉笔画的图像效果，其具体操作步骤如下：

❶ 单击【工具箱】中的【选择工具】按钮，选择需要调整的位图。

❷ 执行菜单栏中的【位图】|【艺术笔触】|【单色蜡笔画】命令，弹出【单色蜡笔画】对话框，如图9.95所示。

❸ 在该对话框的【单色】选项区域中，选择制作单色蜡笔画的整体色调，可同时选择多个颜色的复选框，组成混合色。在【纸张颜色】选项中，设置背景纸张的颜色；在【压力】和【底纹】选项中，设置笔触的强度。

❹ 设置完成后，单击【确定】按钮，完成后的效果如图9.96所示。

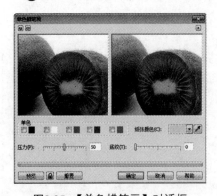

图9.95 【单色蜡笔画】对话框

原图

应用单色蜡笔画后

图9.96 应用单色蜡笔画前后的对比效果

3．蜡笔画

使用【蜡笔画】命令，可以让图像产生蜡笔画的效果，其具体操作步骤如下：

❶ 单击【工具箱】中的【选择工具】按钮，选择需要调整的位图。

❷ 执行菜单栏中的【位图】|【艺术笔画】|【蜡笔画】命令，弹出【蜡笔画】对话框，如图9.97所示。

❸ 在该对话框的【大小】选项中拖动滑块，设置蜡笔画的背景颜色总量；拖动【轮廓】选项的滑块，设置轮廓的强度。

❹ 设置完成后，单击【确定】按钮，完成后的效果如图9.98所示。

图9.97 【蜡笔画】对话框

 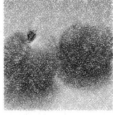

原图　　　　　　　　　应用蜡笔画后

图9.98 应用蜡笔画前后的对比效果

4. 立体派

使用【立体派】命令，可以将图像中相同的像素组合成颜色块，形成类似立体派的绘画风格，其具体操作步骤如下：

❶ 单击【工具箱】中的【选择工具】按钮，选择需要调整的位图。

❷ 执行菜单栏中的【位图】|【艺术笔触】|【立体派】命令，弹出【立体派】对话框，如图9.99所示。

❸ 在该对话框中，拖动【大小】滑块，设置颜色块的色块大小；拖动【亮度】滑块，调节画面的亮度；在【纸张色】下拉列表框中，选择背景纸张的颜色。

❹ 设置完成后，单击【确定】按钮，最终效果如图9.100所示。

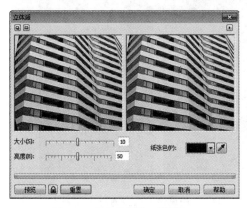

图9.99 【立体派】对话框

原图　　　　　　　　　应用立体派后

图9.100 应用立体派前后的对比效果

5. 印象派

使用【印象派】命令可以将图像制作成类似印象派的绘画风格，其具体操作步骤如下：

❶ 单击【工具箱】中的【选择工具】按钮，选择需要调整的位图。

❷ 执行菜单栏中的【位图】|【艺术笔触】|【印象派】命令，弹出【印象派】对话

框，如图9.101所示。

③ 在该对话框中，选择【笔触】或者【色块】样式作为构成画面的元素，在【技术】选项区域中，通过【笔触】、【着色】和【亮度】3个滑块的调整，以获得最佳的画面效果。

④ 设置完成后，单击【确定】按钮，最终效果如图9.102所示。

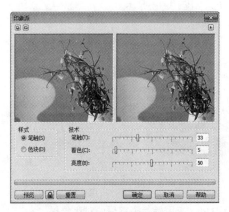

图9.101 【印象派】对话框

原图　　　　　　　　　应用印象派后

图9.102　应用印象派前后的对比效果

6．调色刀

使用【调色刀】命令，可以将图像制作成类似调色刀绘制的绘画效果，其具体操作步骤如下：

❶ 单击【工具箱】中的【选择工具】按钮，选择需要调整的位图。

❷ 执行菜单栏中的【位图】|【艺术笔触】|【调色刀】命令，弹出【调色刀】对话框，在对话框中对参数进行设置，如图9.103所示。

❸ 设置完成后，单击【确定】按钮，调整后的效果如图9.104所示。

图9.103 【调色刀】对话框

原图　　　　　　　　应用调色刀后

图9.104　应用调色刀前后的对比效果

Questions 调色刀效果的设置有什么变化？

Answered：在【调色刀】对话框中设置【刀片尺寸】越大，图形效果越密集，【柔软边缘】越大边缘越柔和，还能调整刀片的角度。

7. 彩色蜡笔画

使用【彩色蜡笔画】命令，可以使图像产生使用彩色蜡笔绘画的效果，其具体操作步骤如下：

❶ 单击【工具箱】中的【选择工具】按钮，选择需要调整的位图。

❷ 执行菜单栏中的【位图】|【艺术笔触】|【彩色蜡笔画】命令，弹出【彩色蜡笔画】对话框，如图9.105所示。

❸ 在该对话框的【彩色蜡笔类型】选项区域中，选择彩色蜡笔的类型；在【笔触大小】和【色度变化】选项中，可以通过对滑块的调整，获得最佳的画面效果。

❹ 设置完成后，单击【确定】按钮，调整后的效果如图9.106所示。

图9.105 【彩色蜡笔画】对话框

原图　　　　　　　应用彩色蜡笔画后

图9.106 应用彩色蜡笔画前后的对比效果

8. 钢笔画

使用【钢笔画】命令，可以使图像产生使用钢笔和墨水绘画的效果，其操作步骤如下：

❶ 单击【工具箱】中的【选择工具】按钮，选择需要调整的位图。

❷ 执行菜单栏中的【位图】|【艺术笔触】|【钢笔画】命令，弹出【钢笔画】对话框，如图9.107所示。

❸ 在该对话框的【样式】选项区域中，选择【交叉阴影】或【点画】绘画方式；通过拖动【密度】滑块来设置笔刷的密度，通过拖动【墨水】滑块设置画面颜色的深浅。

❹ 设置完成后，单击【确定】按钮，调整后的效果如图9.108所示。

图9.107 【钢笔画】对话框

原图　　　　　　　应用钢笔画后

图9.108 应用钢笔画前后的对比效果

9. 点彩派

使用【点彩派】命令，可以使图像制作成由大量颜色点组成的图像效果，其具体操作步骤如下：

❶ 单击【工具箱】中的【选择工具】按钮，选择需要调整的位图。

❷ 执行菜单栏中的【位图】|【艺术笔触】|【点彩派】命令，弹出【点彩派】对话框，如图9.109所示。

❸ 在该对话框中，拖动【大小】和【亮度】滑块设置点的大小及色彩的亮度。

❹ 设置完成后，单击【确定】按钮，调整后的效果如图9.110所示。

原图　　　　　　　应用点彩派后

图9.109　【点彩派】对话框　　　　图9.110　应用点彩派前后的对比效果

10. 木版画

使用【木版画】命令，可以在图像的彩色和黑白直接产生鲜明的对照点，其具体操作步骤如下：

❶ 单击【工具箱】中的【选择工具】按钮，选择需要调整的位图。

❷ 执行菜单栏中的【位图】|【艺术笔触】|【木版画】命令，弹出【木版画】对话框，如图9.111所示。

❸ 在该对话框的【刮痕至】选项区域中，选择色彩类型：颜色或白色，选择颜色类型可制作成彩色木版画效果，选择白色类型可制成黑白木版画效果；并拖动【密度】滑块，设置刮痕的密度大小；拖动【大小】滑块，设置刮痕线条的尺寸大小。

❹ 设置完成后，单击【确定】按钮，调整后的效果如图9.112所示。

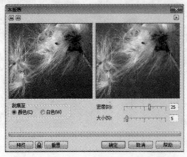

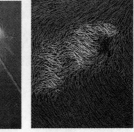

原图　　　　　　　应用木版画后

图9.111　【木版画】对话框　　　　图9.112　应用木版画前后的对比效果

11．素描

使用【素描】命令，可以使图像制作成素描的绘画效果，其具体操作步骤如下：

❶ 单击【工具箱】中的【选择工具】按钮，选择需要调整的位图。

❷ 执行菜单栏中的【位图】|【艺术笔触】|【素描】命令，弹出【素描】对话框，如图9.113所示。

❸ 在该对话框的【铅笔类型】选项区域中选择一种铅笔类型：碳色或颜色（碳色铅笔可制作成黑白素描效果，颜色铅笔可制作成彩色素描效果）；拖动【笔芯】滑块设置铅笔颜色的深浅；拖动【轮廓】滑块设置轮廓的清晰度。

❹ 设置完成后，单击【确定】按钮，调整后的效果如图9.114所示。

图9.113 【素描】对话框

原图　　　　　　　　应用素描后

图9.114 应用素描前后的对比效果

Questions 素描效果能产生什么样的效果？

Answered：素描效果能将对象变成素描的绘画效果，能绘制出彩色和碳色效果。

12．水彩画

使用【水彩画】命令，可以使位图图像具有类似水彩画一样的画面效果，其具体操作步骤如下：

❶ 单击【工具箱】中的【选择工具】按钮，选择需要调整的位图。

❷ 执行菜单栏中的【位图】|【艺术笔触】|【水彩画】命令，弹出【水彩画】对话框，如图9.115所示。

❸ 在该对话框中拖动【画刷大小】滑块设置笔刷的大，拖动【粒状】滑块设置纸张底纹的粗糙程度，拖动【水量】滑块设置笔刷中的水分值，拖动【出血】滑块设置笔刷的速度值，拖动【亮度】滑块设置画面的亮度。

❹ 设置完成后，单击【确定】按钮，调整后的效果如图9.116所示。

Questions 怎样设置不同的水彩画效果？

Answered：在【水彩画】对话框中设置【画刷大小】能控制画面的粗细效果，【粒状】越多画面越模糊。

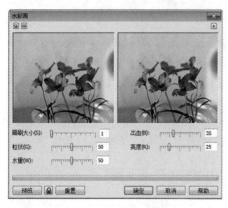

图9.115 【水彩画】对话框

原图　　　　　　　应用水彩画后

图9.116 应用水彩画前后的对比效果

13. 水印画

使用【水印画】命令，可以使图像产生水印绘制的画面效果，其具体操作步骤如下：

❶ 单击【工具箱】中的【选择工具】按钮，选择需要调整的位图。

❷ 执行菜单栏中的【位图】|【艺术笔触】|【水印画】命令，弹出【水印画】对话框，如图9.117所示。

❸ 设置完成后，单击【确定】按钮，调整后的效果如图9.118所示。

图9.117 【水印画】对话框

原图　　　　　　　应用水印画后

图9.118 应用水印画前后的对比效果

14. 波纹纸画

使用【波纹纸画】命令，可以将图像制作成在带有纹理的纸张上绘制出的画面效果，其具体操作步骤如下：

❶ 单击【工具箱】中的【选择工具】按钮，选择需要调整的位图。

❷ 执行菜单栏中的【位图】|【艺术笔触】|【波纹纸画】命令，弹出【波纹纸画】对话框，如图9.119所示。

❸ 在该对话框的【笔刷颜色模式】选项区域中选择一种颜色类型：颜色或黑白（选择颜色类型可制作彩色波纹纸画效果，选择黑白类型可制作黑白波纹纸画效果）；拖动【笔刷压力】滑块，设置波浪线条的颜色深浅。

❹ 设置完成后，单击【确定】按钮，调整后的效果如图9.120所示。

原图　　　　　　　　　　应用波纹纸画后

图9.119　【波纹纸画】对话框　　　　　　　图9.120　应用波纹纸画前后的对比效果

9.9.3　模糊效果

使用【模糊】滤镜可以使位图产生像素柔化、边缘平滑、颜色渐变，并具有运动感的画面效果。该滤镜组包含定向平滑、高斯式模糊、锯齿状模糊、低通滤波器、动态模糊、放射状模糊，平滑、柔和及缩放9种滤镜效果。

1．定向平滑

使用【定向平滑】命令可以为图像添加细微的模糊效果，使图像中的颜色过渡平滑，其具体操作步骤如下：

❶ 单击【工具箱】中的【选择工具】按钮，选择需要调整的位图。

❷ 执行菜单栏中的【位图】|【模糊】|【定向平滑】命令，弹出【定向平滑】对话框，在该对话框中设置百分比值，如图9.121所示，设置完成后单击【确定】按钮，调整后的效果如图9.122所示。

原图　　　　　　　　　　应用定向平滑后

图9.121　【定向平滑】对话框　　　　　　图9.122　应用定向平滑前后的对比效果

Questions　【定向平滑】的效果有什么作用？

Answered：【定向平滑】效果是对颜色过渡进行平滑过渡，使颜色的过渡效果更加细微，在【定向平滑】对话框中设置【百分比】数值越大，颜色平滑效果越明显。

2. 高斯式模糊

使用【高斯式模糊】命令，可以使图像按照高斯分布变化来产生模糊效果，其具体操作步骤如下：

❶ 单击【工具箱】中的【选择工具】按钮，选择需要调整的位图。

❷ 执行菜单栏中的【位图】|【模糊】|【高斯式模糊】命令，弹出【高斯式模糊】对话框，在该对话框中设置各项参数，如图9.123所示，设置完成后单击【确定】按钮，调整后的效果如图9.124所示。

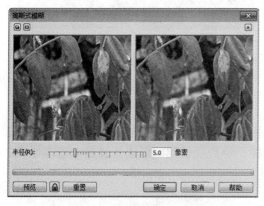

原图　　　　　　　　应用高斯式模糊后

图9.123　【高斯式模糊】对话框　　　　图9.124　应用高斯式模糊前后的对比效果

3. 锯齿状模糊

使用【锯齿状模糊】命令，可以在相邻颜色的一定高度和宽度范围内产生锯齿状波动的模糊效果，其具体操作步骤如下：

❶ 单击【工具箱】中的【选择工具】按钮，选择需要调整的位图。

❷ 执行菜单栏中的【位图】|【模糊】|【锯齿状模糊】命令，弹出【锯齿状模糊】对话框，在该对话框中设置各项参数，如图9.125所示，设置完成后单击【确定】按钮，调整后的效果如图9.126所示。

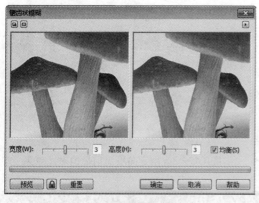

原图　　　　　　　　应用锯齿状模糊后

图9.125　【锯齿状模糊】对话框　　　　图9.126　应用锯齿状模糊前后的对比效果

4. 低通滤波器

使用【低通滤波器】命令，可以使图像降低相邻像素间的对比度，具体操作步骤如下：

❶ 单击【工具箱】中的【选择工具】按钮，选择需要调整的位图。

❷ 执行菜单栏中的【位图】|【模糊】|【低能滤波器】命令，弹出【低通滤波器】对话框，如图9.127所示。

❸ 在该对话框中，拖动【百分比】滑块，设置图像边缘的平滑程度；拖动【半径】滑块，设置图像的模糊程度。

❹ 设置完成后，单击【确定】按钮，调整后的效果如图9.128所示。

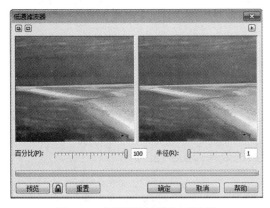

图9.127 【低通滤波器】对话框

原图　　　　　　　　　应用低通滤波器后

图9.128 应用低通滤波器前后的对比效果

5．动态模糊

使用【动态模糊】命令，可以将图像沿一定方向创建镜头运动产生的动态模糊效果，其具体操作步骤如下：

❶ 单击【工具箱】中的【选择工具】按钮，选择需要调整的位图。

❷ 执行菜单栏中的【位图】|【模糊】|【动态模糊】命令，弹出【动态模糊】对话框，如图9.129所示。

❸ 在该对话框中，拖动【间隔】滑块，设置动态模糊效果图像和图像之间的距离；在【方向】文本框中输入图像运动的角度；在【图像外围取样】选项区域中选择运动图像的取样模式。

❹ 设置完成后，单击【确定】按钮，调整后的效果如图9.130所示。

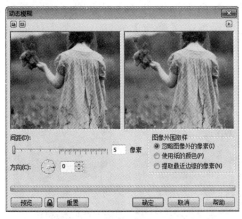

图9.129 【动态模糊】对话框

原图　　　　　　　　　应用动态模糊后

图9.130 应用动态模糊前后的对比效果

Answered : 【动态模糊】效果就是对画面进行有镜头运动效果的模糊,在【动态模糊】对话框中设置【间距】越大,动态模糊效果就越大,也可以设置动态模糊的方向。

6. 放射状模糊

使用【放射状模糊】命令,可以使位图图像从指定的圆心处产生同心旋转的模糊效果,其具体操作步骤如下:

❶ 单击【工具箱】中的【选择工具】按钮,选择需要调整的位图。

❷ 执行菜单栏中的【位图】|【模糊】|【放射状模糊】命令,弹出【放射状模糊】对话框,如图9.131所示。

❸ 在该对话框中单击 按钮,在原图像上单击确定放射中心,并拖动【数量】滑块,设置放射模糊数量。

❹ 设置完成后,单击【确定】按钮,调整后的效果如图9.132所示。

图9.131 【放射状模糊】对话框

原图　　　　　　　　应用放射状模糊后

图9.132 应用放射状模糊前后的对比效果

7. 平滑

使用【平滑】命令,可以减小图像中相邻像素之间的色调差别,其具体操作步骤如下:

❶ 单击【工具箱】中的【选择工具】按钮,选择需要调整的位图。

❷ 执行菜单栏中的【位图】|【模糊】|【平滑】命令,弹出【平滑】对话框,并在该对话框中设置各项参数,如图9.133所示。设置完成后单击【确定】按钮,调整后的效果如图9.134所示。

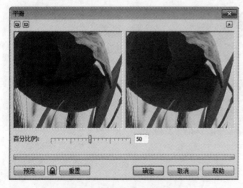

图9.133 【平滑】对话框

原图　　　　　　　　应用平滑后

图9.134 应用平滑前后的对比效果

8．柔和

使用【柔和】命令，可以使图像产生轻微的模糊效果，从而达到柔和画面的目的，其具体操作步骤如下：

❶ 单击【工具箱】中的【选择工具】按钮，选择需要调整的位图。

❷ 执行菜单栏中的【位图】|【模糊】|【柔和】命令，弹出【柔和】对话框，在该对话框中设置各项参数，如图9.135所示，设置完成后，单击【确定】按钮，调整后的效果如图9.136所示。

图9.135 【柔和】对话框

原图　　　　　　　应用柔和后

图9.136 应用柔和前后的对比效果

9．缩放

使用【缩放】命令，可以从图像的某个点往外扩散，产生爆炸的视觉冲击效果，其具体操作步骤如下：

❶ 单击【工具箱】中的【选择工具】按钮，选择需要调整的位图。

❷ 执行菜单栏中的【位图】|【模糊】|【缩放】命令，弹出【缩放】对话框，如图9.137所示。

❸ 在该对话框中，单击 按钮，在原图像上单击确定缩放中心，并拖动【数量】滑块设置缩放效果的明显程度。

❹ 设置完成后，单击【确定】按钮，调整后的效果如图9.138所示。

图9.137 【缩放】对话框

原图　　　　　　　应用缩放后

图9.138 应用缩放前后的对比效果

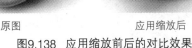

Questions 【缩放】效果有什么作用？

Answered：【缩放】效果就是某个点向外扩散的模糊效果，在【缩放】对话框中设置【数量】越多，向外扩散的效果越明显。

9.9.4 相机效果

【相机】命令是通过模仿照相机原理，使原始图像产生散光等效果。该滤镜组只包含【扩散】命令。使用【相机】效果的具体操作步骤如下：

❶ 单击【工具箱】中的【选择工具】按钮，选择需要调整的位图。

❷ 执行菜单栏中的【位图】|【相机】|【扩散】命令，弹出【扩散】对话框，并在该对话框中拖动【层次】滑块，如图9.139所示，设置完成后单击【确定】按钮，调整后的效果如图9.140所示。

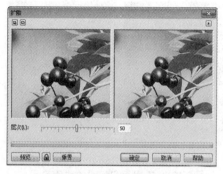

图9.139 【扩散】对话框

原图　　　　　　　应用扩散后

图9.140 应用扩散前后的对比效果

9.9.5 颜色变换效果

使用【颜色变换效果】滤镜可以改变位图中原有的颜色。此滤镜组中包含【位平面】、【半色调】、【梦幻色调】及【曝光】效果。

1. 位平面

使用【位平面】命令可以将位图图像的颜色以红、绿、蓝3种色块平面显示出来，产生特殊的视觉效果，其具体操作步骤如下：

❶ 单击【工具箱】中的【选择工具】按钮，选择需要调整的位图。

❷ 执行菜单栏中的【位图】|【颜色变换】|【位平面】命令，弹出【位平面】对话框，如图9.141所示。

❸ 在该对话中选中【应用于所有位面】复选框，拖动【红】滑块，同时设置红、绿、蓝三种颜色在色块平面中的比例。

❹ 设置完成后，单击【确定】按钮，调整后的效果如图9.142所示。

图9.141 【位平面】对话框

原图　　　　　　　应用位平面后

图9.142 应用位平面前后的对比效果

2．半色调

使用【半色调】命令，可以使图像产生彩色网版的效果，其具体操作步骤如下：

❶ 单击【工具箱】中的【选择工具】按钮，选择需要调整的位图。

❷ 执行菜单栏中的【位图】|【颜色变换】|【半色调】命令，弹出【半色调】对话框，如图9.143所示。

❸ 在该对话中拖动【青】、【品红】、【黄】滑块，设置色彩的通道角度，从而生成混合色彩。

❹ 设置完成后，单击【确定】按钮，调整后的效果如图9.144所示。

图9.143 【半色调】对话框

原图　　　　　　　　　应用半色调后

图9.144 应用半色调前后的对比效果

Questions 【半色调】效果有什么?

Answered：【半色调】可以使对象产生彩色网点的效果，在【半色调】对话框中可以设置网格某个颜色的多少，还可以设置网点的大小。

3．梦幻色调

使用【梦幻色调】命令可以将位图图像的颜色变换为明快、鲜艳的颜色，从而产生一种高对比的幻觉效果，其具体操作步骤如下：

❶ 单击【工具箱】中的【选择工具】按钮，选择需要调整的位图。

❷ 执行菜单栏中的【位图】|【颜色变换】|【梦幻色调】命令，弹出【梦幻色调】对话框，如图9.145所示。

❸ 在该对话中拖动【层次】滑块，设置梦幻色调的效果。

❹ 设置完成后，单击【确定】按钮，调整后的效果如图9.146所示。

图9.145 【梦幻色调】对话框

原图　　　　　　　　　应用梦幻色调后

图9.146 应用梦幻色调前后的对比效果

4. 曝光

使用【曝光】命令，可以将图像制作成类似照片底片的效果，其具体操作步骤如下：

❶ 单击【工具箱】中的【选择工具】按钮，选择需要调整的位图。

❷ 执行菜单栏中的【位图】|【颜色变换】|【曝光】命令，弹出【曝光】对话框，如图9.147所示。

❸ 在该对话中拖动【层次】滑块，设置图像的曝光程度。

❹ 设置完成后，单击【确定】按钮，调整后的效果如图9.148所示。

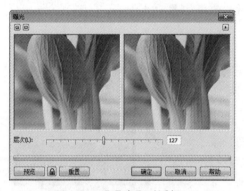

原图　　　　　　　应用曝光后

图9.147 【曝光】对话框　　　　　　　图9.148 应用曝光前后的对比效果

9.9.6 轮廓图效果

使用【轮廓图】效果，可以根据图像的对比度，使对象的轮廓变成特殊的线条效果。该滤镜组包含【边缘检测】、【查找边缘】及【描摹轮廓】3种滤镜效果。

1. 边缘检测

使用【边缘检测】命令可以查找位图图像中对象的边缘并勾画出对象轮廓，此滤镜适用于高对比度的位图图像的轮廓查找，其具体操作步骤如下：

❶ 单击【工具箱】中的【选择工具】按钮，选择需要调整的位图。

❷ 执行菜单栏中的【位图】|【轮廓图】|【边缘检测】命令，弹出【边缘检测】对话框，如图9.149所示。

❸ 在该对话框的【背景色】选项区域中，选择需要的颜色；然后拖动【灵敏度】滑块，设置探测的灵敏度。

❹ 设置完成后，单击【确定】按钮，调整后的效果如图9.150所示。

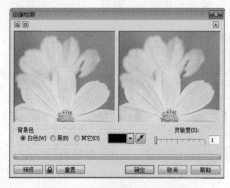

原图　　　　　　　应用边缘检测后

图9.149 【边缘检测】对话框　　　　　　　图9.150 应用边缘检测前后的对比效果

2. 查找边缘

使用【查找边缘】命令,可以彻底显示图像中的对象边框,其具体操作步骤如下:

❶ 单击【工具箱】中的【选择工具】按钮,选择需要调整的位图。

❷ 执行菜单栏中的【位图】|【轮廓图】|【查找边缘】命令,弹出【查找边缘】对话框,如图9.151所示。

❸ 在该对话框的【边缘类型】选项区域中,选择【软】或【纯色】的边缘类型;拖动【层次】滑块,调整边缘的强度。

❹ 设置完成后,单击【确定】按钮,调整后的效果如图9.152所示。

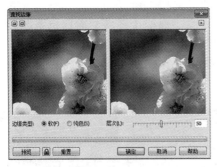

图9.151 【查找边缘】对话框

查找边缘　　　　应用查找边缘后

图9.152 应用查找边缘前后的对比效果

3. 描摹轮廓

使用【描摹轮廓】命令,可以勾画出图像的边缘,边缘以外的大部分区域将以白色填充,其具体操作步骤如下:

❶ 单击【工具箱】中的【选择工具】按钮,选择需要调整的位图。

❷ 执行菜单栏中的【位图】|【轮廓图】|【描摹轮廓】命令,弹出【描摹轮廓】对话框,如图9.153所示。

❸ 在该对话框的【边缘类型】选项区域中,选择一种边缘类型;并拖动【层次】滑块,设置边缘痕迹及变形程度。

❹ 设置完成后,单击【确定】按钮,调整后的效果如图9.154所示。

图9.153 【描摹轮廓】对话框

原图　　　　应用描摹轮廓后

图9.154 应用描摹轮廓前后的对比效果

9.9.7 创造性效果

使用【创造性】效果，可以为图像添加许多具有创意的画面效果。该滤镜包含【工艺】、【晶体化】、【织物】、【框架】、【玻璃砖】、【儿童游戏】、【马赛克】、【粒子】、【散开】、【茶色玻璃】、【彩色玻璃】、【虚光】、【旋涡】及【天气】共14种滤镜效果。

1. 工艺

使用【工艺】命令，可以使位图图像具有类似用工艺元素拼接起来的画面效果，其具体操作步骤如下：

❶ 单击【工具箱】中的【选择工具】按钮，选择需要调整的位图。

❷ 执行菜单栏中的【位图】|【创造性】|【工艺】命令，弹出【工艺】对话框，如图9.155所示。

❸ 在该对话框的【样式】下拉列表框中选择【拼图板】、【齿轮】、【弹珠】、【糖果】、【瓷砖】或【筹码】样式，拖动【大小】滑块设置用于拼接的工艺元素尺寸大小，拖动【完成】滑块设置图像被工艺元素覆盖的百分比值，拖动【亮度】滑块设置图形中的光照亮度，拖动【旋转】滑块设置图像中的光照角度。

❹ 设置完成后，单击【确定】按钮，调整后的效果如图9.156所示。

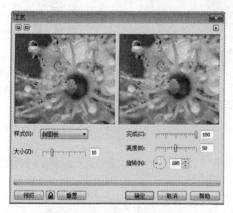

图9.155 【工艺】对话框

原图　　　　　　　应用工艺后

图9.156 应用工艺前后的对比效果

Questions 【工艺】效果有什么作用？

Answered：【工艺】效果就是将位图图形以图形拼接的方式展示出来，在【工艺】对话框中可以选择拼接的样式角度大小等。

2. 晶体化

使用【晶体化】命令，可以使位图图像产生类似晶体块状组合的画面效果，其具体操作步骤如下：

❶ 单击【工具箱】中的【选择工具】按钮，选择需要调整的位图。

❷ 执行菜单栏中的【位图】|【创造性】|【晶体化】命令，弹出【晶体化】对话框，并在该对话框中设置各项参数，如图9.157所示。

❸ 设置完成后，单击【确定】按钮，调整后的效果如图9.158所示。

图9.157 【晶体化】对话框

原图　　　　　　　应用晶体化后

图9.158 应用晶体化前后的对比效果

3. 织物

使用【织物】命令，可以使位图图像产生类似各种编织的画面效果，其具体操作步骤如下：

❶ 单击【工具箱】中的【选择工具】按钮，选择需要调整的位图。

❷ 执行菜单栏中的【位图】|【创造性】|【织物】命令，弹出【织物】对话框，如图9.159所示。

❸ 在该对话框的【样式】下拉列表框中选择样式，拖动【大小】滑块设置用于拼接的样式元素尺寸大小，拖动【完成】滑块设置图形被样式元素覆盖的百分比值。

❹ 设置完成后，单击【确定】按钮，调整后的效果如图9.160所示。

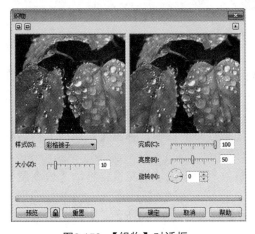

图9.159 【织物】对话框

原图　　　　　　　应用织物后

图9.160 应用织物前后的对比效果

Questions 【织物】效果有什么作用?

Answered：【织物】效果就是将对象使用纺织品材料的样式表现出来，在【织物】对话框中可以设置几种纺织品的材质。

4. 框架

使用【框架】命令，可以使位图图像边缘产生艺术的抹刷效果，其具体操作步骤如下：

❶ 单击【工具箱】中的【选择工具】按钮，选择需要调整的位图。

② 执行菜单栏中的【位图】|【创造性】|【框架】命令，弹出【框架】对话框，如图9.161所示。

③ 在该对话框的【选择】选项卡中，选择不同的框架样式。

④ 设置完成后，单击【确定】按钮，调整后的效果如图9.162所示。

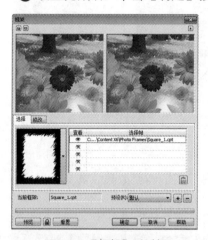

图9.161 【框架】对话框

原图　　　　　　应用框架后

图9.162 应用框架前后的对比效果

Questions 【框架】效果有什么作用？

Answered：【框架】效果就是对对象添加框架效果，有3种框架样式可供选择，在【修改】列表中可以对框架的颜色大小等进行调整。

5. 玻璃砖

使用【玻璃砖】命令，可以使图像产生映照在块状玻璃上的图像效果，其具体操作步骤如下：

❶ 单击【工具箱】中的【选择工具】按钮，选择需要调整的位图。

❷ 执行菜单栏中的【位图】|【创造性】|【玻璃砖】命令，弹出【玻璃砖】对话框，如图9.163所示。

❸ 在该对话框中拖动【块宽度】滑块，设置效果中玻璃块的宽度；拖动【块高度】滑块，设置效果中玻璃块的高度。

❹ 设置完成后，单击【确定】按钮，调整后的效果如图9.164所示。

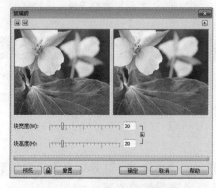

图9.163 【玻璃砖】对话框

原图　　　　　　应用玻璃砖后

图9.164 应用玻璃砖前后的对比效果

6. 儿童游戏

使用【儿童游戏】命令，可以使位图具有类似儿童涂鸦游戏时所绘制出的画面效果，其具体操作步骤如下：

❶ 单击【工具箱】中的【选择工具】按钮，选择需要调整的位图。

❷ 执行菜单栏中的【位图】|【创造性】|【儿童游戏】命令，弹出【儿童游戏】对话框，并在该对话框中设置各项参数，如图9.165所示。

❸ 设置完成后，单击【确定】按钮，调整后的效果如图9.166所示。

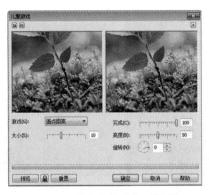

图9.165 【儿童游戏】对话框

原图　　　　　　应用儿童游戏后

图9.166 应用儿童游戏前后的对比效果

7. 马赛克

使用【马赛克】命令，可以使位图图像产生类似马赛克拼接成的画面效果，其具体操作步骤如下：

❶ 单击【工具箱】中的【选择工具】按钮，选择需要调整的位图。

❷ 执行菜单栏中的【位图】|【创造性】|【马赛克】命令，弹出【马赛克】对话框，并在该对话框中设置各项参数，如图9.167所示。

❸ 设置完成后，单击【确定】按钮，调整后的效果如图9.168所示。

图9.167 【马赛克】对话框

原图　　　　　　应用马赛克后

图9.168 应用马赛克前后的对比效果

Questions ■ **【马赛克】效果中设置【虚光】复选框有什么区别?**

Answered : 在【马赛克】对话框中勾选【虚光】复选框，背景色就会在对象的四周，不勾选【虚光】复选框，背景色就会融入对象中。

8. 粒子

使用【粒子】命令，可以在图像上添加星点或气泡的效果，其具体操作步骤如下：

❶ 单击【工具箱】中的【选择工具】按钮，选择需要调整的位图。

❷ 执行菜单栏中的【位图】|【创造性】|【粒子】命令，弹出【粒子】对话框，并在该对话框中设置各项参数，如图9.169所示。

❸ 设置完成后，单击【确定】按钮，调整后的效果如图9.170所示。

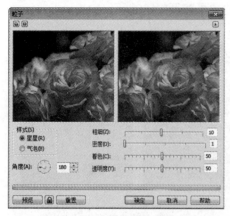

图9.169 【粒子】对话框

原图 　　　　　　　应用粒子后

图9.170 应用粒子前后的对比效果

9. 散开

使用【散开】命令，可以使位图图像散开成颜色点的效果，其具体操作步骤如下：

❶ 单击【工具箱】中的【选择工具】按钮，选择需要调整的位图。

❷ 执行菜单栏中的【位图】|【创造性】|【散开】命令，弹出【散开】对话框，并在该对话框中设置各项参数，如图9.171所示。

❸ 设置完成后，单击【确定】按钮，调整后的效果如图9.172所示。

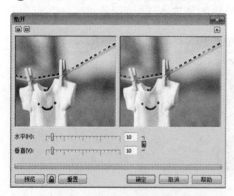

图9.171 【散开】对话框

原图 　　　　　　　应用散开后

图9.172 应用散开前后的对比效果

Questions 【散开】效果有什么作用？

Answered：【散开】效果就是将对象以颜色点扩散的样式表现出来。在【散开】对话框中设置【水平】和【垂直】数值决定颜色扩散的大小，单击解锁🔒按钮，可以将【水平】和【垂直】分开设置。

10．茶色玻璃

使用【茶色玻璃】命令，可以使图像产生类似透过茶色玻璃或其他单色玻璃看到的画面效果，其具体操作步骤如下：

❶ 单击【工具箱】中的【选择工具】按钮，选择需要调整的位图。

❷ 执行菜单栏中的【位图】|【创造性】|【茶色玻璃】命令，弹出【茶色玻璃】对话框，如图9.173所示。

❸ 在该对话框中拖动【淡色】滑块，设置用于图像的玻璃颜色深度；拖动【模糊】滑块，设置画面的模糊程度；在【颜色】下拉列表框中选择应用于图像的玻璃颜色。

❹ 设置完成后，单击【确定】按钮，调整后的效果如图9.174所示。

图9.173 【茶色玻璃】对话框

原图　　　　　　应用茶色玻璃后

图9.174 应用茶色玻璃前后的对比效果

11．彩色玻璃

使用【彩色玻璃】命令，可以将图像制作成类似彩色玻璃的画面效果，其具体操作步骤如下：

❶ 单击【工具箱】中的【选择工具】按钮，选择需要调整的位图。

❷ 执行菜单栏中的【位图】|【创造性】|【彩色玻璃】命令，弹出【彩色玻璃】对话框，如图9.175所示。

❸ 在该对话框中拖动【大小】滑块，设置彩色玻璃块的大小；拖动【光源强度】滑块，调节画面的明暗程度。

❹ 设置完成后，单击【确定】按钮，调整后的效果如图9.176所示。

图9.175 【彩色玻璃】对话框

原图　　　　　　应用彩色玻璃后

图9.176 应用彩色玻璃前后的对比效果

12. 虚光

使用【虚光】命令，可以在图像周围产生虚光的画面效果，其具体操作步骤如下：

① 单击【工具箱】中的【选择工具】按钮，选择需要调整的位图。

② 执行菜单栏中的【位图】|【创造性】|【虚光】命令，弹出【虚光】对话框，如图9.177所示。

③ 在该对话框的【颜色】选项区域中，选择应用于图像中的虚光颜色；在【形状】选项区域中，选择应用于图像中的虚光形状；拖动【偏移】滑块，设置虚光的偏移距离。

④ 设置完成后，单击【确定】按钮，调整后的效果如图9.178所示。

图9.177 【虚光】对话框

原图　　　　　　　　　应用虚光后
图9.178 应用虚光前后的对比效果

Questions 【虚光】效果有什么作用？

Answered：【虚光】效果就是给对象添加柔和光照效果。可以设置光的颜色、形状和大小。

13. 旋涡

使用【旋涡】命令，可以使图像产生旋涡旋转的变形效果，其具体操作步骤如下：

① 单击【工具箱】中的【选择工具】按钮，选择需要调整的位图。

② 执行菜单栏中的【位图】|【创造性】|【旋涡】命令，弹出【旋涡】对话框，如图9.179所示。

③ 在该对话框的【样式】下拉列表框中，选择应用于图像的旋涡样式；拖动【粗细】滑块，调整旋涡的大小强度。

④ 设置完成后，单击【确定】按钮，调整后的效果如图9.180所示。

图9.179 【旋涡】对话框

原图　　　　　　　　　应用旋涡后
图9.180 应用旋涡前后的对比效果

14. 天气

使用【天气】命令，可以使位图图像中模拟雨、雪、雾的天气效果，其具体操作步骤如下：

❶ 单击【工具箱】中的【选择工具】按钮，选择需要调整的位图。

❷ 执行菜单栏中的【位图】|【创造性】|【天气】命令，弹出【天气】对话框，如图9.181所示。

❸ 在该对话框的【预报】选项区域中，选择要添加的天气类型；拖动【浓度】滑块，设置天气效果中雪、雨、雾的浓度。

❹ 设置完成后，单击【确定】按钮，调整后的效果如图9.182所示。

图9.181 【天气】对话框

原图　　　　　　　　应用天气后

图9.182 应用天气前后的对比效果

9.9.8 扭曲效果

应用【扭曲】效果滤镜，可以为图像添加各种扭曲变形的效果。此滤镜组包含块状、置换、偏移、像素、龟纹、旋涡、平铺、湿笔画、涡流及风吹效果10种滤镜效果。

1. 块状

使用【块状】命令，可以使图像分裂成块状的效果，其具体操作步骤如下：

❶ 单击【工具箱】中的【选择工具】按钮，选择需要调整的位图。

❷ 执行菜单栏中的【位图】|【扭曲】|【块状】命令，弹出【块状】对话框，如图9.183所示。

❸ 在该对话框的【未定义区域】下拉列表框中，选择应用于图像的块状样式；拖动【块宽度】和【块高度】滑块，设置图像效果中块的大小；拖动【最大偏移】滑块，设置块的偏移距离。

❹ 设置完成后，单击【确定】按钮，调整后的效果如图9.184所示。

Questions 【块状】效果有什么作用?

Answered：【块状】效果就是将对象以色块的形式将对象分裂开。在【块状】对话框中可以设置色块的大小和裂纹的颜色。

图9.183 【块状】对话框

原图　　　　　　　　　　应用块状后

图9.184 应用块状前后的对比效果

2. 置换

使用【置换】命令，可以使图像被指定的波浪、星形和方格等图形置换出来，产生特殊的效果，其具体操作步骤如下：

❶ 单击【工具箱】中的【选择工具】按钮，选择需要调整的位图。

❷ 执行菜单栏中的【位图】|【扭曲】|【置换】命令，弹出【置换】对话框，如图9.185所示。

❸ 在该对话框的【缩放模式】选项区域中，选择【平铺】或【伸展适合】的缩放模式；在【缩放】选项区域中，拖动【水平】或【垂直】滑块，调整置换的大小密度。

❹ 设置完成后，单击【确定】按钮，调整后的效果如图9.186所示。

图9.185 【置换】对话框

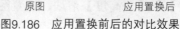

原图　　　　　　　　　应用置换后

图9.186 应用置换前后的对比效果

3. 偏移

使用【偏移】命令，可以使图像产生画面对象的位置偏移效果，其具体操作步骤如下：

❶ 单击【工具箱】中的【选择工具】按钮，选择需要调整的位图。

❷ 执行菜单栏中的【位图】|【扭曲】|【偏移】命令，弹出【偏移】对话框，并在该对话框中设置各项参数，如图9.187所示。

❸ 设置完成后，单击【确定】按钮，调整后的效果如图9.188所示。

原图　　　　　　　　　应用偏移后

图9.187　【偏移】对话框　　　　　　　图9.188　应用偏移前后的对比效果

Questions　【偏移】效果有什么作用？

Answered：【偏移】效果就是将对象用不同的角度剪切后再拼接在一起。在【偏移】对话框中设置【水平】和【垂直】数值能调整拼接的位置。

4．像素

使用【像素】命令，可以使图像产生由正方形、矩形和射线组成的像素效果，其具体操作步骤如下：

❶ 单击【工具箱】中的【选择工具】按钮，选择需要调整的位图。

❷ 执行菜单栏中的【位图】|【扭曲】|【像素】命令，弹出【像素】对话框，如图9.189所示。

❸ 在该对话框的【像素化模式】选项区域中，选择需要的像素化模式；在【调整】选项区域中，分别拖动【宽度】、【高度】和【不透明】滑块，来完成对象像素化效果的调整。

❹ 设置完成后，单击【确定】按钮，调整后的效果如图9.190所示。

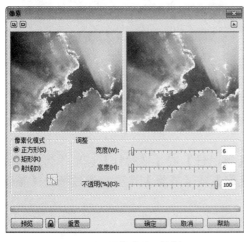

原图　　　　　　　　　应用像素后

图9.189　【像素】对话框　　　　　　图9.190　应用像素前后的对比效果

5. 龟纹

使用【龟纹】命令，可以使图像按照设置对位图中的像素进行颜色混合，使图像产生畸形的变形效果，其具体操作步骤如下：

❶ 单击【工具箱】中的【选择工具】按钮，选择需要调整的位图。

❷ 执行菜单栏中的【位图】|【扭曲】|【龟纹】命令，弹出【龟纹】对话框，如图9.191所示。

❸ 在该对话框中拖动【周期】和【振幅】滑块，调整纵向波动的周期及振幅；选取【垂直波纹】复选框，可以为位图添加正交的波纹，拖动【振幅】滑块，调整正交波纹的振动幅度。

❹ 设置完成后，单击【确定】按钮，调整后的效果如图9.192所示。

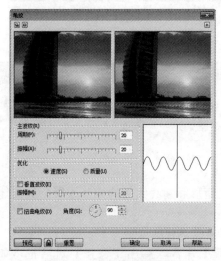

图9.191 【龟纹】对话框

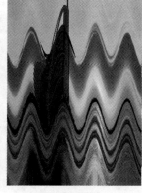

原图　　　　　　　　　　　　应用龟纹后

图9.192 应用龟纹前后的对比效果

Questions 【龟纹】对话框中的【垂直波纹】复选框有什么作用？

Answered：在【龟纹】对话框中勾选【垂直波纹】复选框，可以将对象进行垂直扭曲，不勾选只能进行水平扭曲。

6. 旋涡

使用【旋涡】命令，可以使图形产生顺时针或逆时针的变形效果，其具体操作步骤如下：

❶ 单击【工具箱】中的【选择工具】按钮，选择需要调整的位图。

❷ 执行菜单栏中的【位图】|【扭曲】|【旋涡】命令，弹出【旋涡】对话框，如图9.193所示。

❸ 在该对话框的【定向】选项区域中，选择【顺时针】或【逆时针】选项作为旋涡效果的旋转方向；在【优化】选项区域中，选择【速度】或【质量】选项；通过拖动【整体旋转】滑块和【附加度】滑块，来设置旋涡效果。

❹ 设置完成后，单击【确定】按钮，调整后的效果如图9.194所示。

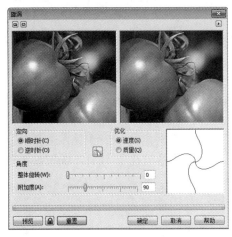

图9.193 【旋涡】对话框

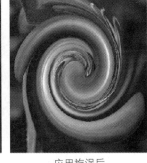

原图　　　　　　　　　应用旋涡后

图9.194　应用旋涡前后的对比效果

7.平铺

使用【平铺】命令，可以使图像产生由多个原图像平铺的画面效果，其具体操作步骤如下：

❶ 单击【工具箱】中的【选择工具】按钮，选择需要调整的位图。

❷ 执行菜单栏中的【位图】|【扭曲】|【平铺】命令，弹出【平铺】对话框，如图9.195所示。

❸ 在该对话框中拖动【水平平铺】滑块，设置水平的对象平铺量；拖动【垂直平铺】滑块，设置垂直的对象平铺量；拖动【重叠】滑块，设置对象平铺时的画面重叠量；单击【锁定】按钮后，可以同时设置水平和垂直平铺量。

❹ 设置完成后，单击【确定】按钮，调整后的效果如图9.196所示。

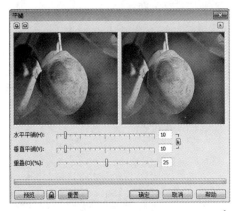

图9.195　【平铺】对话框

原图　　　　　　　　　应用平铺后

图9.196　应用平铺前后的对比效果

Questions　【平铺】效果有什么作用?

Answered：【平铺】命令能使图像产生多个原对象平铺的画面效果，只是在原对象内平铺。在【平铺】对话框中能设置【水平】和【垂直】平铺的数量。

8．湿笔画

使用【湿笔画】命令，可以使图像产生类似油漆未干时，油漆往下流的画面浸染效果，其具体操作步骤如下：

❶ 单击【工具箱】中的【选择工具】按钮，选择需要调整的位图。

❷ 执行菜单栏中的【位图】|【扭曲】|【湿笔画】命令，弹出【湿笔画】对话框，如图9.197所示。

❸ 在该对话框中拖动【润湿】滑块，可以设置图像中各个对象的油滴数目。数值为正时，油滴从下往下流；数值为负时，油滴从下往上流。拖动【百分比】滑块，设置油滴的大小。

❹ 设置完成后，单击【确定】按钮，调整后的效果如图9.198所示。

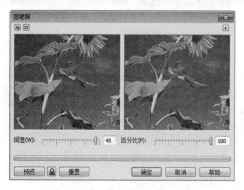

图9.197 【湿笔画】对话框

原图　　　　　　　应用湿笔画后

图9.198 应用湿笔画前后的对比效果

9．涡流

使用【涡流】命令，可以使图像产生无规则的条纹流动效果，其具体操作步骤如下：

❶ 单击【工具箱】中的【选择工具】按钮，选择需要调整的位图。

❷ 执行菜单栏中的【位图】|【扭曲】|【涡流】命令，弹出【涡流】对话框，如图9.199所示。

❸ 在该对话框中拖动【间距】滑块，设置各个涡流之间的距离；拖动【擦拭长度】滑块，设置涡流扭曲的程度；拖动【扭曲】滑块，设置涡流扭曲的程度；拖动【条纹细节】滑块，设置条纹细节的丰富程度；在【样式】下拉列表框中选择涡流的样式。

❹ 设置完成后，单击【确定】按钮，调整后的效果如图9.200所示。

图9.199 【涡流】对话框

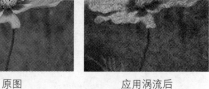

原图　　　　　　　应用涡流后

图9.200 应用涡流前后的对比效果

10. 风吹效果

使用【风吹效果】命令，可以使图像产生类似被风吹过的画面效果，其具体操作步骤如下：

❶ 单击【工具箱】中的【选择工具】按钮，选择需要调整的位图。

❷ 执行菜单栏中的【位图】|【扭曲】|【风吹效果】命令，弹出【风吹效果】对话框，如图9.201所示。

❸ 在该对话框中拖动【浓度】滑块，设置画面效果中风的强度；拖动【不透明】滑块，设置画面效果中风的透明度大小。

❹ 设置完成后，单击【确定】按钮，调整后的效果如图9.202所示。

图9.201 【风吹效果】对话框

原图　　　　　　　应用风吹效果后

图9.202 应用风吹效果前后的对比效果

9.9.9 杂点效果

使用【杂点】效果，可以在位图中模拟或消除由于扫描或者颜色过渡所造成的颗粒效果。此滤镜组包含添加杂点、最大值、中值、最小、去除龟纹及去除杂点6种滤镜效果。

1. 添加杂点

使用【添加杂点】命令，可以在位图图像中添加颗粒，使图像画面具有粗糙的效果，其具体操作步骤如下：

❶ 单击【工具箱】中的【选择工具】按钮，选择需要调整的位图。

❷ 执行菜单栏中的【位图】|【杂点效果】|【添加杂点】命令，弹出【添加杂点】对话框，如图9.203所示。

❸ 在该对话框的【杂点类型】选项区域中，选择杂点类型；拖动【层次】滑块，调整图像中受杂点效果影响的颜色及亮度的变化范围；拖动【密度】滑块，调整图像中杂点的密度；在【颜色模式】选项区域中，将杂点的颜色模式设置为【强度】、【随机】或【单一】模式。

❹ 设置完成后，单击【确定】按钮，调整后的效果如图9.204所示。

Questions 怎样设置不同的杂点效果？

Answered：杂点效果中【添加杂点】、【最大值】、【中值】、【值小】都是为对象添加杂点效果，可以更加不同的杂点需要来进行使用。

图9.203 【添加杂点】对话框

原图　　　　　　　应用添加杂点后

图9.204 应用添加杂点前后的对比效果

2．最大值

使用【最大值】命令，可以使位图图像具有非常明显的杂点画面效果，其具体操作步骤如下：

❶ 单击【工具箱】中的【选择工具】按钮，选择需要调整的位图。

❷ 执行菜单栏中的【位图】|【杂点效果】|【最大值】命令，弹出【最大值】对话框，如图9.205所示。

❸ 在该对话框中拖动【百分比】滑块，调整最大值效果的变化程度，拖动【半径】滑块，调整应用最大值效果时发生变化的像素数量。

❹ 设置完成后，单击【确定】按钮，调整后的效果如图9.206所示。

图9.205 【最大值】对话框

原图　　　　　　　应用最大值后

图9.206 应用最大值前后的对比效果

3．中值

使用【中值】命令，可以使位图图像具有比较明显的杂点效果，其具体操作步骤如下：

❶ 单击【工具箱】中的【选择工具】按钮，选择需要调整的位图。

❷ 执行菜单栏中的【位图】|【杂点效果】|【中值】命令，弹出【中值】对话框，如图9.207所示。

❸ 在该对话框中拖动【半径】滑块，调整应用中值效果时发生变化的像素数量。

❹ 设置完成后，单击【确定】按钮，调整后的效果如图9.208所示。

图9.207 【中值】对话框

原图　　　　　　　应用中值后

图9.208　应用中值前后的对比效果

4．最小

使用【最小】命令，可以使图像具有块状的杂点效果，其具体操作步骤如下：

❶ 单击【工具箱】中的【选择工具】按钮，选择需要调整的位图。

❷ 执行菜单栏中的【位图】|【杂点效果】|【最小】命令，弹出【最小】对话框，如图9.209所示。

❸ 在该对话框中拖动【百分比】滑块，调整最小效果的变化程度；拖动【半径】滑块，调整应用最小效果时发生变化的块状大小。

❹ 设置完成后，单击【确定】按钮，调整后的效果如图9.210所示。

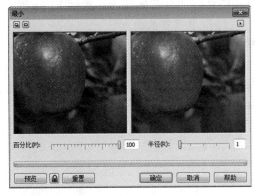

图9.209　【最小】对话框

原图　　　　　　　应用最小后

图9.210　应用最小前后的对比效果

5．去除龟纹

使用【去除龟纹】命令，可以去除位图图像中的龟纹杂点，减少粗糙程度，但同时去除龟纹后的画面会相应模糊，其具体操作步骤如下：

❶ 单击【工具箱】中的【选择工具】按钮，选择需要调整的位图。

❷ 执行菜单栏中的【位图】|【杂点效果】|【去除龟纹】命令，弹出【去除龟纹】对话框，如图9.211所示。

❸ 在该对话框中拖动【数量】滑块，设置去除龟纹的数量，【数量】设置得越高，去除龟纹数量越多，但同时画面模糊程度越大。

❹ 设置完成后，单击【确定】按钮，调整后的效果如图9.212所示。

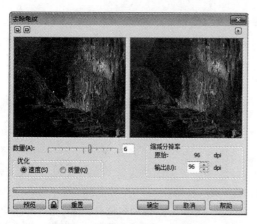

图9.211 【去除龟纹】对话框

图9.212 应用去除龟纹前后的对比效果

原图　　　　应用去除龟纹后

6. 去除杂点

使用【去除杂点】命令，可以去除图像（如扫描图形）中的灰尘和杂点，使图形有更加干净的画面效果，但同时去除杂点后的画面会相应模糊，其具体操作步骤如下：

❶ 单击【工具箱】中的【选择工具】按钮，选择需要调整的位图。

❷ 执行菜单栏中的【位图】|【杂点效果】|【去除杂点】命令，弹出【去除杂点】对话框，如图9.213所示。

❸ 在该对话框中选中【自动】复选框，可以自动设置去除杂点的数量。取消【自动】复选框的选取，可以拖动【阈值】滑块对去除杂点的数量进行自定义设置。

❹ 设置完成后，单击【确定】按钮，调整后的效果如图9.214所示。

图9.213 【去除杂点】对话框

图9.214 应用去除杂点前后的对比效果

原图　　　　应用去除杂点后

9.9.10 鲜明化效果

应用【鲜明化】效果可以改变位图图像中相邻像素的色度、亮度及对比度，从而增强图像的颜色锐度，使图像颜色更见鲜明突出。此滤镜组包含适应鲜明化、定向柔化、高通滤波器、鲜明化及非鲜明化遮罩5种滤镜效果。

1. 适应非鲜明化

使用【适应非鲜明化】命令，可以增强图像中对象边缘的颜色锐度，使对象边缘鲜明化，其具体操作步骤如下：

❶ 单击【工具箱】中的【选择工具】按钮，选择需要调整的位图。

❷ 执行菜单栏中的【位图】|【鲜明化效果】|【适应非鲜明化】命令，弹出【适应非鲜明化】对话框，如图9.215所示。

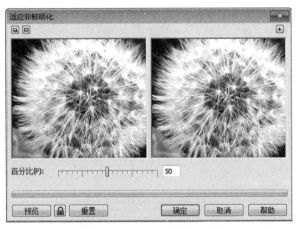

图9.215 【适应非鲜明化】对话框

❸ 在该对话框中拖动【百分比】滑块，设置图形边缘颜色的锐化程度。

❹ 设置完成后，单击【确定】按钮，调整后的效果如图9.216所示。

原图　　　　　　　　应用适应非鲜明化后

图9.216 应用适应非鲜明化前后的对比效果

Questions 【适应非鲜明化】效果有什么作用？

Answered：【适应非鲜明化】效果命令，可以增强图像中对象边缘的颜色锐度，使对象边缘鲜明化，非常适用于颜色过渡不明显的对象上，可以使对象中的颜色很明显地区分开。

2. 定向柔化

使用【定向柔化】命令，可以增强图像中相邻颜色的对比度，使图像更加鲜明化，其具体操作步骤如下：

❶ 单击【工具箱】中的【选择工具】按钮，选择需要调整的位图。

❷ 执行菜单栏中的【位图】|【鲜明化效果】|【定向柔化】命令，弹出【定向柔化】对话框，并在该对话框中设置各项参数，如图9.217所示。

❸ 设置完成后，单击【确定】按钮，调整后的效果如图9.218所示。

图9.217 【定向柔化】对话框

原图　　　　　　　　　　　　应用定向柔化后

图9.218 应用定向柔化前后的对比效果

3. 高通滤波器

使用【高通滤波器】命令可以极为清晰地突出位图中绘图元素的边缘，其具体操作步骤如下：

❶ 单击【工具箱】中的【选择工具】按钮，选择需要调整的位图。

❷ 执行菜单栏中的【位图】|【鲜明化效果】|【高通滤波器】命令，弹出【高通滤波器】对话框，如图9.219所示。

❸ 在该对话框中拖动【百分比】滑块，调整高频同行效果的程度；拖动【半径】滑块，调整位图中参与转换的颜色范围。

❹ 设置完成后，单击【确定】按钮，调整后的效果如图9.220所示。

图9.219 【高通滤波器】对话框

原图　　　　　　　应用高通滤波器后

图9.220　应用高通滤波器前后的对比效果

4.鲜明化

使用【鲜明化】命令可以增强图像中相邻像素的色度、亮度以及对比度，达到图像更加鲜明的效果，其具体操作步骤如下：

❶ 单击【工具箱】中的【选择工具】按钮，选择需要调整的位图。

❷ 执行菜单栏中的【位图】|【鲜明化效果】|【鲜明化】命令，弹出【鲜明化】对话框。

❸ 在该对话框中拖动【边缘层次】滑块，设置边缘层次的丰富程度；拖动【阈值】滑块，可以设置鲜明化效果的临界值，取值范围为0～255。阈值越小，效果越明显；反之则不明显，如图9.221所示。

❹ 设置完成后，单击【确定】按钮，调整后的效果如图9.222所示。

图9.221　【鲜明化】对话框

原图   应用鲜明化后

图9.222 应用鲜明化前后的对比效果

5. 非鲜明化遮罩

使用【非鲜明化遮罩】命令，可以增强位图的边缘细节，对某些模糊的区域进行调焦，使图像产生特殊的锐化效果，其具体操作步骤如下：

❶ 单击【工具箱】中的【选择工具】按钮，选择需要调整的位图。

❷ 执行菜单栏中的【位图】|【鲜明化效果】|【非鲜明化遮罩】命令，弹出【非鲜明化遮罩】对话框。

❸ 在该对话框中拖动【百分比】滑块，调整非鲜明化遮罩的效果程度，取值范围为1～150；更改【半径】值大小，可以更改当前调整的半径值，拖动【阈值】滑块，可以设置非鲜明化遮罩效果的临界值，取值范围为0～255。临界值越小，效果越明显；反之则不明显，如图9.223所示。

❹ 设置完成后，单击【确定】按钮，调整后的效果如图9.224所示。

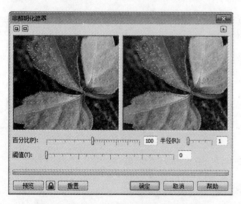

图9.223 【非鲜明化遮罩】对话框

原图   应用非鲜明化遮罩后

图9.224 应用非鲜明化遮罩前后的对比效果

输出和打印文件

在CorelDRAW X6中，绘制和编辑图形后，即可将图形打印和输出。本章主要讲解导入文件、导出文件、发布到Web、导出到Office、发布至PDF、打印与印刷等知识。

 教学视频

○ 输出文件　　　　　　　　视频时间6:31
○ 打印与印刷　　　　　　　视频时间5:03

Chapter

10

输出文件

在CorelDRAW X6，可以将多种格式的文件应用到当前文件中，还可以将当前文件导出为多种指定格式的文件。用户还可以将创建的CorelDRAW文档输出为网络格式，以便将图形文件发布到互联网。

10.1.1 导入和导出文件

一个复杂项目的编辑需要配合多个图像处理软件才能完成，这就需要在CorelDRAW X6中导入其他格式的图像文件，或者将绘制好的CorelDRAW图形导出为其他指定格式的文件．从而可以被其他软件导入或打开。

1. 导入文件

导入文件的具体操作步骤如下：

❶ 执行菜单栏中的【文件】|【导入】命令，或者按下快捷键【Ctrl+I】，也可以单击标准工具栏中的【导入】按钮，弹出【导入】对话框，如图10.1所示。

❷ 在【文件类型】下拉列表中选择需要导入文件的格式，并选择好需要导入的文件。

❸ 单击【导入】按钮，即可将该文件导入到当前CorelDRAW文件中，用户也可以将CorelDRAW文件导入到当前文件，以便于进一步编辑。

图10.1 【导入】对话框

2. 导出文件

导出文件的具体操作步骤如下：

❶ 执行菜单栏中的【文件】|【导出】命令，或者按下快捷键【Ctrl+E】，也可以单击标准工具栏中的【导出】按钮，弹出【导出】对话框。

❷ 在该对话框中设置好导出文件的【保存路径】和【文件名】，并在【保存类型】下拉列表中选择需要导出的文件格式（以jpg格式为例），如图10.2所示。

❸ 单击【导出】按钮，弹出【转换为位图】对话框，如图10.3所示，在其中设置好图像大小，颜色模式等参数后。

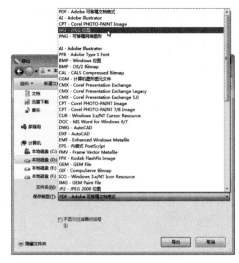

| 图10.2 【导出】对话框 | 图10.3 【转换为位图】对话框 |

❹ 单击【确定】按钮，即可将文件以此种格式导出到指定的目录。

【转换为位图】对话框中各选项的含义如下：

- 【预设列表】：可以选择不同的预设，包括【原始】、【中等质量JPEG】、【低品质JPEG】、【高质量JPEG】等选项，可以根据自己的需要来设置不同质量的图像。
- 【颜色模式】选项：可以选择不同的颜色模式，包括【灰度（8位）】、【RGB色（24位）】、【CMYK色（32位）】。
- 【质量】选项：在这里可以设置图像质量的大小。
- 【嵌入颜色预置文件】复选框：选中该复选框，应用国际颜色委员会ICC预置文件，使设备与色彩空间的颜色标准化。

Questions 导出文件时需要注意什么？

Answered：在导出文件时，根据所需插入的文件格式来选择导出文件的保存类型，这点非常重要，否则在此种格式的文件中，可能无法打开导出的文件。比如导出的文件要用Photoshop编辑，就应该导出为psd格式。

Tip CorelDRAW X6中支持导出的文件格式有很多种，在【导出】对话框的【保存类型】下拉列表框中，可查看支持导出的所有文件格式。

10.1.2 发布到Web

CorelDRAW X6可以为以HTML格式发布的文档指定扩展名.html。默认情况下，HTML文件与CorelDRAW（CDR）源文件共享同一文件名，并且保存在用于存储导出的Web文档的最后一个文件夹中。

1. 创建HTML文本

HTML文件为纯文本（也称为ASCH）文件，可以使用任何文本编辑器创建，包括SimpleText和Text Edit。HTML文件是特意为在Web浏览器显示用的。

当需要将图像或文档发布到Web上时，可以执行菜单栏中的【文件】|【导出HTML】命令，弹出【导出HTML】对话框，如图10.4所示。

图10.4 【导出HTML】对话框

【导出HTML】对话框中各选项的含义如下：

- 【常规】选项卡：在该选项卡中，包含HTML布局、HTML文件和图像的文件夹，FTP站点和导出范围等选项，也可以选择、添加和移除预设。
- 【细节】选项卡：在该选项卡中，包含生成的HTML文件的细节，且允许更改页面名和文件名，如图10.5所示。
- 【图像】选项卡：在该选项卡中，列出所有当前HTML导出的图像。可将单个对象设置为JPEG、GIF和PNG格式，如图10.6所示。单击【选项】按钮，可以在弹出的【选项】对话框中选择每种图像类型的预设，如图10.7所示。
- 【高级】选项卡：在该选项卡中，提供生成翻转和层叠样式表的JavaScript，维护外部文件的链接，如图10.8所示。
- 【总结】选项卡：在该选项卡中，根据不同的下载速度显示文件统计信息。
- 【无问题】选项卡：在该选项卡中，显示潜在的问题列表，包括解释、建议和提示内容。

图10.5 【细节】选项卡

图10.6 【图像】选项卡

Questions 导入的HTML文本可以进行编辑吗？

Answered ：导入的HTML文本，可以按照CorelDRAW中编辑普通文本的方式对其进行编辑。

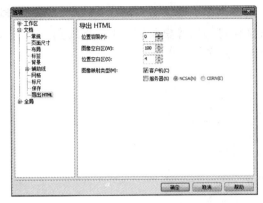

图10.7 【选项】对话框

图10.8 【高级】选项卡

2. 对导出网络图像进行优化

用户在将文件输出为HTML格式之前，可以对文件中的图像进行优化，以减少文件的大小，提高图像在网络中的下载速度。

在工作区中选择需要进行优化输出的图像后，执行菜单栏中的【文件】|【导出到网页】命令，弹出【导出到网页】对话框，如图10.9所示。

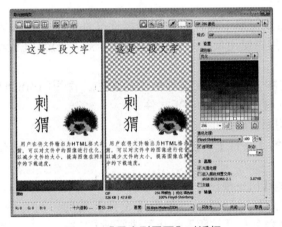

图10.9 【导出到网页】对话框

10.1.3 导出到Office

与将图像应用到网络的优化导出相似，在CorelDRAW X6中还可以将图像进行应用到Office办公文档的优化输出，方便用户根据用途需要选择合适的质量导出图像。

在工作区中选择需要进行优化输出的图像后，执行菜单栏中的【文件】|【导出到Office】命令，弹出【导出到Office】对话框，如图10.10所示。

【导出到Office】对话框中各选项的含义如下：

- 【导出到】选项：在其下拉列表框中，选择图像的应用类型，可以选择应用到Word或所有的Office文档中。
- 【图形最佳适合】选项：在其下拉列表框中，选择【兼容性】选项，则以基本的演示应用进行导出；选择【编辑】选项，则保持图像的最高质量，便于对图像进行进一步编辑调整。

- 【优化】选项：在其下拉列表框中，选择图像的最终应用品质。包括只用于电脑屏幕上演示的【演示文稿】，用于一般文档打印的【桌面打印】，以及用于出版级别的【商业印刷】。应用品质越高，输出图像文件大小越大。

图10.10 【导出到Office】对话框

10.1.4 发布至PDF

PDF是一种文件格式，用于保存原始应用程序文件的字体、图像、图形及格式。Max OS、Windows和UNIX用户使用Adobe Reader和Adobe Acrobat Exchange即可查看、共享和打印PDF文件。

在CorelDRAW X6中，即可生成这种格式的文件。使用CorelDRAW X6中的【发布至PDF】命令，可以将CDR文件转换为PDF文件。

发布至PDF的具体操作步骤如下：

❶ 执行菜单栏中的【文件】|【发布至PDF】命令，弹出【发布至PDF】对话框，如图10.11所示。

❷ 在该对话框中的【PDF预设】下拉列表框中，可以选择所需的PDF预设类型。

❸ 在【发布至PDF】对话框中，单击【设置】按钮，可在弹出的对话框中对【常规】、【对象】、【文档】和【预印】等属性进行设置，如图10.12所示。

❹ 单击【确定】按钮，返回【发布至PDF】对话框，在其中设置好保存文件的位置和文件名，然后单击【保存】按钮即可。

图10.11 【发布至PDF】对话框

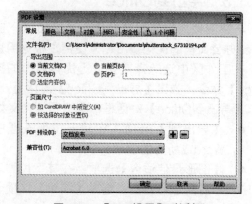

图10.12 【PDF设置】对话框

Section 10.2 打印与印刷

将设计好的作品打印或印刷出来后，整个设计制作过程才算彻底完成。要成功地打印作品，还需要对打印选项进行设置，以得到更好的打印效果。

用户可以选择按标准模式打印或指定文件中的某种颜色进行分色打印，也可以将文件打印为黑白或单色效果。在CorelDRAW X6中提供了详细的打印选项，通过设置打印选项并即时预览打印效果，可以提高打印的准确性。

印刷不同于打印，印刷是一项相对更复杂的输出方式，它需要先制版才能交付印刷。要得到准确无误的印刷效果，在印前需要了解与印刷相关的基本知识和印刷技术。

Questions 最常用的打印机都有哪些？

Answered： 一般打印机分为喷墨打印机、彩色激光打印机、照排机三大类。喷墨打印机又分为低档喷墨打印机、中档喷墨打印机、高档喷墨打印机。低档喷墨打印机是生成彩色图像最便宜的方式；中档喷墨打印机的新产品采用的技术提供了比低档喷墨打印机更好的彩色保真度。如果想得到更高的速度和更好的彩色保真度，可考虑Epson Stylus Pro5000。喷墨打印机中最高档的要属Scitex IRISE及IRIS Series 3000打印机了，这些打印机通常用于照排中心和广告代理机构。IRIS通过在产生图像时改变色点的大小生成质量几乎与照片一样的图像。IRIS打印机能输出的最小样张约为11英寸、17英寸，IRIS也能打印广告画大小的图像。

10.2.1 设置打印选项

打印设置是指对打印页面的布局和打印机类型等参数进行设置。执行菜单栏中的【文件】|【打印】命令，弹出【打印】对话框，其中包括【常规】、【颜色】、【复合】、【布局】、【预印】、【PostScript】和【无问题】7个选项卡，下面将分别对每个选项卡中的选项设置进行介绍。

1. 【常规】选项卡

在弹出的【打印】对话框中，默认为【常规】选项卡，如图10.13所示。在【常规】选项卡中可以设置打印范围、份数及打印样式。

图10.13 【常规】选项卡

【常规】选项卡中各选项的含义如下：

- 【打印机】选项：单击其下拉按钮，在弹出的下拉列表框中可以选择与本台计算机相连接的打印机。
- 【首选项】按钮：单击该按钮，将弹出与所选打印机类型相对应的设置对话框。
- 【当前文档】单选按钮：选中该单选按钮，可以打印当前文件中所有页面。
- 【文档】单选按钮：选中该单选按钮，可以在下方出现的文件列表框中选择所要打印的文档，出现在该列表框中的文件是已经被CorelDRAW打开的文件。
- 【当前页】单选按钮：选中该单选按钮，则只打印当前页面。

Questions　打印设置时纸张的大小怎么定？

Answered：纸张大小需要根据打印机的打印范围而定，通常的打印机所能支持的打印范围为A4（210mm×297mm）大小，所以在打印文件时，如果当前文件的尺寸大于A4，这时就需要将文件尺寸调整到A4范围内，同时需要将文件移动到页面中，这样才能顺利地打印出完整的稿件。

- 【选定内容】单选按钮：选中该单选按钮，只能打印被选取的图形对象。
- 【页】单选按钮：选中该单选按钮，则可以指定当前文件中所要打印的页面，还可以在下方的下拉列表中选择所要打印的奇数页，还是偶数页。
- 【份数】选项：用于设置文件被打印的份数。
- 【另存为】按钮：在设置好打印参数以后，单击该按钮，可以让CorelDRAW X6保存当前的打印设置，以便以后在需要时直接调出使用。

2. 【布局】选项卡

单击【打印】对话框中的【布局】选项卡，切换到【布局】选项卡设置，如图10.14所示。

图10.14 【布局】选项卡

【布局】选项卡中各选项的含义如下：

- 【与文档相同】单选按钮：选中该单选按钮，可以按照对象在绘图页面中的当前位置进行打印。
- 【调整到页面大小】单选按钮：选中该单选按钮，可以快速地将绘图尺寸调整到输出设备所能打印的最大范围。

- 【将图像重定位到】单选按钮：选中该单选按钮，在右侧的下拉列表框中，可以选择图像在打印页面的位置。
- 【打印平铺页面】复选框：选中该复选框后，以纸张的大小为单位，将图像分割成若干块后进行，用户可以在预览窗口中观察平铺的情况。
- 【出血限制】复选框：选中该复选框后，可以在该选项数值框中设置出血边缘的数值。

Questions 出血一般怎么设置？

Answered：出血边缘限制可以将稿件的边缘设置成超出实际纸张的尺寸，通常在上下左右可各留出5mm，这样可以避免由于打印或裁切过程中的误差而产生不必要的白边。

3．复合

单击【打印】对话框中的【复合】选项卡，切换到【复合】选项卡设置，如图10.15所示。

图10.15 【复合】选项卡

【复合】选项卡中各选项的含义如下：
- 【文档叠印】选项：系统默认为【保留】选项，选择该选项，可以保留文档中的**叠印设置**。
- 【始终叠印黑色】复选框：选中该复选框后，可以使任何含95%以上的黑色对象与其下的对象叠印在一起。
- 【自动伸展】单选按钮：选中该单选按钮，通过给对象指定与其填充颜色相同的轮廓，然后使轮廓叠印在对象的下面。
- 【固定宽度】单选按钮：选中该单选按钮，输入固定的宽度。

4．预印

单击【打印】对话框中的【预印】选项卡，切换到【预印】选项卡，如图10.16所示。在【预印】选项卡中可以设置纸片/胶片、文件信息、裁剪/折叠标记、注册标记以及调校栏等参数。

【预印】选项卡中各选项的含义如下：
- 【纸片/胶片设置】选项区域：在该选项区域中，选中【反显】复选框后，可以打印负片图像；选中【镜像】复选框后，打印为图像的镜像效果。

图10.16 【预印】选项卡

- 【打印文件信息】复选框：选中该复选框，可以在页面底部打印出文件名、当前日期和时间等信息。
- 【打印页码】复选框：选中该复选框后，可以打印页码。
- 【在页面内的位置】复选框：选中该复选框后，可以在页面内打印文件信息。
- 【裁剪/折叠标记】复选框：选中该复选框，可以让裁切线标记在输出的胶片上，作为预订厂家的参照依据。
- 【仅外部】复选框：选中该复选框，可以在同一纸张上打印出多个面，并且将其分割成各个单张。
- 【对象标记】复选框：选中该复选框，将打印标记设置为对象的边框，而不是页面的边框。
- 【打印套准标记】复选框：选中该复选框后，可以在页面上打印套准标记。
- 【样式】选项：在其下拉列表框中，选择套准记的样式。
- 【颜色调校栏】复选框：选中该复选框后，可以在作品的旁边打印包含6种基本颜色的色条，用于质量较高的打印输出。
- 【尺度比例】复选框：可以在每个分色板上打印一个不同灰度深浅的条，它允许被称为密度计的工具来检查输出内容的精确性、质量程度和一致性，用户可以在【浓度】列表框中选择颜色的浓度值。
- 【位图缩减取样】选项区域：在该选项区域中，可以减小文件大小，提高打样速率。不宜在需要较高品质的打印输出时设置该选项。

5. 【PostScript】选项卡

【PostScript】选项卡只有在选择了PostScript或PDF打印时出现，该选项卡如图10.17所示。在【PostScript】选项卡中可以选择3种PostScript等级。

【PostScript】选项卡中各选项的含义如下：

- 【兼容性】选项：在其下拉列表框中选择PostScript等级，其中【PostScript等级1】是指输出时使用了透镜效果的图形对象或者其他合成对象，【PostScript等级2】和【PostScript等级3】是指打印设备可以减少打印的错误，提高打印速度。
- 【下载Type1字体】复选框：在预设情况下，打印驱动程序会自动下载Type 1字体至输出设备。如果取消选中【下载Type1字体】复选框，字体会以图形的方式来打印。
- 【PDF标记】选项区域：在该选项区域中，可以选择打印超级链接和书签。

图10.17 【PostScript】选项卡

6．无问题

单击【打印】对话框中的【问题】选项卡，切换到【问题】选项卡，如图10.18所示。在此选项卡中显示了CorelDRAW X6自动检查到的绘图页面存在的打印冲突或者打印错误的信息，为用户提供修正打印方式的参考。

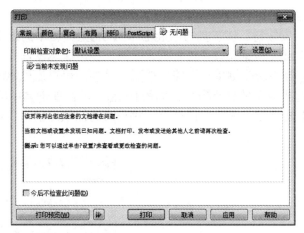

图10.18 【无问题】选项卡

Questions 【打印预览】按钮和【扩展预览】按钮有什么作用？

Answered：分别单击打印对话框的【打印预览】按钮和【扩展预览】按钮，可以用不同形式出现该文件的打印预览效果。

10.2.2 打印预览

通过打印预览可以在打印前检查打印页面内的图形效果是否满意，执行菜单栏中的【文件】|【打印预览】命令，打开【打印预览】窗口，如图10.19所示。

图10.19 【打印预览】窗口

【打印预览】窗口中选项与按钮的含义如下:

- 【与文档相同】下拉列表:在该选项下拉列表框中,可选择打印对象在纸张上的位置。
- 【挑选工具】按钮:单击该按钮后,在预览窗口中的图形对象上按下鼠标左键并拖动鼠标,可移动图形的位置;在图像对象上单击,拖动对象四周的控制点,可调整对象在页面上的大小。
- 【缩放工具】按钮:该工具与CorelDRAW X6工具箱中的缩放工具的使用方法相似。使用该工具在预览窗口单击可放大视图,按下鼠标左键并拖动,可放大选框范围内的视图;按下Shift键单击可缩小视图。另外,用户还可通过该工具属性栏中的功能按钮来选择视图的显示方式,如图10.20所示。单击其中的【缩放】按钮,弹出【缩放】对话框,在其中同样可以对视图的缩放比例和显示方式进行设置,如图10.21所示。

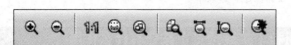

图10.20 【缩放】工具栏   图10.21 【缩放】对话框

Tip 通过预览打印效果后,如果不需要再修改参数,可单击工具栏中的【打印】按钮,即可开始打印。

Questions 什么是打印预览?

Answered:打印预览是指在可以预览到文件在输出前的打印状态,通过预览打印效果后,如果不需要再修改参数,可单击工具栏中的【打印】按钮,即可开始打印。

10.2.3 合并打印

在CorelDRAW X6中，可以使用【合并打印】功能来组合文本和绘图。例如，可以在不同的请柬上打印不同的接收方姓名来注明请柬。

1. 创建/装入合并域

创建/装入合并域的操作步骤如下：

❶ 执行菜单栏中的【文件】|【合并打印】|【创建/装入合并域】命令，弹出【合并打印向导】对话框，如图10.22所示

❷ 在【合并打印向导】对话框，选中【创建新文本】单选按钮，然后单击【下一步】按钮，进入【添加域】对话框，如图10.23所示。

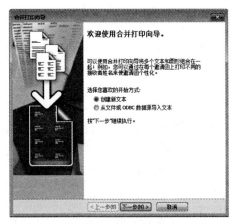

图10.22 【合并打印向导】对话框

图10.23 【添加域】对话框

❸ 在【文本域】或【数字域】文本框中输入需要的域名称，然后单击【添加】按钮，即可将其加入到数据域名称列表中。

❹ 在数据域名称列表中选择数字类型的域名称后，可以在下方的选项中设置数字的编号格式、起始与终止数值等，如图10.24所示。

❺ 单击【下一步】按钮，弹出【添加或编辑记录】对话框，在下方的数据记录列表中为创建的各个域输入具体内容，单击【新建】按钮，可以创建新的记录条目，添加需要的信息内容，如图10.25所示。

图10.24 添加文本域和数字域

图10.25 创建新的记录条目

❻ 单击【下一步】按钮，弹出【是否要保存这些数据设置】对话框，选中【数据设置另存为】复选框后，单击 ⌕ 按钮，在弹出的【另存为】对话框中，可以为数据文件选择保存位置，也可以单击【完成】按钮，数据文件将保存在与当前文档相同的目录，如图10.26所示。

❼ 单击【完成】按钮后，CorelDRAW将打开【合并打印】对话框，可以通过其中的功能按钮执行对应的操作。例如对数据域内容进行重新编辑，将当前文档中的数据域合并到新文档中，如图10.27所示。

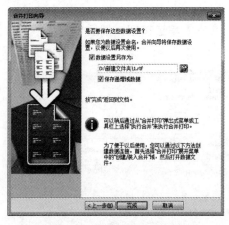

图10.26　单击【完成】按钮

图10.27　【合并打印】对话框

2．执行合并

要执行合并，可执行菜单栏中的【文件】|【合并打印】|【执行合并】命令，在弹出的【打印】对话框中选择一台打印设备，设置完成后，单击【打印】按钮，即可完成执行合并命令的操作。

3．编辑合并域

需要对合并域中的数据进行修改，可以执行菜单栏中的【文件】|【合并打印】|【编辑合并域】命令，重新打开【合并打印向导】对话框，对需要的内容进行修改即可。

10.2.4　收集用于输出的信息

CorelDRAW X6中提供的【收集用于输出】功能，可以帮助用户完成将文件发送到打印配置文件的全过程。它可以简化许多流程，例如创建PostScript和PDF文件，收集输出图像所需的不同部分，以及将原始图像、嵌入图像文件和字体复制到用户定义的位置等。可以选择需要输出的信息并打印到文件，一次完成文件和字体的输出和打印。

收集用于输出的信息的具体操作步骤如下：

❶ 执行菜单栏中的【文件】|【收集用于输出】命令，弹出【收集用于输出】对话框，如图10.28所示。

❷ 在该对话框中，选择【自动收集所有与文档相关的文件】或【选择一个打印配置文件来收集特定文件】选项，然后单击【下一步】按钮。

❸ 在弹出的如图10.29所示的对话框中，选中【包括PDF】和【包括CDR】复选框，以在完成后同时创建PDF和CDR文件，然后单击【下一步】按钮。

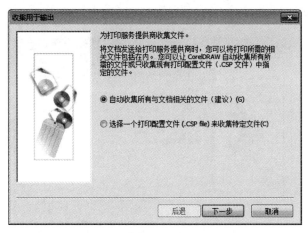

图10.28 【收集用于输出】对话框

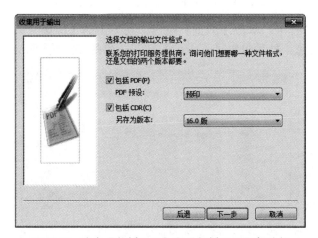

图10.29 选中【包括PDF】和【包括CDR】复选框

❹ 在弹出的如图10.30所示的对话框中，选中【包括文档字体和字体列表】复选框，可以输出文档中所使用的字体及名称列表文件，然后单击【下一步】按钮。

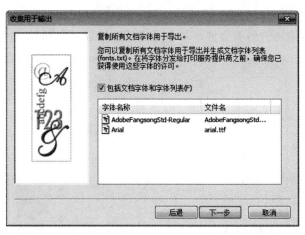

图10.30 选中【包括文档字体和字体列表】复选框

❺ 在弹出的如图10.31所示的对话框中，选中【包括颜色预置文件】复选框，可以输出

文档中使用的颜色所属的配置文件，然后单击【下一步】按钮。

图10.31　选中【包括颜色预置文件】复选框

❻ 在弹出的对话框中，单击【浏览】按钮，在弹出的【浏览文文件夹】对话框中，选择输出文件的保存位置，然后单击【下一步】按钮，如图10.32所示。

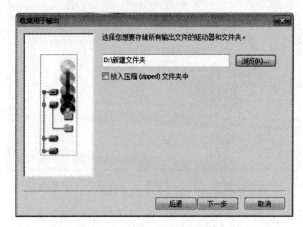

图10.32　单击【下一步】按钮

❼ 在弹出的对话框中确认前面的所有设置后，单击【下一步】按钮．即可执行输出；完成后对话框将显示输出的所有文件，单击【完成】按钮，如图10.33所示，完成操作。

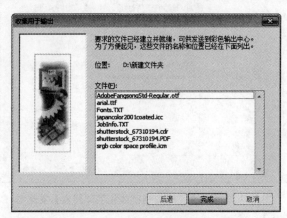

图10.33　单击【完成】按钮

10.2.5 印前技术

要使设计的作品有更好的印刷效果，设计人员还需了解相关的印刷知识，这样在文稿设计过程中对于版面的安排、颜色的应用和后期制作等都会起到很大的帮助。

1. 四色印刷

用于印刷的稿件必须是CMYK颜色模式，这是因为在印刷中使用的油墨都是由C（青）、M（品红）、Y（黄）、K（黑）这4种颜色按不同的比例调配而成。如经常看到的宣传册、杂志、海报等，都是使用四色印刷而成。

2. 分色

分色是一个印刷专门名称，它是将稿件中的各种颜色分解为C（青）、M（品红）、Y（黄）、K（黑）4种颜色。通常的分色工作就是将图像的颜色转换为CMYK颜色模式，这样在图像中就存在C、M、Y、K 4个颜色通道。印刷用青、品红、黄、黑四色进行，每一种颜色都有独立的色板，在色板上记录了这种颜色的网点。青、品红、黄三色混合产生的黑色不纯，而且印刷时在黑色的边缘上会产生其他的色彩。印刷之前，将制作好的CMYK文件送到出片中心出片，就会得到青、品红、黄、黑4张菲林。

印刷品中的颜色浓淡和色彩层次是通过印刷中的网点大小来决定的。颜色浓的地方网点就大，颜色淡的地方网点就小，不同大小、不同颜色的网点就形成了印刷品中富有层次的画面。

通常用于印刷的图像，在精度上不得低于280dpi。不过根据用于印刷的纸张质量的好坏，在图像精度上又有所差别。用于报纸印刷的图像，通常精度为150dpi；用于普通杂志印刷的图像，通常精度为300dpi；对于一些纸张较好的杂志或海报，通常要求图像精度为350～400dpi。

3. 菲林

菲林胶片类似一张相应颜色色阶关系的黑白底片。不管是青、品红还是黄色通道中制成的菲林，都是黑白的。将这4种颜色按一定的色序先后印刷出来后，就得到了彩色的画面。

4. 制版

制版过程就是拼版和出菲林胶片的过程。

5. 印刷

印刷分为平版印刷、凹版印刷、凸版印刷和丝网印刷4种不同的类型，根据印刷类型的不同，分色出品的要求也会不同。

● 平版印刷

平版印刷又成为胶印，是根据水和油墨不相互混合的原理制版印刷的。在印刷过程中，油质的印纹会在油墨辊经过时沾上油墨，而非印纹部分会在水辊经过时吸收水分，然后将纸压在版面上，就使印纹上的油墨转印到纸张上，就制成了印刷品。平版印刷主要用于海报、DM单、画册、书刊杂志以及月历的印刷等，它具有吸墨均匀、色调柔和、色彩丰富等特点。

● 凹版印刷

将图文部分印在凹面，其他部分印在平面。在印刷时涂满油墨，然后刮拭感觉较高部分的非图文处的油墨，并加压于承印物，是凹下的图文处的油墨接触并吸附在被印物上，这样就印刷了印刷品。凹版印刷主要用于大批量的DM单、海报、书刊杂志和画册等，同时还可用于股票、礼券的印刷，其特点是印刷量大，色彩表现好、色调层次高，不易仿制。

● 凸版印刷

与凹版印刷相反，其原理类似盖印章。图文部分在凸出面且是倒反的。非图文部分在平面。在印刷时，凸出的印纹沾上油墨，而凹纹则不会沾上油墨，在印版上加压于承印物时，凸纹上的图文部分的油墨就吸附在纸张上。凸版印刷主要应用于信封、信纸、贺卡、名片和单色书刊等的印刷，其特点是色彩鲜艳、亮度好、文字与线条清晰等，不过它只适合于印刷量少时使用。

● 丝网印刷

印纹成网孔状，在印刷时，将油墨刮压，使油墨经网孔被吸附在承印物上，就印成了印刷品。丝网印刷主要用于广告衫、布幅等布类广告制品的印刷等。其特点是油墨浓厚，色彩鲜艳，但色彩还原力差，很难表现丰富的色彩，且印刷速度慢。

Questions 印刷纸张的大小规格有规定吗？

Answered：纸张的大小一般都要按照国家制定的标准生产。在设计时还要注意纸张的开版，以免造成不必要的浪费。

标志、文字及名片设计

标志设计不仅是种图形艺术的设计，也是一种实用物的设计。文字设计是增强视觉传达效果，提高作品的诉求力，赋予作版面审美价值的一种重要构成技术。名片设计是指设计名片的行为，它在设计上要讲究其艺术性，在大多情况下不会引起人的专注和追求，而是便于记忆，具有更强的识别性，让人在最短的时间内获得所需的情报。因此名片设计必须做到文字简明扼要，字体层次分明，强调设计意识，艺术风格要新颖。本章主要讲解标志设计、文字设计和名片设计等基本知识和设计技巧。

Chapter

11

 教学视频

○ 标志设计   视频时间13:42
○ 文字设计   视频时间9:53
○ 名片设计   视频时间6:54

实例说明

　　本实例主要使用【钢笔工具】、【填充工具】、【透明度工具】等，制作出色彩变化丰富的标志设计。本实例的最终效果如图11.1所示。

图11.1　最终效果

学习目标

- 掌握【钢笔工具】的应用
- 掌握【填充工具】的应用
- 掌握【透明度工具】的应用
- 掌握标志设计的技巧

操作步骤

11.1.1　绘制图形轮廓

　　绘制图形轮廓的具体操作步骤如下：

　　❶ 单击工具箱中的【钢笔工具】按钮，在页面中绘制一个主体图形，效果如图11.2所示。

　　❷ 将绘制的主体图形复制一份，右击，在弹出的快捷菜单中选择【顺序】|【置于此对象后】命令，单击主体图形，改变图形顺序。将复制出的图形拖动到原图右侧，单击工具箱中的【形状工具】按钮，将图形适当调整，作为右侧立体图形，调整效果如图11.3所示。

　　❸ 再次用工具箱中的【钢笔工具】按钮绘制左侧立体图形，如图11.4所示。用同样的方法绘制两个叶片图形，调整图形顺序形状如图11.5所示。

图11.2 绘制图形

图11.3 复制图形并调整

图11.4 左侧立体图形

图11.5 叶片图形

Questions 使用【钢笔工具】绘制曲线有什么小技巧？

Answered ：使用【钢笔工具】绘制曲线过程中，按Enter键即可结束绘制；按Esc键，则可以取消曲线的绘制。

❹ 将前面所绘制的封闭图形调整到合适的位置结合起来，调整到如图11.6所示的形状，至此，绘制图形轮廓的步骤完成。

图11.6 调整图形轮廓

11.1.2 填充图形颜色

填充图形颜色的具体操作步骤如下：

❶ 选择要填充颜色的主体图形。单击工具箱中的【渐变填充】▇按钮，打开【渐变填充】对话框。

❷ 从【类型】下拉菜单中选择【线性】，设置【角度】为−110，【边界】为10%，选择【自定义】单选按钮，设置颜色为黄色（C：2；M：18；Y：93；K：0）到粉色（C：4；M：63；Y：49；K：0）到红色（C：18；M：100；Y：15；K：0）到紫色（C：82；M：100；Y：20；K：0）再到蓝色（C：100；M：80；Y：24；K：0），如图11.7所示，为主体图形填充渐变颜色，将【轮廓】宽度设置为无，如图11.8所示。

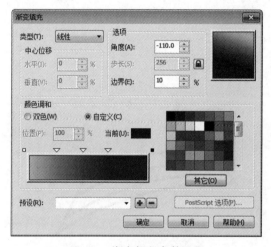

图11.7　渐变颜色参数设置

图11.8　填充渐变颜色

❸ 用同样的方法填充右侧立体图形，设置【角度】为260，【边界】为18%，设置渐变颜色为黄色（C：0；M：0；Y：100；K：0）到红色（C：3；M：93；Y：15；K：0），如图11.9所示，将【轮廓】宽度设置为无，填充好的图形如图11.10所示。

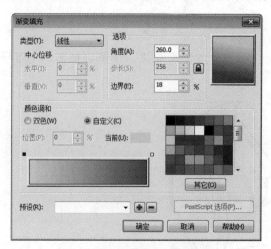

图11.9　设置好的渐变颜色参数

图11.10　填充渐变颜色

❹ 再次填充左侧立体图形，在【选项】栏里设置【角度】为−100，【边界】为4%，设置渐变颜色为紫色（C：76；M：100；Y：29；K：0）到粉色（C：9；M：54；Y：9；

K：0）再到红色（C：5；M：100；Y：13；K：0），如图11.11所示，将【轮廓】宽度设置为无，填充好的图形如图11.12所示。

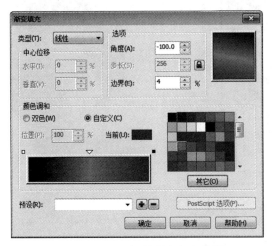

图11.11　设置好的渐变颜色参数

图11.12　填充渐变颜色

❺ 用同样的方法最后填充两个叶片图形，选中大叶片图形，从【类型】下拉菜单中选择【辐射】，【垂直】为6%，设置渐变颜色为黄绿色（C：40；M：0；Y：85；K：0）到绿色（C：75；M：22；Y：50；K：0）再到黄绿色（C：40；M：0；Y：85；K：0），如图11.13所示，将【轮廓】宽度设置为无，填充好的图形如图11.14所示。

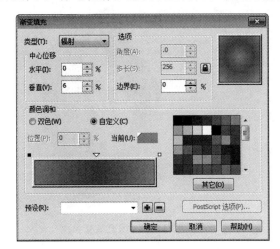

图11.13　设置好的渐变颜色参数

图11.14　填充渐变颜色

❻ 选中小叶片图形，从【类型】下拉菜单中选择【辐射】，【垂直】为-4%，设置渐变颜色为绿色（C：77；M：11；Y：42；K：0）到黄色（C：30；M：1；Y：91；K：0）再到黄色（C：42；M：48；Y：90；K：0），如图11.15所示，将【轮廓】宽度设置为无，填充好的图形如图11.16所示。

Questions　怎样设置线性填充角度？

Answered：设置线性填充角度，可以使用鼠标在预览窗格中拖动来进行调节。

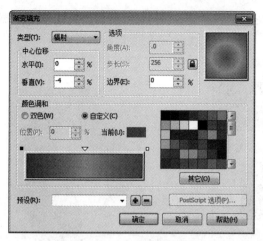

图11.15 设置好的渐变颜色参数

图11.16 填充渐变颜色

11.1.3 制作标志立体效果

制作标志立体效果的具体操作步骤如下：

❶ 选中主体图形，单击工具箱中的【透明度工具】按钮，此时光标呈 形状，然后在图形上拖动，为图形应用透明效果，如图11.17所示。

❷ 选中叶片图形，同样设置透明度，制作出透明效果，如图11.18所示。

图11.17 设置好的渐变颜色参数

图11.18 填充渐变颜色

Section
11.2　文字设计

实例说明

本实例主要使用【文本工具】、【钢笔工具】、【填充工具】等制作出文字的变形效果。本实例的最终效果如图11.19所示。

图11.19 最终效果

学习目标

- 掌握【文本工具】的应用
- 掌握【钢笔工具】的应用
- 掌握【填充工具】的应用
- 掌握文字设计的技巧

操作步骤

11.2.1 输入文字

❶ 单击工具箱中的【文本工具】字按钮，输入文字"新府丽景"，将文字【字体】设置为"微软雅黑"，设置文字颜色为浅灰色（C：0；M：0；Y：0；K：50），执行菜单栏中的【排列】|【锁定对象】命令，将其锁定，效果如图11.20所示。

❷ 单击工具箱中的【钢笔工具】按钮，沿着锁定的文字轮廓绘制文字线条，效果如图11.21所示。

图11.20 锁定文字

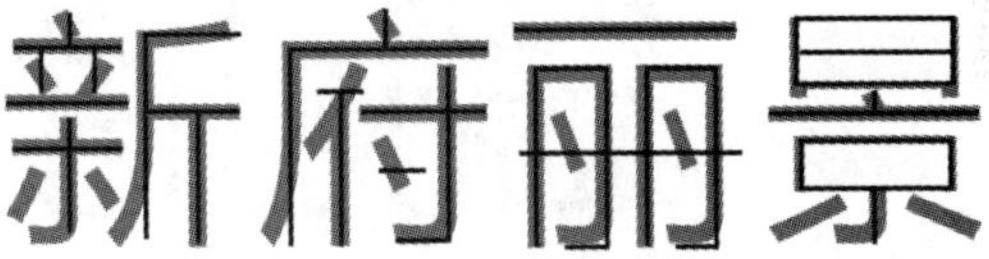

图11.21 绘制文字线条

Questions **怎样安装字体？**

Answered：在计算机打开本地磁盘C/Windows/Fonts文件，将要安装的字体粘贴在Fonts文件中。

11.2.2 编辑文字

❶ 单击锁定的文字，执行菜单栏中的【排列】|【解锁对象】命令，将其解锁，按Delete键删除。

❷ 单击工具箱中的【钢笔工具】按钮，在"新"的左下方绘制如图11.22所示的线条。在"新"的右下方绘制线条与"斤"的线条相连，如图11.22所示，"景"字绘制线条如图11-23所示。

❸ 单击工具箱中的【形状工具】按钮，对文字线条进行调整，调整的效果如图11.24所示。

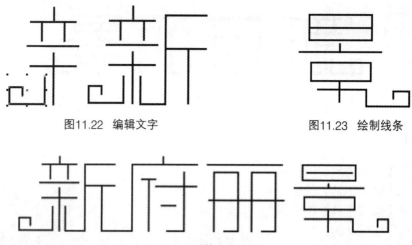

图11.22　编辑文字　　　　　　　　　　　　　　图11.23　绘制线条

图11.24　调整文字形状

❹ 选择编辑好的文字线条，删除"丽"字的中间横线，单击属性栏中的【合并】 按钮，将图形焊接，改变【轮廓宽度】为0.2毫米，如图11.25所示。

图11.25　合并图形

❺ 选中文字，执行菜单栏中的【排列】|【将轮廓转换为对象】命令，将文字线条转换为对象，单击"丽"字中间的横线，单击工具箱中的【渐变填充】 按钮，打开【渐变填充】对话框。从【类型】下拉菜单中选择【辐射】，设置渐变颜色为红色（C：0；M：100；Y：0；K：0）到黄色（C：0；M：0；Y：100；K：0），如图11.26所示，填充好的图形效果如图11.27所示。

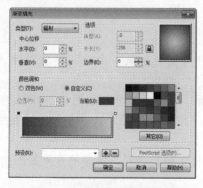

图11.26　渐变颜色参数设置

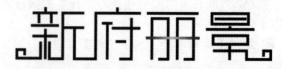

图11.27　填充渐变颜色

实例说明

本实例主要使用【矩形工具】、【文本工具】、【钢笔工具】、【填充工具】等制作出文字的变形效果。本实例的最终效果如图11.28所示。

图11.28 最终效果

学习目标

- 掌握【矩形工具】的应用
- 掌握【文本工具】的应用
- 掌握【钢笔工具】的应用
- 掌握【填充工具】的应用
- 掌握【导入】命令的应用
- 掌握个人名片设计的技巧

操作步骤

11.3.1 制作外框及轮廓

❶ 单击工具箱中的【矩形工具】□按钮，绘制一个【高度】为50mm，【宽度】为90mm的矩形和一个【高度】为50mm，【宽度】为25mm的矩形，调整位置如图11.29所示

Questions **标准名片尺寸都有哪些?**

Answered：标准名片尺寸为54mm×90mm（如有出血则尺寸为57mm×93mm，4边各加1.5mm出血位）。窄型名片尺寸为50mm×90mm或45mm×90mm（如有出血则尺寸为53mm×93mm或48×93mm，4边各加1.5mm出血位）。 折叠名片尺寸为90mm×95mm（如有出血则尺寸为93mm×98mm）。

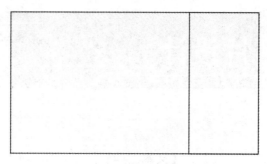

图11.29 绘制矩形

❷ 单击工具箱中的【钢笔工具】 ⚲ 按钮，绘制多个形状，排列位置并调整大小，执行菜单栏中的【效果】|【图框精确剪裁】|【置于文本框内部】命令，将其放置在矩形中，效果如图11.30所示，至此，名片的外框及轮廓绘制完成。

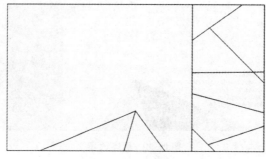

图11.30 绘制形状

11.3.2 填充颜色

❶ 执行菜单栏中的【效果】|【图框精确剪裁】|【编辑PowerClip】命令，进行编辑内容。选择小矩形中左上方的三角形，单击工具箱中的【渐变填充】 ■ 按钮，打开【渐变填充】对话框。设置【类型】为【线性】，【角度】为33.7，【边界】为11%，设置渐变颜色为黄色（C：0；M：42；Y：89；K：0）到黄色（C：31；M：55；Y：100；K：0）到深黄色（C：44；M：69；Y：95；K：6），如图11.31所示。

❷ 执行菜单栏中的【效果】|【图框精确剪裁】|【结束编辑】命令，结束编辑，填充好的图形效果如图11.32所示。

图11.31 【渐变填充】对话框

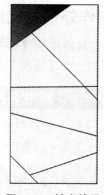

图11.32 填充效果

❸ 用同样的方法填充其他的形状，渐变颜色参数如图11.33所示，填充完成后，选择要修改的图形，将【轮廓】设置为无。

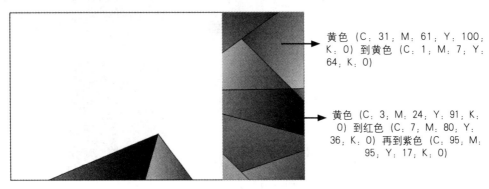

黄色 (C: 31; M: 61; Y: 100; K: 0) 到黄色 (C: 1; M: 7; Y: 64; K: 0)

黄色 (C: 3; M: 24; Y: 91; K: 0) 到红色 (C: 7; M: 80; Y: 36; K: 0) 再到紫色 (C: 95; M: 95; Y: 17; K: 0)

图11.33　填充各个形状

11.3.3　添加文字制作完整图形

❶ 执行菜单栏中的【文件】|【导入】命令，打开【导入】对话框。选择配套光盘中的"调用素材\第11章\标志.cdr"文件，单击【导入】按钮，如图11.34所示。此时光标变成 ⌐ 状，单击图形便会显示在页面中。

图11.34　【导入】命令

❷ 单击工具箱中的【文本工具】字按钮，输入文字"李建国"，设置文字【字体列表】为"微软雅黑"，然后执行菜单栏中的【排列】|【拆分美术字】命令，将其拆分。将拆分后的姓名重新调整大小，排列到一起并放置到矩形的合适位置，如图11.35所示。

❸ 再次输入其他文字，调整不用大小，设置不同字体，摆放不同位置，完成名片设计如图11.36所示。

图11.35 编辑文字

图11.36 完成设计

企业VI系统设计

VI的英文全称是Visual Identity，通译为视觉识别系统，是CIS系统最具传播力和感染力的部分。是将CI的非可视内容转换为静态的视觉识别符号，以无比丰富的多样的应用形式，在最为广泛的层面上，进行最直接的传播。一套整套的VI系统包括基本要素系统和应用系统，基本要素系统包括企业名称、企业标志、企业造型、标准字、标准色、象征图案、宣传口号等，应用系统包括产品造型、办公用品、企业环境、交通工具、服装服饰、广告媒体、招牌、包装系统、公务礼品、陈列展示以及印刷出版物等。本章主要讲解VI设计中应用系统部分的邀请函、吊旗、服装及帽子、纸杯的设计，讲述视觉识别符号在设计中的重要性和传导性。

 教学视频

- 邀请函折页设计　　　　　　　视频时间46:04
- 吊旗设计　　　　　　　　　　视频时间19:13
- 服装及帽子设计　　　　　　　视频时间8:45
- 纸杯设计　　　　　　　　　　视频时间24:59

实例说明

　　本实例主要使用【矩形工具】、【贝塞尔工具】绘制出邀请函的轮廓图，再使用【渐变工具】、【填充工具】、【文本工具】为其添加渐变填充及相应的图形，制作出邀请函的平面效果。最后使用【阴影工具】、【透明度工具】完成邀请函的立体图形效果，本实例的最终效果如图12.1所示。

图12.1　最终效果

学习目标

- 掌握【矩形工具】的应用
- 掌握【文本工具】的应用
- 掌握【透明度工具】的应用
- 掌握【填充工具】的应用
- 掌握邀请函设计的技巧

操作步骤

12.1.1　制作展示背景

　　❶ 选择工具箱中的【矩形工具】□，绘制一个矩形，轮廓设置为无，单击工具箱中的【底纹填充】按钮，打开【底纹填充】对话框，在【底纹库】中选择"样品"，【底纹列表】中选择"灰泥"，在【纸面】选项区中设置【色调】为黑色（R：51；G：43；B：43），设置【亮度】为深灰色（R：71；G：69；B：66），如图12.2所示，设置底纹填充的背景图形如图12.3所示。

图12.2 【底纹填充】对话框

图12.3 填充底纹

❷ 选择工具箱中的【矩形工具】□，绘制一个和背景一样大小的矩形，轮廓设置为无，填充为灰色（C：0；M：0；Y：0；K：20），复制一份以作备用。

❸ 单击工具箱中的【透明度工具】♈按钮，为矩形添加一个线性透明度效果，如图12.4所示，将添加了线性透明度效果的矩形放置到背景图形上方，如图12.5所示。

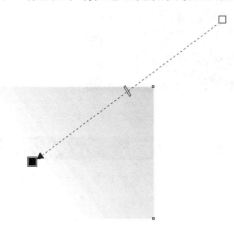

图12.4 添加透明度效果

图12.5 调整图形顺序

Questions 【透明度工具】属性栏中【透明中心点】的设置有什么作用？

Answered：【透明度工具】属性栏中【透明中心点】颜色越接近黑就越透明，越接近白色就不透明。

❹ 选择步骤❷中复制出的矩形，将其填充为黑色（C：0；M：0；Y：0；K：100），单击工具箱中的【透明度工具】♈按钮，为矩形添加一个辐射透明度效果，如图12.6所示，将添加了辐射透明度效果的矩形放置到添加了线性透明效果的矩形上方，如图12.7所示。

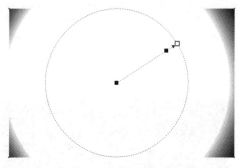

图12.6　添加透明度效果

图12.7　调整图形顺序

❺ 选择工具箱中的【矩形工具】▢，绘制三个长度相当，宽度不同的矩形，分别为其填充灰色（C：0；M：0；Y：0；K：40）和绿色（C：100；M：0；Y：100；K：40），轮廓全部设置为无，将三个矩形放置到背景图形上，调整到合适的位置，如图12.8所示。

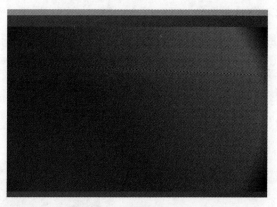

图12.8　调整图形位置

Questions　**怎样快速地移动复制到指定的位置？**

Answered：选择对象，按住鼠标将对象拖动到所想要的位置后右击，就能将鼠标移动复制。

❻ 选择工具箱中的【文本工具】字，输入字母"VIS"，在属性栏中设置【字体列表】为"Bitsumishi"，输入文字"视觉识别系统手册"，设置文字字体为"Adobe 仿宋 Std R"，输入英文"visual identification system"，设置英文字体为"Arial"，将三组文字调整到合适的位置和大小，如图12.9所示，将文字全部选中并进行群组命令。

VIS 视觉识别系统手册
visual identification system

图12.9　输入文字

❼ 选择工具箱中的【矩形工具】▢，绘制两个不同大小的矩形，填充为白色，如图12.10所示，单击属性栏中的【转换为曲线】⟳按钮，将矩形转换为曲线，选择工具箱中的【形状工具】⟍，调整矩形的形状，再将两个图形调整到如图12.11所示的位置。

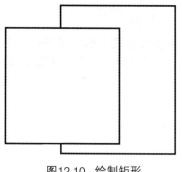

图12.10 绘制矩形

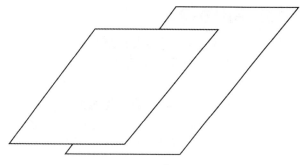

图12.11 调整图形形状

⑧ 选择位于上方的图形，为其填充绿色（C：100；M：0；Y：100；K：0），将另外一个图形填充为黄绿色（C：40；M：0；Y：100；K：0），全部选中两个图形，轮廓设置为无，如图12.12所示。

⑨ 选择绿色图形，单击工具箱中的【透明度工具】⧗按钮，在属性栏中设置【透明度类型】为"标准"，【透明度操作】为"常规"，设置好透明效果的图形如图12.13所示。

图12.12 填充颜色   图12.13 添加透明效果

⑩ 选择工具箱中的【文本工具】字，输入文字"应用识别系统"，设置文字字体为"方正中倩简体"，输入英文"APPLIED IDENTIFICATION SYSTEM"，设置英文字体为"Bell MT"，将其全部填充为白色，并进行群组。

⑪ 将所有文字和步骤⑨中绘制的图形全部放置到背景图形中，调整合适的位置和大小如图12.14所示，至此，VI设计的背景图形设计完成了。

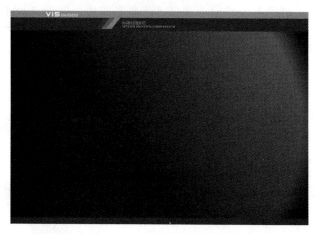

图12.14 完成背景图形设计

12.1.2 制作标志部分

❶ 单击工具箱中的【基本形状工具】按钮，然后单击属性栏中的【完美形状】，打开形状小窗口，选择◎状图形，按住Ctrl键，并拖动鼠标绘制一个正圆环，效果如图12.15所示。

❷ 为正圆环填充黑色，设置轮廓为无，单击工具箱中的【椭圆形工具】○按钮，按住Ctrl键并拖动鼠标绘制一个正圆，填充颜色为白色，轮廓设置为无，调整到合适的大小，按下数字键盘上的"＋"键两次，复制出两个正圆，将其分别放置到正圆环上，如图12.16所示。

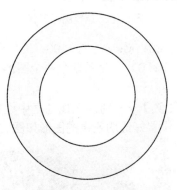

图12.15 绘制正圆环

图12.16 放置正圆

Questions 【3点椭圆形工具】和【椭圆形工具】的区别是什么？

Answered：【椭圆形工具】只能绘制水平方向和垂直方向的椭圆形，而【3点椭圆形工具】能绘制各种角度的椭圆形。【椭圆形工具】在页面中拖动即可绘制出椭圆形，而【3点椭圆形工具】必须绘制出直径后才能绘制出椭圆形。

❸ 单击工具箱中的【椭圆形工具】○按钮，按住Ctrl键并拖动鼠标绘制一个正圆，填充颜色为白色，轮廓设置为无，调整到合适的大小，按下数字键盘上的"＋"键两次，复制出两个正圆，将其分别放置到正圆环上。

❹ 选择绘制的正圆图形，执行菜单栏中的【窗口】|【泊坞窗】|【造形】命令，打开【造形】泊坞窗，在【造形】泊坞窗中选择【修剪】选项，取消选中【保留原始源对象】和【保留原目标对象】复选框，如图12.17所示，单击【修剪】按钮，在正圆环上单击进行修剪，得到的图形效果如图12.18所示。

图12.17 【造形】泊坞窗

图12.18 修剪图形

❺ 用同样的方法单击工具箱中的【椭圆形工具】◯按钮，按住Ctrl键并拖动鼠标绘制一个正圆，填充颜色为黑色，轮廓设置为无，如图12.19所示，将其调整到合适的大小，复制一个正圆，将其移动到如图12.20所示的位置。

图12.19 绘制正圆

图12.20 复制正圆

Tip 为了方便看清复制出的圆形，为其添加80%的黑色填充。

❻ 选择80%黑色的正圆，执行菜单栏中的【窗口】|【泊坞窗】|【造形】命令，打开【造形】泊坞窗，在【造形】泊坞窗中选择【修剪】选项，取消选中【保留原始源对象】和【保留原目标对象】复选框，如图12.21所示，单击【修剪】按钮，在黑色正圆上单击进行修剪，即可得到月牙图形。

❼ 将月牙图形复制两个，分别放置在步骤❹中修剪出的缺口处，调整合适的大小和角度，如图12.22所示，至此，图案标志部分绘制完成。

图12.21 【造形】泊坞窗

图12.22 旋转图形

❽ 选择工具箱中的【文本工具】字，输入文字"宝莱科技"，设置文字字体为"汉真广标"，输入英文"BOOLAYN SCIENCE"，设置字体为"AXIS Std H"，如图12.23所示。

宝莱科技
BOOLAYN SCIENCE

图12.23 输入文字

⑨ 选择文字"宝莱科技"，执行菜单栏中的【排列】|【转换为曲线】命令，将文字转换为曲线，单击工具箱中的【形状工具】 按钮，通过添加节点和删除节点命令将红色圆圈处的图形调整到如图12.24所示的形状。

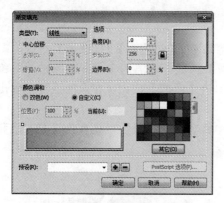

图12.24 调整图形形状

⑩ 选择文字和英文，单击工具箱中的【渐变填充】 按钮，打开【渐变填充】对话框，在【渐变填充】对话框中设置一个从黄色（C：0；M：20；Y：60；K：10）到白色（C：0；M：5；Y：5；K：0）的线性渐变颜色，如图12.25所示，填充了渐变颜色的文字和英文如图12.26所示。

图12.25 【渐变填充】对话框   图12.26 填充渐变颜色

⑪ 将文字和英文复制一份，填充为黑色，调整顺序在原图形下方，如图12.27所示，单击工具箱中的【形状工具】 按钮，调整复制出的图形形状，做成立体效果，如图12.28所示。

图12.27 调整图形顺序   图12.28 调整图形形状

⑫ 选择标志的图案部分，单击工具箱中的【填充工具】 按钮，设置一个从黄色（C：0；M：20；Y：60；K：10）到白色（C：0；M：5；Y：5；K：0）的线性渐变颜色，为其各个部位添加渐变颜色，将其与标志的文字部分放置到一起，调整合适的位置和大小，如图12.29所示，至此标志绘制完成。

Questions 选择对象时如何加选和减选对象？

Answered：在框选多个对象时，如果选择了多余的对象，可按下Shift键单击多选的对象，即可取消选择，再次单击对象就能将对象选择。

图12.29　完成标志设计

12.1.3　制作邀请函正面

❶ 单击工具箱中的【矩形工具】□按钮，绘制一个矩形，单击属性栏中的❀按钮，将其转换为曲线，通过添加节点，将矩形调整到如图12.30所示的形状，将此封闭图形作为邀请函的正面，将其复制一份以作备用。

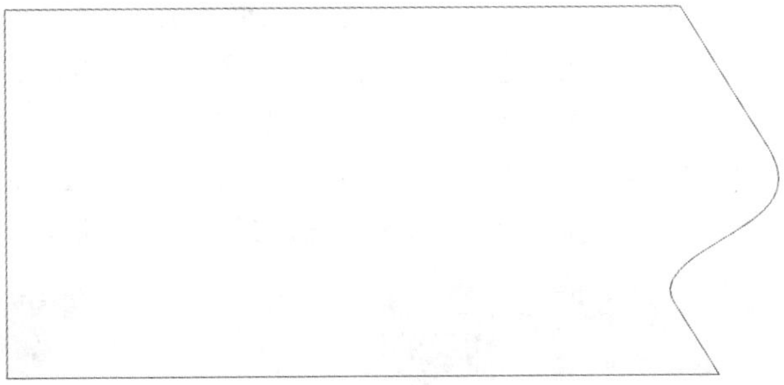

图12.30　调整图形形状

❷ 选择邀请函的正面图形，单击工具箱中的【渐变填充】■按钮，打开【渐变填充】对话框，在【渐变填充】对话框中设置【水平】为17%，【边界】为27%，设置一个从绿色（C：100；M：0；Y：100；K：40）到黄绿色（C：49；M：0；Y：100；K：0）的辐射渐变颜色，如图12.31所示，单击【确定】按钮，为邀请函的正面图形填充辐射渐变颜色，轮廓设置为无，如图12.32所示。

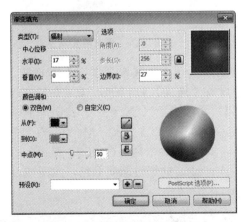

图12.31　【渐变填充】对话框

图12.32　填充渐变颜色

❸ 选择工具箱中的【贝塞尔工具】✎，绘制一个如图12.33所示的封闭图形，将其放置到邀请函的正面图形上，调整合适的位置和大小，设置其轮廓为无，如图12.34所示。

图12.33　绘制封闭图形

图12.34　调整图形位置

④ 将步骤❸中的封闭图形复制一个，单击工具箱中的【形状工具】按钮，调整其下半部分的图形形状。

⑤ 选择封闭图形，单击工具箱中的【渐变填充】按钮，打开【渐变填充】对话框，在【渐变填充】对话框中设置【角度】为218.3，【边界】为29%，设置一个从橙色（C：15；M：75；Y：97；K：0）到橘红色（C：24；M：95；Y：95；K：0）到橙色（C：22；M：90；Y：96；K：0）再到橘红色（C：9；M：51；Y：98；K：0）的线性渐变颜色，如图12.35所示，填充了线性渐变颜色的封闭图形如图12.36所示。

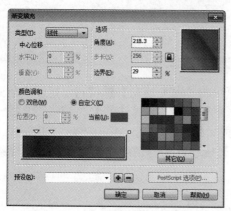

图12.35　【渐变填充】对话框

图12.36　填充渐变颜色

⑥ 将步骤❺所绘制的封闭图形复制一份，单击工具箱中的【渐变填充】按钮，打开【渐变填充】对话框，在【渐变填充】对话框中设置【角度】为−104，【边界】为3%，设置一个从绿色（C：95；M：0；Y：100；K：64）到黄绿色（C：65；M：0；Y：96；K：0）到绿色（C：89；M：0；Y：100；K：55）到深绿色（C：100；M：0；Y：100；K：70）到黄绿色（C：71；M：0；Y：100；K：31）到黄绿色（C：69；M：0；Y：100；K：29）再到绿色（C：95；M：0；Y：100；K：62）的线性渐变颜色，如图12.37所示，填充了线性渐变颜色的封闭图形如图12.38所示。

Questions　**如何快速地将轮廓线转换为对象？**

Answered：用户可以在选择需要转换轮廓线的对象时，按【Ctrl＋Shift＋Q】组合键，即可将轮廓线转换为对象。

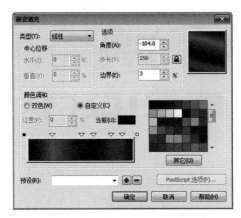

图12.37 【渐变填充】对话框

图12.38 填充渐变颜色

❼ 将两个填充了渐变颜色的封闭图形作为彩带图形，将其放置到一起，调整至合适的位置，将其群组，如图12.39所示，执行菜单栏中的【效果】|【图框精确剪裁】|【置于文本框内部】命令，当指针变为➡时，单击邀请函的正面图形，将群组后的图形置于邀请函的正面图形中，如图12.40所示。

图12.39 调整图形位置

图12.40 【置于文本框内部】命令

❽ 选择工具箱中的【文本工具】字，输入文字"邀请函"，设置字体为"汉仪海韵体简"，输入英文"Invitation"，设置字体为"Aerial"，调整文字和英文的不同大小如图12.41所示。

邀请函
Invitation

图12.41 输入文字

❾ 选择英文，执行菜单栏中的【排列】|【转换为曲线】命令，将英文转换为曲线，单击工具箱中的【形状工具】按钮，调整英文图形的形状，如图12.42所示，将文字和调整形状的英文图形全部选中并进行群组命令。

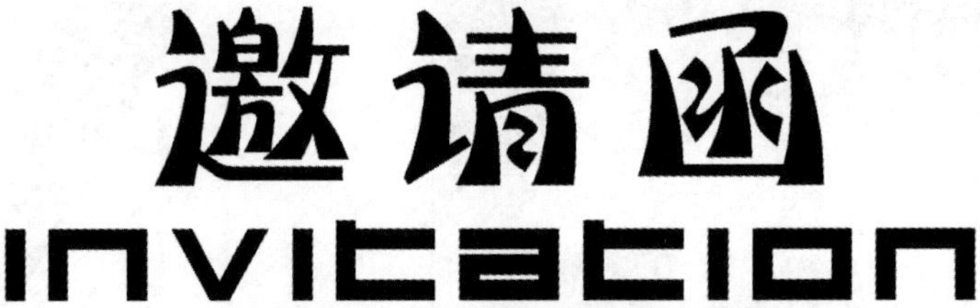
邀请函
invitation

图12.42 调整图形形状

⑩ 选择群组后的文字，将其填充为黄色（C：0；M：20；Y：70；K：10），放置到邀请函正面图形的左上角上，调整合适的位置和大小，如图12.43所示。

邀请函
invitation

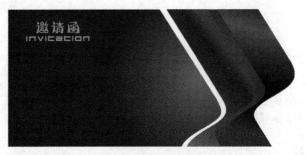

图12.43 放置文字

⑪ 选择标志，将其放置到邀请函正面图形的下方，调整合适的位置和大小，如图12.44所示，至此，邀请函的正面图形全部绘制完成。

邀请函
invitation
宝莱科技
BOOLAYN SCIENCE

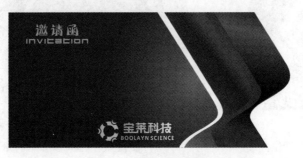

图12.44 调整标志位置

12.1.4 制作邀请函封底

❶ 单击工具箱中的【矩形工具】□按钮，绘制一个矩形作为背景图形，将其填充为浅灰色（C：0；M：0；Y：0；K：10），轮廓设置为无，如图12.45所示。

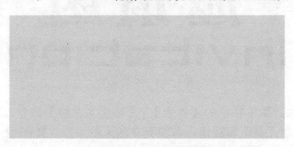

图12.45 绘制矩形

❷ 将两个彩带图形复制一份，将其填充为淡黄色（C：0；M：15；Y：30；K：0）和淡绿色（C：20；M：0；Y：30；K：10），如图12.46所示。

❸ 选择工具箱中的【贝塞尔工具】，沿着右侧彩带图形的边缘绘制一个封闭图形，将其填充为淡黄色（C：0；M：20；Y：70；K：10），设置其轮廓为无，如图12.47所示。

图12.46　填充不同颜色

图12.47　绘制封闭图形

❹ 选择复制出的彩带图形和淡黄色封闭图形，执行菜单栏中的【效果】|【图框精确剪裁】|【置于文本框内部】命令，当指针变为➡时，单击背景图形，将其全部置于背景图形中，执行菜单栏中的【效果】|【图框精确剪裁】|【编辑PowerClip】命令，调整图形的位置，再执行菜单栏中的【效果】|【图框精确剪裁】|【结束编辑】命令退出编辑，如图12.48所示。

图12.48　【结束编辑】命令

❺ 选择邀请函的正面图形并进行群组命令，将其放置在邀请函的背景图形上方，调整合适的位置和大小，如图12.49所示，至此，邀请函的正反面都制作完成了，将其复制一份以作备用。

图12.49　调整图形顺序

12.1.5 制作邀请函立体效果

❶ 选择之前复制的邀请函正面轮廓图形，将其填充为黑色，如图12.50所示，单击工具箱中的【透明度工具】❑按钮，为图形添加一个线性透明效果，如图12.51所示。

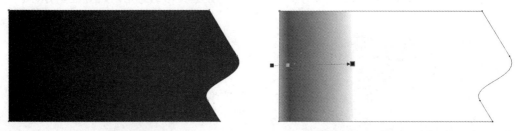

图12.50 填充颜色　　　　　　　　　　图12.51 添加透明效果

Questions 【透明度工具】有几种透明度类型？

Answered：透明度有9种类型，分别有标准、线性、辐射、圆锥、正方形、双色图样、全色图样、位图图样、底纹。

❷ 将添加了透明度的封闭图形的轮廓设置为无，将其复制一份以作备用，放置到邀请函的正面图形上，调整到合适的位置，如图12.52所示，将其全部群组。

图12.52 调整图形位置

❸ 选择群组后的图形，再单击一次进入旋转编辑模式，调整其至合适的倾斜角度，将其放置到背景图形上方，调整合适的位置，如图12.53所示。选择背景图形，同样再单击一次进入旋转编辑模式，调整图形的形状，如图12.54所示。

图12.53 调整图形位置　　　　　　　　图12.54 调整图形形状

④ 将复制的添加了透明度封闭图形放置到之前复制出的邀请函整体图形上，将其全部群组，放置到调整形状的邀请函下方，如图12.55所示。

⑤ 单击工具箱中的【阴影工具】 按钮，为位于上方的邀请函制作阴影效果，在属性栏中设置【阴影角度】为100，【阴影的不透明度】为87，【阴影羽化】为15，【透明度操作】为常规，【阴影颜色】为黑色，添加了阴影效果的图形如图12.56所示。

图12.55　调整图形顺序

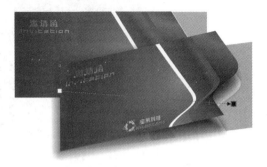

图12.56　添加阴影效果

⑥ 将两个邀请函全部选中并进行群组命令，将其放置到展示背景上，选择工具箱中的【文本工具】 字，输入需要的段落文字，将其填充为白色，输入文字"邀请函展示效果"，填充为黄色（C：0；M：0；Y：100；K：0），调整文字的不同大小，如图12.57所示，至此邀请函的立体效果制作完成。

图12.57　完成立体效果

Section
12.2　吊旗设计

实例说明

本实例主要使用【贝塞尔工具】绘制出吊旗的轮廓图，【矩形工具】和【椭圆形工具】制作旗杆轮廓，再使用【调和工具】、【填充工具】为吊旗和旗杆制作立体效果。本实例的最终效果如图12.58所示。

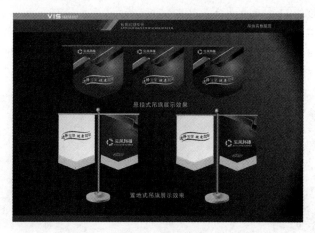

图12.58 最终效果

学习目标

- 掌握【贝塞尔工具】的应用
- 掌握【文本工具】的应用
- 掌握【填充工具】的应用
- 掌握吊旗设计的技巧

操作步骤

12.2.1 制作旗杆

❶ 单击工具箱中的【贝塞尔工具】按钮，在页面中绘制一个封闭图形，将其轮廓设置为无。

❷ 选择封闭图形，单击工具箱中的【渐变填充】按钮，打开【渐变填充】对话框，设置一个从浅灰色（C：11；M：0；Y：0；K：32）到灰色（C：13；M：0；Y：0；K：65）到浅灰色（C：4；M：0；Y：0；K：18）再到灰色（C：6；M：0；Y：0；K：27）的线性渐变颜色，如图12.59所示，单击【确定】按钮，为封闭图形添加渐变颜色，如图12.60所示。

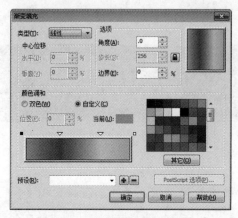

图12.59 【渐变填充】对话框

图12.60 添加渐变颜色

❸ 单击工具箱中的【椭圆形工具】◯按钮，绘制一个椭圆形，单击工具箱中的【渐变填充】■按钮，打开【渐变填充】对话框，设置【角度】为−60.9，【边界】为13%，设置一个从灰色（C：6；M：0；Y：0；K：26）到浅灰色（C：6；M：0；Y：0；K：25）再到浅灰色（C：4；M：0；Y：0；K：14）的线性渐变颜色，如图12.61所示，单击【确定】按钮，为椭圆形添加渐变颜色，如图12.62所示。

图12.61 【渐变填充】对话框   图12.62 添加渐变颜色

❹ 再次单击工具箱中的【椭圆形工具】◯按钮，绘制一个椭圆形，单击工具箱中的【渐变填充】■按钮，打开【渐变填充】对话框，设置一个从灰色（C：6；M：0；Y：0；K：26）到灰色（C：5；M：0；Y：0；K：50）到浅灰色（C：4；M：0；Y：0；K：18）再到浅灰色（C：6；M：0；Y：0；K：27）的线性渐变颜色，如图12.63所示，单击【确定】按钮，为椭圆形添加渐变颜色，如图12.64所示。

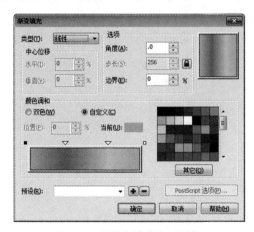

图12.63 【渐变填充】对话框   图12.64 添加渐变颜色

❺ 同样单击工具箱中的【椭圆形工具】◯按钮，绘制一个稍小的椭圆形，单击工具箱中的【渐变填充】■按钮，打开【渐变填充】对话框，设置一个从灰色（C：5；M：0；Y：0；K：50）到浅灰色（C：5；M：0；Y：0；K：10）的辐射渐变颜色，如图12.65所示，单击【确定】按钮，为椭圆形添加渐变颜色，如图12.66所示。

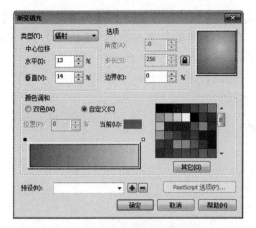

图12.65 【渐变填充】对话框

图12.66 添加渐变颜色

❻ 将上面绘制的各个图形放置到一起，调整合适的图形顺序，调整合适的位置和大小，如图12.67所示，将其全部选中并进行群组命令，至此，旗杆的底座绘制完成。

图12.67 调整图形顺序

❼ 单击工具箱中的【矩形工具】□按钮，在页面中绘制一个细长的矩形，如图12.68所示，在属性栏的【圆角半径】中输入合适的数值，将矩形的下方两个角变为圆角，如图12.69所示。

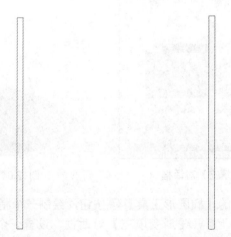

图12.68 绘制矩形　　　　图12.69 绘制圆角矩形

❽ 选择圆角矩形，单击工具箱中的【渐变填充】■按钮，打开【渐变填充】对话框，在【渐变填充】对话框中设置【角度】为180，设置一个从灰色（C：7；M：0；Y：0；K：50）到灰色（C：15；M：0；Y：0；K：70）到灰色（C：7；M：0；Y：0；K：

60）到灰色（C：3；M：0；Y：0；K：9）到灰色（C：8；M：0；Y：0；K：50）到灰色（C：10；M：0；Y：0；K：60）到灰色（C：7；M：0；Y：0；K：40）的线性渐变颜色，如图12.70所示，为圆角矩形填充渐变颜色，轮廓设置为无，如图12.71所示。

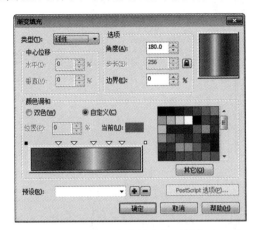

图12.70 【渐变填充】对话框　　　　　　图12.71 添加渐变颜色

❾ 单击工具箱中的【椭圆形工具】○按钮，按住Ctrl键在页面中绘制一个正圆，单击工具箱中的【渐变填充】■按钮，打开【渐变填充】对话框，在【渐变填充】对话框中设置【水平】为−23%，【垂直】为17%，设置一个从黑色到深灰色（C：76；M：65；Y：71；K：28）到灰色（C：36；M：27；Y：26；K：0）到浅灰色（C：24；M：20；Y：18；K：0）到浅灰色（C：12；M：9；Y：11；K：0）再到白色的辐射渐变颜色，如图12.72所示，为正圆填充渐变颜色，将其轮廓设置为无，如图12.73所示。

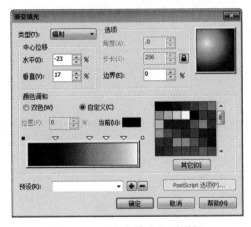 

图12.72 【渐变填充】对话框　　　　　　图12.73 添加渐变颜色

❿ 选择工具箱中的【矩形工具】□，绘制一个细长的矩形，单击工具箱中的【渐变填充】■按钮，打开【渐变填充】对话框，在【渐变填充】对话框中设置【角度】为270，设置一个从深灰色（C：0；M：0；Y：0；K：80）到白色再到深灰色（C：0；M：0；Y：0；K：80）的线性渐变，如图12.74所示，将填充了渐变颜色的矩形轮廓设置为无，如图12.75所示。

⓫ 将所有图形放置到一起，调整合适的位置和大小，如图12.76所示，至此，旗杆部分制作完成。

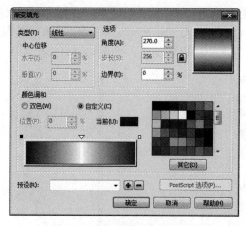

图12.74 【渐变填充】对话框

图12.75 添加渐变颜色

图12.76 调整图形位置

12.2.2 制作宣传语

❶ 选择工具箱中的【贝塞尔工具】 ，绘制两个如图12.77所示的封闭图形，颜色设置为无。

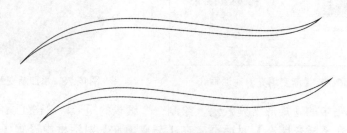

图12.77 绘制封闭图形

❷ 选择上面的封闭图形，单击工具箱中的【渐变填充】 按钮，打开【渐变填充】对话框，在【渐变填充】对话框中设置一个从黄色（C：0；M：17；Y：62；K：9）到白色的线性渐变颜色，如图12.78所示，为封闭图形填充渐变颜色，轮廓设置为无，如图12.79所示。

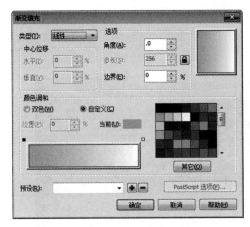

图12.78 【渐变填充】对话框

图12.79 填充渐变颜色

❸ 选择下方的封闭图形，单击工具箱中的【交互式填充工具】按钮，为其添加一个从白色到黄色（C：0；M：17；Y：62；K：9）的线性渐变颜色，如图12.80所示。

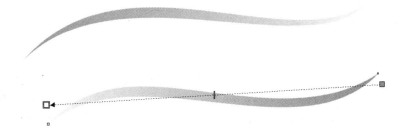

图12.80 填充渐变颜色

❹ 选择工具箱中的【文本工具】字，输入文字"选择宝莱 健康就来"，将"选择"和"健康"的字体设置为"创艺简魏碑"，"宝莱"和"就来"的字体设置为"汉仪细中圆简"，如图12.81所示。

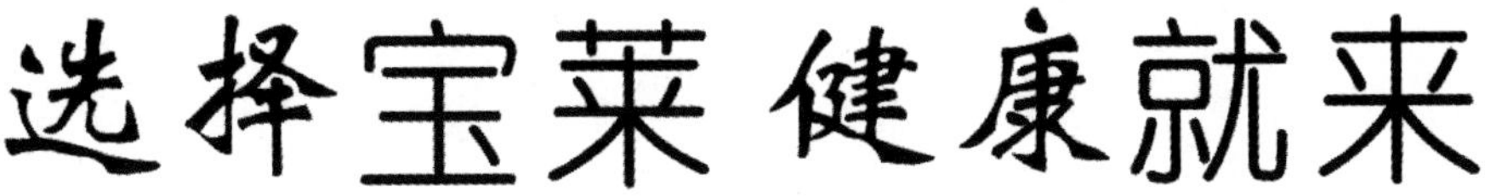

选择宝莱 健康就来

图12.81 输入文字

❺ 选择文字，执行菜单栏中的【排列】|【拆分美术字】命令，将文字拆分，调整文字合适的位置，将其放置在步骤❸中绘制的封闭图形中，如图12.82所示。

图12.82 编辑文字

❻ 将"选择"和"健康"的字体颜色设置为白色，"宝莱"和"就来"的字体颜色设置为淡黄色（C：0；M：9；Y：31；K：5），如图12.83所示，至此，宣传语的设计制作完成。

图12.83　填充文字颜色

Tip 为了方便看清宣传语的字体颜色，在此将背景设置为黑色。

12.2.3　制作置地式吊旗图形

❶ 单击工具箱中的【矩形工具】▢按钮，在页面中绘制一个矩形，如图12.84所示，单击属性栏中的【转换为曲线】⊙按钮，将矩形转换为曲线。

❷ 单击工具箱中的【形状工具】↖按钮，选中矩形左下角的节点，单击属性栏中的【添加节点】⊞按钮，为其添加一个节点，选中该节点，调整至合适的位置，如图12.85所示，将其作为吊旗的轮廓图形。

图12.84　绘制矩形

图12.85　编辑图形形状

❸ 选择吊旗封闭图形，单击工具箱中的【渐变填充】▪按钮，打开【渐变填充】对话框，在【渐变填充】对话框里设置【水平】为33%，【垂直】为33%，【边界】为26%，设置一个从绿色（C：100；M：0；Y：100；K：40）到黄绿色（C：49；M：0；Y：100；K：0）的辐射渐变，如图12.86所示，填充了辐射渐变颜色的吊旗图形轮廓设置为无，如图12.87所示。

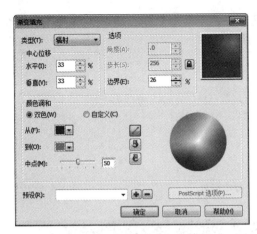

图12.86 【渐变填充】对话框

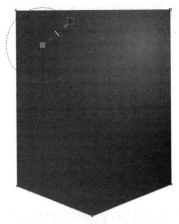

图12.87 填充渐变颜色

❹ 选择之前复制出的两个彩带图形，单击工具箱中的【形状工具】 按钮，分别调整两个彩带图形的形状，全部选中两个彩带图形，在属性栏的【旋转角度】中输入合适的角度并进行群组命令，将其放置在吊旗图形的上方，如图12.88所示。

❺ 选择两个彩带图形，执行菜单栏中的【效果】|【图框精确剪裁】|【置于文本框内部】命令，当指针变为➡时单击吊旗图形，将彩带置于吊旗图形中，如图12.89所示。

图12.88 调整图形位置

图12.89 【置于文本框内部】命令

❻ 单击工具箱中的【矩形工具】 按钮，绘制一个细长的矩形，将其填充为黄色（C：0；M：0；Y：100；K：0），轮廓设置为无，将其复制一个，向右移动到合适的位置，如图12.90所示。

图12.90 复制图形

⑦ 单击工具箱中的【调和工具】🗐按钮，在两个矩形之间创建调和效果，在属性栏的【调和对象】中输入合适的数值，如图12.91所示。

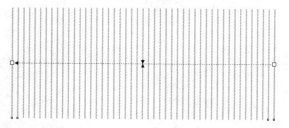

图12.91 调和效果

𝒬uestions　如何改变调和效果的起点？

Answered：如果重新设置调和效果的起点，那么新的起点图形必须调整到原调和效果中的末端对象的下层，否则会弹出提示用户不能利用当前控制的对话框。改变调和效果起点的操作方法与改变终点相似。单击【工具箱】中的【选择工具】按钮，并在页面空白位置单击，取消所有对象的选取状态，然后拖动调和效果中的起端和末端对象，可以改变对象之间的调和效果。

⑧ 选择调和图形，再单击一次进入编辑模式，调整图形的倾斜角度至吊旗的下方倾斜角度，如图12.92所示，复制一份，稍微偏移位置，如图12.93所示，将两个调和图形全部群组。

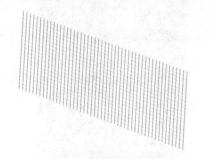

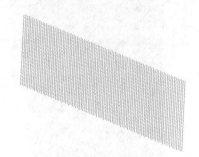

图12.92 调整图形形状　　　　　　　　　　图12.93 复制图形

⑨ 将群组后的图形复制一份，执行菜单栏中的【排列】|【变换】|【缩放和镜像】命令，打开【变换】泊坞窗，在【变换】泊坞窗中单击【水平镜像】🔲按钮，如图12.94所示，将其水平翻转，将两组图形放置到吊旗图形上，调整合适的位置，如图12.95所示。

图12.94 【变换】泊坞窗　　　　　　　　　图12.95 调整图形位置

⑩ 将标志复制一份，放置到吊旗上，调整合适的位置和大小，如图12.96所示。同样将宣传语也复制一份，放置到标志下方，调整合适的位置和大小，如图12.97所示。

图12.96 复制标志图形

图12.97 调整图形位置

⑪ 将吊旗的轮廓图形复制一份，单击工具箱中的【渐变填充】■按钮，打开【渐变填充】对话框，在【渐变填充】对话框中设置【角度】为135，【边界】为2%，设置一个从白色到浅灰色（C：0；M：0；Y：0；K：10）的线性渐变颜色，如图12.98所示，为吊旗的轮廓图形填充渐变颜色，轮廓设置为50%黑色，如图12.99所示。

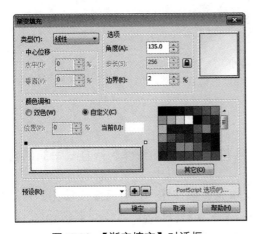

图12.98 【渐变填充】对话框

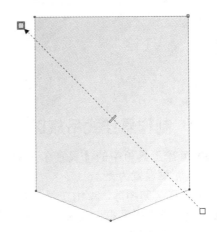

图12.99 填充渐变颜色

⑫ 将之前绘制的黄色调和群组复制一份，放置到吊旗下方，调整合适的位置，如图12.100所示，选择宣传语，同样将其复制一份，填充为绿色（C：100；M：0；Y：100；K：40），将其放置到吊旗上，调整合适的位置和大小，如图12.101所示。

⑬ 将之前绘制的黄色调和群组复制一份，放置到吊旗下方，调整合适的位置，选择宣传语，同样将其复制一份，填充为绿色（C：100；M：0；Y：100；K：40），将其放置到吊旗上，调整合适的位置和大小，如图12.102所示。

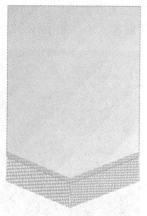

图12.100　调整图形位置

图12.101　放置图形

图12.102　调整图形位置

12.2.4　制作悬挂式吊旗图形

❶ 选择工具箱中的【贝塞尔工具】 ，绘制一个封闭图形作为悬挂式吊旗的轮廓图形，将其轮廓设置为无。

❷ 选择封闭图形，单击工具箱中的【渐变填充】 按钮，打开【渐变填充】对话框，在【渐变填充】对话框中设置【水平】为27%，【垂直】为14%，【边界】为25%，设置一个从绿色（C：100；M：0；Y：100；K：40）到绿色（C：100；M：0；Y：100；K：0）到黄绿色（C：40；M：0；Y：100；K：0）的辐射渐变颜色，如图12.103所示，为吊旗的轮廓图形填充渐变颜色，如图12.104所示。

❸ 将之前的彩带图形复制一份，单击工具箱中的【形状工具】 按钮，调整彩带图形的形状，在属性栏中的【旋转角度】中输入合适的角度。

❹ 选单击工具箱中的【渐变填充】 按钮，打开【渐变填充】对话框，在【渐变填充】对话框中设置【角度】为216.3，【边界】为39%，设置一个从橘红色（C：15；M：75；Y：97；K：0）到红色（C：24；M：95；Y：95；K：0）到红色（C：22；M：90；Y：96；K：0）再到橘黄色（C：40；M：0；Y：100；K：0）的线性渐变颜色，如图12.105所示，为彩带图形填充渐变颜色，轮廓设置为无，效果如图12.106所示。

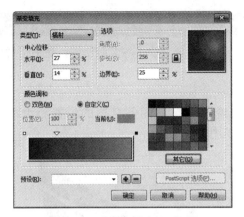

图12.103 【渐变填充】对话框

图12.104 填充渐变颜色

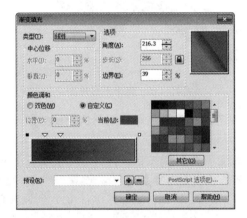

图12.105 【渐变填充】对话框

图12.106 填充渐变颜色

❺ 将步骤❸中的彩带复制一份，单击工具箱中的【渐变填充】▇按钮，打开【渐变填充】对话框，在【渐变填充】对话框中设置【角度】为−254，【边界】为30%，设置一个从绿色（C：95；M：0；Y：100；K：64）到黄绿色（C：65；M：0；Y：96；K：0）到绿色（C：89；M：0；Y：100；K：55）到深绿色（C：100；M：0；Y：100；K：70）到黄绿色（C：71；M：0；Y：100；K：31）到黄绿色（C：69；M：0；Y：100；K：29）再到绿色（C：95；M：0；Y：100；K：62）的线性渐变颜色，如图12.107所示，填充了线性渐变颜色的封闭图形如图12.108所示。

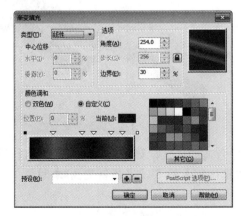

图12.107 【渐变填充】对话框

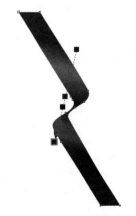

图12.108 填充渐变颜色

❻ 将两个填充好渐变颜色的彩带图形放置到一起，调整合适的位置和大小，如图12.109所示，将其旋转一定的角度，如图12.110所示。

图12.109　调整图形位置　　　　　　　　　　图12.110　旋转图形角度

❼ 选择工具箱中的【贝塞尔工具】 按钮，沿着红色彩带图形的轮廓绘制一个封闭图形，将其轮廓设置为无。

❽ 选择封闭图形，单击工具箱中的【渐变填充】 按钮，打开【渐变填充】对话框，在【渐变填充】对话框中设置【角度】为325.5，【边界】为39，设置一个从白色到灰色（C：0；M：0；Y：0；K：40）到灰色（C：0；M：0；Y：0；K：60）到深灰色（C：0；M：0；Y：0；K：90）到白色到深灰色（C：0；M：0；Y：0；K：90）到灰色（C：0；M：0；Y：0；K：40）到白色到浅灰色（C：0；M：0；Y：0；K：10）的线性渐变颜色，如图12.111所示，为封闭图形填充渐变颜色，轮廓设置为无，效果如图12.112所示，将此彩带图形群组。

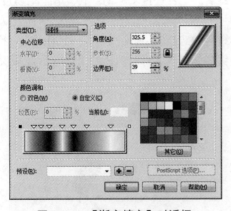

图12.111　【渐变填充】对话框　　　　　　　　图12.112　填充渐变颜色

❾ 将彩带图形放置在吊旗图形中，调整合适的位置，如图12.113所示，执行菜单栏中的【效果】|【图框精确剪裁】|【置于文本框内部】命令，当指针变为 时，单击吊旗图形，将彩带置于吊旗中，如图12.114所示。

图12.113　调整图形位置

图12.114　【置于文本框内部】命令

⑩ 将标志图形复制一份，放置到吊旗的左上方，调整合适的位置和大小，如图12.115所示。同样将宣传语也复制一份，将其放置到吊旗的中下方，调整合适的位置和大小，如图12.116所示。

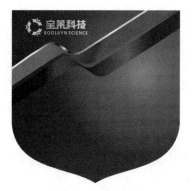

图12.115　调整标志位置

图12.116　放置宣传语图形

⑪ 将吊旗图形群组，向右复制两个，选择工具箱中的【矩形工具】□，绘制一个细长的矩形，将其填充为灰色（C：0；M：0；Y：0；K：60），轮廓设置为无，将其放置到吊旗上方，如图12.117所示，悬挂式吊旗制作完成。

图12.117　复制吊旗图形

⑫ 将置地式吊旗复制一份，连同悬挂式吊旗一起放置到展示背景中，调整合适的位置和大小，选择工具箱中的【文本工具】字，输入需要的文字，将其填充为黄色（C：0；M：0；Y：100；K：0），将文字放置到展示背景上，调整合适的位置和大小，如图12.118所示，吊旗的设计制作完成。

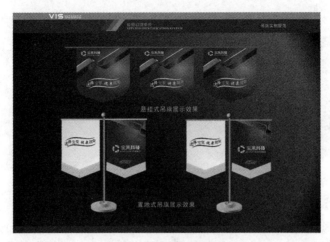

图12.118 完成吊旗设计

服装及帽子设计

实例说明

　　本实例主要使用【贝塞尔工具】绘制出衣服和帽子的轮廓图，再使用【填充工具】为其制作衣服效果。本实例的最终效果如图12.119所示。

图12.119 最终效果

学习目标

- 掌握【贝塞尔工具】的应用
- 掌握【填充工具】的应用
- 掌握衣服类矢量图形的制作技巧

12.3.1 制作服装设计

❶ 单击工具箱中的【贝塞尔工具】 ✏️ 按钮，绘制一个T恤的轮廓封闭图形，效果如图12.120所示。再次选择工具箱中的【贝塞尔工具】 ✏️ 绘制若干个封闭图形，放置在T恤上，形成衣服褶皱的效果，如图12.121所示。

图12.120 绘制T恤外形

图12.121 绘制褶皱纹理

❷ 单击工具箱中的【贝塞尔工具】 ✏️ 按钮，在衣领部分绘制一个封闭图形，设置其轮廓为无，为其添加一个白色的填充颜色，将褶皱纹理部分同样设置轮廓为无，填充为浅灰色（C：0；M：0；Y：0；K：20），将位于左下方的褶皱填充为浅灰色（C：0；M：0；Y：0；K：10），效果如图12.122所示。

❸ 选择之前绘制完成的图案标志和文字标志，设置颜色为深绿色（C：100；M：0；Y：100；K：40），文字标志的底色部分不变，将其全部选中，放置到T恤上，调整合适的位置和大小，如图12.123所示。

图12.122 填充颜色

图12.123 填充标志图案

❹ 将T恤全部选中，轮廓设置为无，复制一份，将除褶皱外的衣服图形填充为深绿色（C：100；M：0；Y：100；K：40），领口颜色填充为黄色（C：0；M：0；Y：100；K：0），褶皱部分填充为墨绿色（C：96；M：53；Y：100；K：24）。作为同一款服装的

配色版，并放置在白色T恤的下方，如图12.124所示。

图12.124　复制并填充颜色

> **Tip**　为了方便看出衣服的形状，在此将背景设置为黑色。

12.3.2　制作帽子设计

❶ 单击工具箱中的【贝塞尔工具】🖋按钮，绘制一个封闭图形作为帽檐，效果如图12.125所示。

❷ 同样选择工具箱中的【贝塞尔工具】🖋按钮，按照前面绘制的帽檐封闭图形，再绘制两个封闭图形，单击工具箱中的【椭圆形工具】⬭按钮，绘制一个小椭圆形。最后将所有图形组合到一起完成帽子的轮廓图，效果如图12.126所示。

图12.125　绘制封闭图形

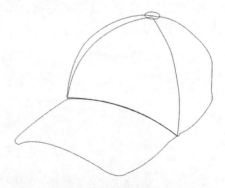

图12.126　绘制封闭图形

❸ 单击选中帽子的帽檐与三角图形，填充为淡绿色（C：15；M：0；Y：15；K：0）；然后选中其他图形，填充为绿色（C：100；M：0；Y：100；K：40）；最后选中全部图形，设置轮廓为无，效果如图12.127所示。

❹ 将之前绘制的标志复制一份，将其填充为绿色（C：100；M：0；Y：100；K：40），放置到帽子的三角形上，双击改变旋转模式调整标志的角度，然后单击改变缩放模式，完成扭曲效果，如图12.128所示。

图12.127　组合封闭图形完成帽子轮廓图　　　　　图12.128　填充颜色

❺ 将帽子图形选中并复制一份，单击属性栏中的【水平镜像】⚎按钮，然后填充不同的颜色。将图形标志同样也复制一份，填充为白色。双击改变旋转模式调整标志的角度，然后再单击改变缩放模式完成扭曲效果。完成两个帽子的绘制，如图12.129所示。

图12.129　添加标志并调整

❻ 将帽子图形和衣服图形全部选中，放置到展示背景中，调整合适的位置和大小，选择工具箱中的【文本工具】字，输入需要的段落文字，将其填充为白色，输入文字"帽子展示效果"和"衣服展示效果"，将其填充为黄色（C：0；M：0；Y：100；K：0），将文字放置到展示背景上，调整合适的位置和大小，如图12.130所示，服装和帽子的设计就绘制完成了。

图12.130　完成整体设计

实例说明

本实例主要使用【矩形工具】、【椭圆形工具】绘制出纸杯的轮廓图，再为其添加渐变填充及相应的图形，制作出纸杯的整体效果。本实例的最终效果如图12.131所示。

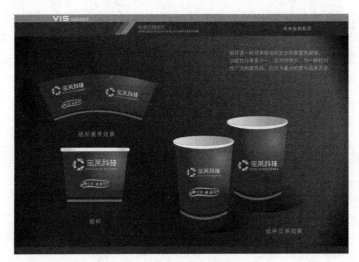

图12.131　最终效果

学习目标

- 掌握【椭圆形工具】的应用
- 掌握【文本工具】的应用
- 掌握【基本形状工具】的应用
- 掌握【填充工具】的应用
- 掌握纸杯设计的技巧

操作步骤

12.4.1　制作纸杯展开效果

❶ 单击工具箱中的【贝塞尔工具】🖉按钮，绘制一个扇形封闭图形作为纸杯的展开面，如图12.132所示。

❷ 选择扇形封闭图形，单击工具箱中的【渐变填充】█按钮，打开【渐变填充】对话框，在【渐变填充】对话框中设置【水平】为33%，【垂直】为51%，【边界】为32%，设置一个从深绿色（C：100；M：0；Y：100；K：40）到绿色（C：100；M：0；Y：100；K：0）再到黄绿色（C：40；M：0；Y：100；K：0）的辐射渐变颜色，如图12.133所示，为扇形封闭图形填充渐变颜色，轮廓设置为无，效果如图12.134所示。

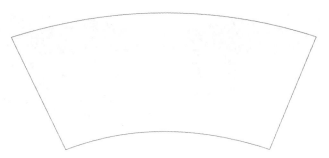

图12.132 绘制封闭图形

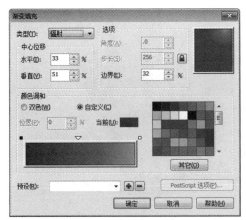

图12.133 【渐变填充】对话框

图12.134 填充渐变颜色

❸ 选择工具箱中的【贝塞尔工具】✎，沿着扇形封闭图形的形状绘制一个弧形的封闭图形，将其复制一份，将两个图形全部放置到扇形封闭图形上，调整合适的位置如图12.135所示。

❹ 选择位于上方的弧形封闭图形，将其填充为深绿色（C：100；M：0；Y：100；K：60），轮廓设置为无，填充另外一个图形为橘黄色（C：0；M：60；Y：100；K：0），同样设置轮廓为无，如图12.136所示。

图12.135 绘制封闭图形

图12.136 填充不同颜色

❺ 单击工具箱中的【贝塞尔工具】✎按钮，沿着橘黄色图形的轮廓绘制一个如图12.137所示的封闭图形，将其填充为深绿色（C：100；M：0；Y：100；K：60）。

❻ 选择深绿色封闭图形，将其轮廓设置为无，执行菜单栏中的【效果】|【图框精确剪裁】|【置于文本框内部】命令，当指针变为➡时，单击扇形封闭图形，将深绿色封闭图形置于扇形封闭图形内部，如图12.138所示。

图12.137　绘制封闭图形

图12.138　【置于文本框内部】命令

❼ 选择标志群组，将其复制两份，分别放置在扇形图形上，调整至合适的位置和大小，如图12.139所示。

图12.139　调整标志位置

❽ 将宣传语复制一份，放置到扇形封闭图形上，调整合适的位置和大小，单击工具箱中的【阴影工具】❑按钮，在属性栏中设置【阴影的不透明度】为50，【阴影羽化】为15，【透明度操作】为常规，设置【阴影颜色】为黄色（C：0；M：20；Y：100；K：0），设置了阴影的图形如图12.140所示，至此，纸杯的展开效果制作完成。

图12.140　设置阴影效果

❾ 选择工具箱中的【贝塞尔工具】 ，绘制一个梯形封闭图形，单击工具箱中的【渐变填充】 按钮，打开【渐变填充】对话框，在【渐变填充】对话框中设置【水平】为30，【垂直】为32，【边界】为29，设置一个从深绿色（C：100；M：0；Y：100；K：40）到绿色（C：100；M：0；Y：100；K：0）再到黄绿色（C：40；M：0；Y：100；K：0）的辐射渐变颜色，如图12.141所示，为封闭图形填充渐变颜色，轮廓设置为无，效果如图12.142所示。

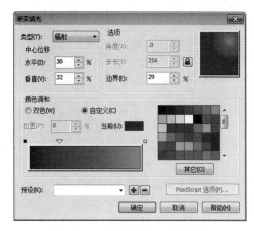

图12.141 【渐变填充】对话框

图12.142 填充渐变颜色

⑩ 选择工具箱中的【矩形工具】□，绘制三个如图12.143所示的矩形，从上到下将三个矩形分别填充为深绿色（C：100；M：0；Y：100；K：60），橘黄色（C：0；M：60；Y：100；K：0），深绿色（C：100；M：0；Y：100；K：60），将三个矩形的轮廓全部设置为无，如图12.144所示。

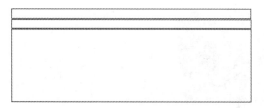

图12.143 绘制矩形

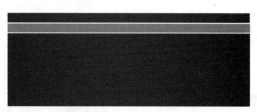

图12.144 填充不同颜色

⑪ 将三个矩形群组，放置到梯形封闭图形下方，调整合适的位置和大小，如图12.145所示，执行菜单栏中的【效果】|【图框精确剪裁】|【置于文本框内部】命令，当指针变为➡时，单击梯形封闭图形，将矩形群组置于梯形封闭图形中，如图12.146所示。

图12.145 调整图形位置

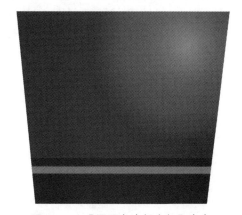

图12.146 【置于文本框内部】命令

⑫ 将标志图形复制一份，放置到梯形封闭图形的上方，调整合适的位置和大小，如图12.147所示。同样的将步骤⑧中添加了阴影效果的宣传语也复制一份，将其放置到梯形封闭图形的中间，调整合适的位置和大小，如图12.148所示。

图12.147　调整标志位置

图12.148　放置宣传语图形

⑬ 选择工具箱中的【矩形工具】 ▭，绘制一个矩形，在属性栏的【圆角半径】中输入合适的数值，使其变成圆角矩形作为纸杯平面图形的杯口轮廓图，如图12.149所示。

图12.149　绘制圆角矩形

⑭ 选择圆角矩形，单击工具箱中的【渐变填充】 ▣ 按钮，打开【渐变填充】对话框，在【渐变填充】对话框中设置一个从白色到浅灰色（C：0；M：0；Y：0；K：10）到白色到浅灰色（C：0；M：0；Y：0；K：10）再到白色的线性渐变颜色，如图12.150所示，为圆角矩形填充渐变颜色，填充轮廓颜色为浅灰色（C：0；M：0；Y：0；K：30），效果如图12.151所示，纸杯的平面效果制作完成。

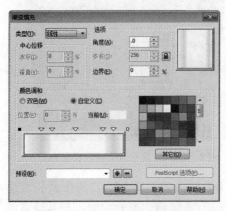

图12.150　【渐变填充】对话框

图12.151　填充渐变颜色

12.4.2 制作纸杯立体效果

❶ 单击工具箱中的【贝塞尔工具】✎按钮，绘制一个封闭图形作为纸杯的立体正面图形。

❷ 选择工具箱中的【渐变填充】■，打开【渐变填充】对话框，在【渐变填充】对话框中设置【水平】为30%，【垂直】为32%，【边界】为29%，设置一个从深绿色（C：100；M：0；Y：100；K：40）到绿色（C：100；M：0；Y：100；K：0）再到黄绿色（C：40；M：0；Y：100；K：0）的辐射渐变颜色，如图12.152所示，为封闭图形填充渐变颜色，轮廓设置为无，效果如图12.153所示。

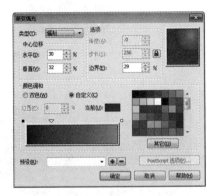

图12.152 【渐变填充】对话框

图12.153 填充渐变颜色

❸ 单击工具箱中的【椭圆形工具】○按钮，绘制一个椭圆形，将其填充为白色，轮廓设置为灰色（C：0；M：0；Y：0；K：30），如图12.154所示，将椭圆形放置到纸杯的正面立体图形上，调整合适的位置和大小，如图12.155所示。

图12.154 绘制椭圆形

图12.155 调整图形位置

❹ 单击工具箱中的【椭圆形工具】○按钮，绘制一个稍小些的椭圆形，将其放置在白色椭圆形上。

❺ 单击工具箱中的【渐变填充】■按钮，打开【渐变填充】对话框，在【渐变填充】对话框中设置【角度】为180，【边界】为1%，设置一个从灰色（C：0；M：0；Y：0；K：20）到灰色（C：0；M：0；Y：0；K：30）再到白色的线性渐变颜色，如图12.156所示，为封闭图形填充渐变颜色，效果如图12.157所示。

❻ 选择工具箱中的【贝塞尔工具】✎，绘制如图12.158所示的三个封闭图形，将其分别填充为深绿色（C：100；M：0；Y：100；K：60）和橘黄色（C：0；M：60；Y：100；K：0），将三个封闭图形的轮廓全部设置为无，如图12.159所示，将其全部群组。

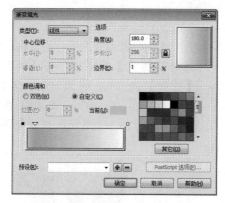

图12.156 【渐变填充】对话框

图12.157 填充渐变颜色

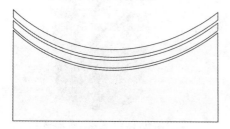

图12.158 绘制封闭图形

图12.159 填充不同颜色

⑦ 将群组后的图形放置在纸杯的立体正面图形上，调整合适的位置，如图12.160所示。选择群组后的图形，执行菜单栏中的【效果】|【图框精确剪裁】|【置于文本框内部】命令，当指针变为➡️时单击纸杯的立体正面图形，将群组后的图形置于纸杯的立体正面图形中，如图12.161所示。

图12.160 调整图形位置

图12.161 【置于文本框内部】命令

⑧ 将标志复制一份，放置到纸杯的立体正面图形上，调整合适的位置和大小，如图12.162所示，同样将添加了阴影的宣传语"选择宝莱 健康就来"复制一份，放置到纸杯的立体正面图形上，如图12.163所示，纸杯的立体图形绘制完成。

⑨ 将绘制好的纸杯立体图形全部选中并进行群组命令，将其复制一份，调整到合适的位置，如图12.164所示，至此，纸杯的立体效果制作完成。

图12.162　调整图形位置　　　图12.163　完成纸杯立体设计　　　图12.164　复制图形

12.4.3　制作纸杯整体效果

❶ 将绘制的纸杯展开图形和立体图形全部放置到展示背景上，调整合适的位置和大小，如图12.165所示。

图12.165　调整图形位置

❷ 单击工具箱中的【椭圆形工具】◯按钮，绘制一个椭圆形，将其填充为黑色，放置到立体纸杯的下方，单击工具箱中的【透明度工具】♀按钮，为其添加一个透明度效果，如图12.166所示。

图12.166　添加透明效果

❸ 将添加了透明度效果的黑色椭圆形复制一份，放置到另一个纸杯下方作为阴影图形，如图12.167所示。

图12.167　复制图形

❹ 选择工具箱中的【文本工具】字，输入需要的文字，将文字填充为黄色（C：0；M：0；Y：100；K：0），将文字调整至合适的大小，调整合适的位置，如图12.168所示，纸杯的设计制作完成。

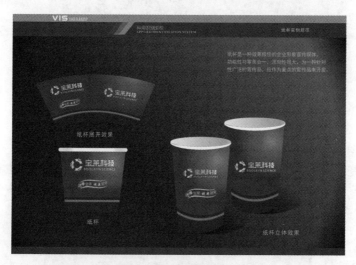

图12.168　完成整体设计

商业包装设计

包装设计是依附于包装物体上的平面设计，是包装外表上的视觉形象，包括文字、摄影、插图、图案等要素的构成。在市场经济越来越规范的今天，人们对产品包装的认识也越来越深刻。一个优秀的包装设计，是包装造型设计、结构设计、装潢设计三者有机的统一，只有这样，才能充分地发挥包装设计的作用。而且，包装设计不仅涉及技术和艺术这两大学术领域，它还在各自领域内涉及许多其他相关学科。

本章主要讲解盒装包装、袋式包装、易拉罐包装、红酒瓶装包装设计的技巧，以及通过文字、图形和色彩之间连贯、重复、呼应和分割等手法，形成构图的整体制作完整的包装效果。

Chapter 13

 教学视频

桔然果萃食品包装设计

实例说明

　　本实例主要使用【贝塞尔工具】绘制出包装盒的轮廓图，再用【文本工具】、【填充工具】为其添加填充颜色及相应的图形文字，制作出包装的效果，最后使用【阴影工具】和【透明度工具】为包装制作整体立体的展示效果。本实例的最终效果如图13.1所示。

图13.1　最终效果

学习目标

- 掌握【贝塞尔工具】的应用
- 掌握【文本工具】的应用
- 掌握【填充工具】的应用
- 掌握【阴影工具】的应用
- 掌握【透明度工具】的应用
- 掌握盒类包装设计的技巧

操作步骤

13.1.1　制作包装形状

　　❶ 单击工具箱中的【贝塞尔工具】按钮，在页面中绘制一个如图13.2所示的正面封闭图形，用同样的方法，沿着正面封闭图形的右侧轮廓绘制一个侧面封闭图形，如图13.3所示。

　　❷ 同样利用工具箱中的【贝塞尔工具】，沿着正面封闭图形上方的轮廓绘制一个如图13.4所示的贴口封闭图形。

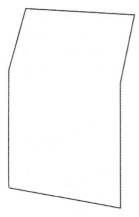

图13.2 正面封闭图形

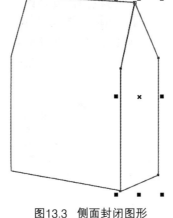

图13.3 侧面封闭图形

图13.4 贴口封闭图形

13.1.2 绘制正面图形

❶ 单击工具箱中的【矩形工具】▭按钮，绘制一个【宽度】为4mm，【高度】为20mm的矩形，如图13.5所示。

❷ 执行菜单栏中的【排列】|【变换】|【位置】命令，打开【变换】泊坞窗，在【变换】泊坞窗中设置【x】为4mm，相对位置为右边居中，【副本】为12，如图13.6所示，设置完成后，单击【应用】按钮，复制并移动的图形如图13.7所示。

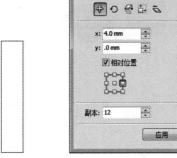

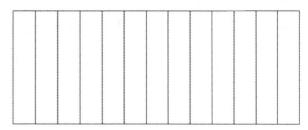

图13.5 绘制矩形　图13.6 【变换】泊坞窗　　　　图13.7 复制并移动图形

❸ 选择第一个矩形，单击工具箱中的【渐变填充】▨按钮，打开【均匀填充】对话框，为其添加土黄色（C：16；M：46；Y：86；K：0），依次选择各个矩形，分别填充不同深浅的颜色，全选矩形图形，将轮廓设置为无，效果如图13.8所示。

图13.8 填充颜色效果

❹ 全选绘制好颜色的矩形，对图形进行群组，双击图形进入旋转模式，或者在属性栏的【旋转角度】栏中输入356°，旋转后的图形如图13.9所示。

❺ 选中旋转后的图形，双击图形，周围便会出现编辑点，将光标放在编辑点上方的➡状的编辑点上，此时光标变成⇄状，按住鼠标并向右边拖动到合适的位置，完成扭曲效果，如图13.10所示。

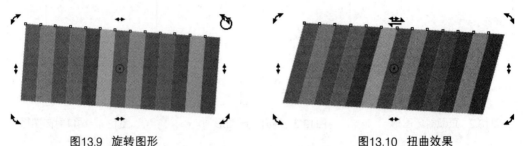

图13.9 旋转图形   图13.10 扭曲效果

❻ 选中旋转扭曲后的矩形，执行菜单栏中的【效果】|【图框精确剪裁】|【置于文本框内部】命令，当鼠标变为➡时单击前面绘制的贴口封闭图形，将图形放置在贴口封闭图形内部，如图13.11所示。

❼ 执行菜单栏中的【效果】|【图框精确剪裁】|【编辑PowerClip】命令，编辑旋转扭曲后的矩形大小，调整其在合适的位置，执行菜单栏中的【效果】|【图框精确剪裁】|【结束编辑】命令，退出编辑模式后，设置贴口封闭图形的轮廓为无，如图13.12所示。

图13.11 【置于文本框内部】   图13.12 编辑图形

❽ 单击工具箱中的【椭圆形工具】〇按钮，绘制一个椭圆形，为其设置0.1mm的黑色轮廓，填充为白色，如图13.13所示，将椭圆形原地复制一份，按住Alt键将复制的椭圆形向里拖动到合适的位置，填充颜色为黑色，如图13.14所示。

❾ 选择工具箱中的【文本工具】字，分别输入英文"J"和"R"，设置文字【字体列表】为"Arial"，将其如图13.15所示摆放在一起，设置字体颜色为白色，进行群组。选中椭圆形和文字，再点一次进入旋转编辑模式，将图形适当旋转到合适的角度，如图13.16所示。

图13.13 绘制椭圆形

图13.14 复制图形

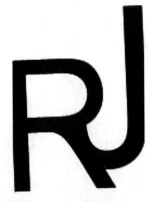

图13.15 输入文字

图13.16 旋转图形

⑩ 绘制一个正十二边形的多边形，如图13.17所示，单击属性栏中的【转换为曲线】
⚙按钮，或者执行菜单栏中的【排列】|【转换为曲线】命令，将多边形转换为曲线。

⑪ 单击工具箱中的【形状工具】按钮，选中如图13.18所示的节点，将之删除，选
中如图13.18所示红圈所示的节点，单击属性栏中的【转换为线条】按钮，将其转换为直
线，如图13.19所示。

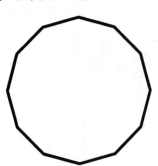

图13.17 绘制多边形

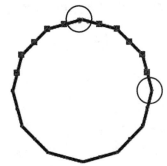

图13.18 删除节点

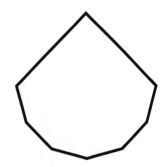

图13.19 转换为线条

⑫ 单击工具箱中的【贝塞尔工具】按钮，沿着编辑后的多边形轮廓绘制如图13.20
所示的三个封闭图形，将三个封闭图形全部选中并复制一份，单击属性栏中的【水平镜
像】按钮，将其水平翻转，移动到多边形的另一边，将多边形删除，如图13.21所示。

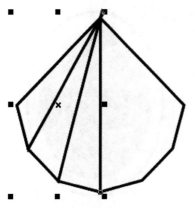

图13.20　绘制封闭图形　　　　　　　　　图13.21　水平镜像图形

⓭　选择左边第一个封闭的三角图形，为其添加淡黄色（C：9；M：0；Y：62；K：0），轮廓设置为无，如图13.22所示。依次选择其他封闭图形，分别为其添加不同深浅颜色，轮廓全部设置为无，然后选中所有图形，进行群组，如图13.23所示。

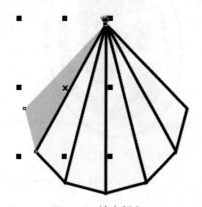

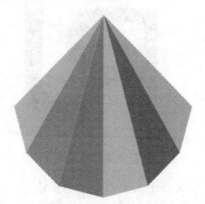

图13.22　填充颜色　　　　　　　　　　　图13.23　群组图形

⓮　双击群组后的多边形，进入旋转编辑模式，对图形稍加旋转到合适的角度，如图13.24所示，将其与之前所绘制的椭圆形图案放置在一起，执行菜单栏中的【排列】|【顺序】命令，将多边形置于椭圆形图案下方，将二者一起放置到贴口图形上，如图13.25所示。

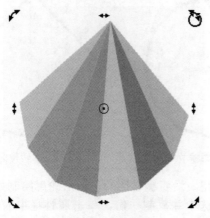

图13.24　旋转图形　　　　　　　　　　　图13.25　调整图形顺序和位置

13.1.3　绘制侧面图形

❶ 单击工具箱中的【矩形工具】□按钮，绘制一个【宽度】为4mm，【高度】为50mm的矩形，如图13.26所示。

❷ 单击属性栏中的【转换为曲线】✿按钮，或者执行菜单栏中的【排列】|【转换为曲线】命令，将矩形转换为曲线。单击工具箱中的【形状工具】↳按钮，在如图13.27所示的位置添加两个节点。

图13.26　绘制矩形　　　　　　　　　　　　　图13.27　添加节点

❸ 执行菜单栏中的【排列】|【变换】|【缩放和镜像】命令，打开【变换】泊坞窗，在【变换】泊坞窗中设置【x】为92%，【y】100%，【副本】为8，单击【水平镜像】喞喞按钮，相对位置为右居中，如图13.28所示，设置完成后，单击【应用】按钮，复制并缩放的图形如图13.29所示。

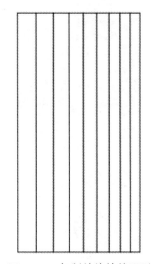

图13.28　【变换】泊坞窗　　　　　　　　　图13.29　复制并缩放的图形

❹ 将复制并缩放的图形分别填充与贴口图形相近的颜色，如图13.30所示，将图形全选中，设置其轮廓为无，如图13.31所示。

❺ 选中所有矩形，执行菜单栏中的【效果】|【图框精确剪裁】|【置于文本框内部】命令，将矩形放置到侧面封闭图形中。

❻ 执行菜单栏中的【效果】|【图框精确剪裁】|【编辑PowerClip】命令，进入编辑图

形，调整矩形的大小和位置，单击工具箱中的【形状工具】按钮，全选所有矩形上方的节点，如图13.32所示，将选中的节点往左侧拖动，如图13.33所示，拖动后的图形效果如图13.34所示。

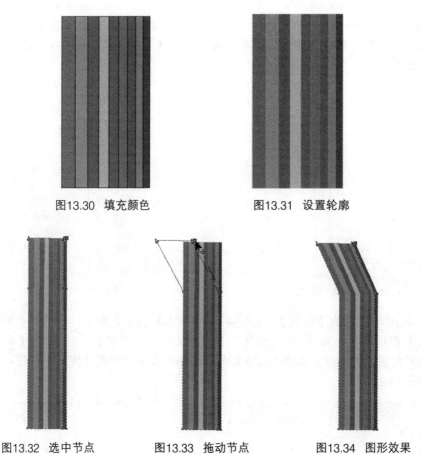

图13.30　填充颜色　　　　　　　　　　图13.31　设置轮廓

图13.32　选中节点　　　　　图13.33　拖动节点　　　　　图13.34　图形效果

❼　选择矩形中间一排节点，如图13.35所示，执行菜单栏中的【窗口】|【泊坞窗】|【圆角/扇形角/倒棱角】命令，打开【圆角/扇形角/倒棱角】泊坞窗，如图13.36所示，在【圆角/扇形角/倒棱角】泊坞窗中选择【圆角】单选按钮，设置【半径】为12.5mm，单击【应用】按钮，应用圆角效果的图形如图13.37所示。

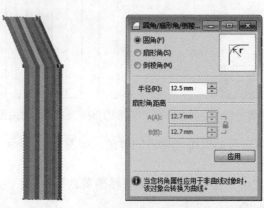

图13.35　选中节点　　图13.36　【圆角/扇形角/倒棱角】泊坞窗　　图13.37　圆角效果

⑧ 将编辑好的矩形放置到合适的位置，执行菜单栏中的【效果】|【图框精确剪裁】|【结束编辑】命令，退出编辑模式，如图13.38所示。

⑨ 单击工具箱中的【贝塞尔工具】按钮，绘制两个封闭图形。选中其中一个封闭图形，为其添加红褐色（C：44；M：89；Y：100；K：14），选择另一个封闭图形，为其添加红色（C：24；M：84；Y：100；K：0），将两个封闭图形轮廓设置为无，如图13.39所示。

⑩ 执行菜单栏中的【效果】|【图框精确剪裁】|【置于文本框内部】命令，将封闭图形放置到侧面图形中，调整摆放位置，最后执行菜单栏中的【效果】|【图框精确剪裁】|【结束编辑】命令，退出编辑模式，如图13.40所示，将侧面图形的轮廓线设置为无。

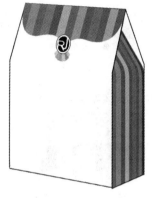
图13.38 退出编辑图形

图13.39 绘制封闭图形

图13.40 圆角效果

13.1.4 添加文字制作完整图形

❶ 选择正面封闭图形，单击工具箱中的【渐变填充】按钮，打开【渐变填充】对话框，选择【自定义】单选按钮，设置一个从灰色（C：0；M：0；Y：0；K：5）到白色再到白色的线性渐变颜色，如图13.41所示，填充渐变颜色后将正面图形的轮廓线设置为无，如图13.42所示。

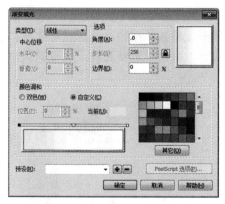
图13.41 【渐变填充】对话框

图13.42 取消轮廓

❷ 单击工具箱中的【文本工具】字按钮，输入文字"天然的味道 健康的味道"，在属性栏中设置文字【字体列表】为"汉仪娃娃篆简"，颜色设置为橙色（C：0；M：60；Y：100；K：0），如图13.43所示。

图13.43　编辑文字

❸　单击工具箱中的【贝塞尔工具】🖋按钮，在页面中绘制一条曲线作为路径，如图13.44所示。选择文字，执行菜单栏中的【文本】|【使文本适合路径】命令，将文字拖动到路径上，如图13.45所示。

图13.44　绘制路径

图13.45　移动文字

❹　选中路径，执行菜单栏中的【排列】|【拆分在一路径上的文本】，将文字与路径拆分，删除路径，如图13.46所示，将文字移动到正面包装上，如图13.47所示。

图13.46　删除路径

图13.47　调整文字位置

❺　执行菜单栏中的【文件】|【导入】命令，打开【导入】对话框。选择配套光盘中的"调用素材\第13章\桔然果萃.psd"文件，单击【导入】按钮。此时光标变成厂状，单击将图形导入到页面中，如图13.48所示，双击素材，将素材适当旋转，调整其大小，将之放置到正面包装中，如图13.49所示。

图13.48　导入素材

图13.49　调整素材位置

⑥ 单击工具箱中的【文本工具】**字**按钮，输入文字"桔然果萃"，在属性栏中设置文字【字体列表】为"时尚中黑简体"，字体颜色设置为橙色（C：0；M：60；Y：100；K：0），输入英文"JURANGUOCUI"，字体为"Arial"，输入英文"natural taste　taste of health"，字体为"Arial"，字体颜色设置为60%黑，调整文字合适的大小，如图13.50所示。

⑦ 将文字全选，再单击一次进入旋转编辑模式，将文字稍加旋转到合适的角度，移动文字到包装中，放置在合适的位置，如图13.52所示。

桔然果萃
JURANGUOCUI

natural taste，taste of health

图13.50　导入素材　　　　　　　　　　　　图13.51　摆放素材位置

13.1.5　绘制立体展示效果

① 将绘制好的包装复制出一个，水平翻转图形，调整复制出的包装上面文字和图形的方向到合适的位置，再将两个包装设置不同大小，如图13.52所示摆放。

② 单击工具箱中的【矩形工具】□按钮，设置【轮廓】为无，上下排列并分别填充为深灰色（C：0；M：0；Y：0；K：90）和浅灰色（C：0；M：0；Y：0；K：80）。将制作完成的包装盒放置到背景中，如图13.53所示。

图13.52　复制包装图形

图13.53　绘制背景

③ 选择工具箱中的【阴影工具】□，为右侧包装制作阴影，执行菜单栏中的【排列】|【拆分阴影群组】命令，将阴影与包装拆分，选择阴影，将其转换为曲线，调整其位置大小，放置在合适的位置如图13.54所示，用同样的方法为左侧的包装制作阴影效果，如图13.55所示。

图13.54 复制包装图形　　　　　　　　　　　图13.55 绘制背景

❹ 选择右侧包装的正面图形，将其复制一份，执行菜单栏中的【位图】|【转换为位图】命令，打开【转换为位图】对话框，单击【确定】按钮，将复制的正面图形转换为位图。

❺ 单击属性栏中的【垂直镜像】品按钮，将图形垂直翻转，并放置于包装正面下方，如图13.56所示，单击图形，使图形变成旋转模式，将光标移动到左边"↕"状编辑点时，拖动鼠标对图形应用扭曲效果，如图13.57所示。

图13.56 镜像图形　　　　　　　　　　　　图13.57 扭曲图形

❻ 单击工具箱中的【透明度工具】按钮，选中图形，从上到下垂直拖动，即可应用透明效果，再为包装的侧面制作倒影效果，如图13.58所示。用同样的方法为左边的包装制作倒影，整个包装的立体展示效果就此完成，如图13.59所示。

图13.58 制作阴影效果　　　　　　　　　　图13.59 完成立体效果

爱弗兰咖啡包装设计

实例说明

根据咖啡供应形式基本可以将咖啡包装分为三大类，生豆出口包装，烘焙咖啡豆（粉）包装，速溶咖啡包装。

咖啡的包装在市面上玲琅满目，在本次设计中主要强化的是此包装的视觉冲击效果。咖啡被予以时尚、浪漫的特点，所以在设计上，大胆地加入跳跃的颜色设计，抛去以前的呆板的风格，采用鲜艳的颜色来赋予咖啡饮品在包装上的时尚感，强化其视觉的冲击性，更完美地展示咖啡时尚浪漫的特点。

本实例主要使用【贝塞尔工具】绘制出咖啡包装的轮廓图，再用【文本工具】、【填充工具】为其添加填充颜色及相应的图形文字，制作出包装的效果，最后使用【阴影工具】和【透明度工具】为包装制作整体立体的展示效果。本实例的最终效果如图13.60所示。

图13.60　最终效果

学习目标

- 掌握【贝塞尔工具】的应用
- 掌握【文本工具】的应用
- 掌握【填充工具】的应用
- 掌握【阴影工具】的应用
- 掌握【透明度工具】的应用
- 掌握软包装的技巧

操作步骤

13.2.1　制作包装形状

❶ 单击工具箱中的【贝塞尔工具】按钮，在页面中绘制一个如图13.61所示的正面封闭图形，选择工具箱中的【渐变填充】按钮，打开【渐变填充】对话框，设置一个

从灰色（C：15；M：11；Y：12；K：0）到10%黑色（C：0；M：0；Y：0；K：10）再到20%黑色（C：0；M：0；Y：0；K：20），如图13.62所示，填充好渐变颜色的效果如图13.63所示。

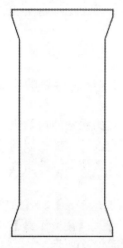

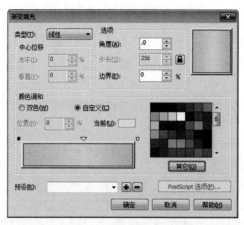

图13.61　绘制正面封闭图形　　　　图13.62　【渐变填充】对话框　　　　图13.63　填充渐变颜色

❷ 选择工具箱中的【矩形工具】□，沿着正面包装形状的上方绘制一个矩形，将其填充为灰色（C：20；M：15；Y：15；K：0），轮廓设置为无，将其复制一份，移动到正面包装形状的下方，如图13.64所示。

❸ 选择工具箱中的【贝塞尔工具】❧，在矩形中绘制多个线条，设置不同深浅的颜色，轮廓宽度设为0.5mm，如图13.65所示，将绘制好的正面包装形状复制一份，当作背面的包装形状。

图13.64　复制图形　　　　　　　　　　图13.65　绘制线条

13.2.2　绘制正面图形

❶ 单击工具箱中的【贝塞尔工具】❧按钮，在页面中绘制一个如图13.66所示的咖啡豆封闭图形，再在咖啡豆图形中绘制一个高光，如图13.67所示。

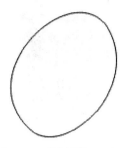

图13.66　绘制封闭图形

图13.67　绘制高光封闭图形

❷ 将咖啡豆图形全选，复制多份，调整不同大小和角度，摆放在之前绘制的正面封闭图形中，如图13.68所示。选中其中几个咖啡豆图形，为其填充蓝色（C：100；M：0；Y：0；K：0），设置其轮廓线为无，如图13.69所示。

图13.68　复制图形

图13.69　填充蓝色

❸ 选择其余的咖啡豆图形，为其填充为90%黑色（C：0；M：0；Y：0；K：90），同样设置轮廓为无，如图13.70所示，选择工具箱中的【橡皮擦工具】 ，按照正面图形的轮廓，将多出的咖啡豆图形擦除，擦除后的效果如图13.71所示。

图13.70　取消轮廓线

图13.71　擦除图形

❹ 单击工具箱中的【文本工具】字按钮，输入英文"AFLOM"，在属性栏中设置文字【字体列表】为"Arial Rounded MT Bold"，颜色设置为黑色，如图13.72所示，输入英文"cafe"，字体为"AXIS Std B"，调整两组英文字体的不同大小，在图形中如图13.73所示摆放。

图13.72 输入文字　　　　　　　　　图13.73 调整大小位置

❺ 选择工具箱中的【文本工具】**字**，输入文字"100%"，在属性栏中设置文字【字体列表】为"Becker Monoline Modern NF"，输入英文"FROM ARAB"，字体为"Arial"，调整两组文字字体的不同大小，颜色都设置为蓝色（C：100；M：0；Y：0；K：0），在图形中如图13.74所示摆放。

❻ 再次使用【文本工具】**字**输入文字"爱弗兰咖啡"，字体为"汉真广标"，字体颜色为黑色；输入文字"源自阿拉伯"，字体为"方正兰亭细黑"，颜色设置为80%黑色（C：0；M：0；Y：0；K：80），如图13.75所示摆放。

图13.74 输入文字　　　　　　　　　图13.75 调整大小位置

❼ 单击工具箱中的【椭圆形工具】⬭，按住Ctrl键在页面中绘制一个正圆，填充颜色为蓝色（C：100；M：0；Y：0；K：0），如图13.76所示，再绘制一个小一些的正圆形，将其放到蓝色正圆形的下方，如图13.77所示。

图13.76 绘制蓝色正圆　　　　　　　图13.77 绘制小正圆

⑧ 将两个正圆形全部选中，执行菜单栏中的【窗口】|【泊坞窗】|【造形】命令，打开【造形】泊坞窗，在【造形】泊坞窗中选择【修剪】选项，取消选中【保留原始源对象】和【保留原目标对象】复选框，如图13.78所示，单击【修剪】按钮，在蓝色正圆上单击进行修剪，得到的图形效果如图13.79所示。

图13.78 【造形】泊坞窗

图13.79 修剪图形

Questions 为什么使用【造形】泊坞窗中的【修剪】命令时，两次修剪的效果不同？

Answered：设置完成后单击【修剪】按钮，鼠标变成 形状后单击其中一个对象，所单击的对象是被修剪的对象，所以单击对象的不同效果也会不同。

⑨ 将修剪后的图形拖动到文字"源自阿拉伯"中的"源"下面，如图13.80所示。将"源"的字体颜色设置为白色，选择工具箱中的【文本工具】字，输入英文"Aflom Cafe"，字体为【Arial】，字体颜色为白色，将其放置到蓝色图形上，如图13.81所示。

图13.80 调整图形位置

图13.81 输入文字

⑩ 选择工具箱中的【文本工具】字，输入文字"遇见一杯咖啡…"，字体为"汉仪漫步体简"，字体颜色为70%黑色（C：0；M：0；Y：0；K：70），将其放置到正面封闭图形下方，如图13.82所示，将之前绘制的蓝色咖啡豆图形复制一份，放置到文字的右上角，如图13.83所示。

图13.82　输入文字

图13.83　调整图形位置

13.2.3　绘制正面立体效果

❶ 选择工具箱中的【矩形工具】□，绘制一个细长的圆角矩形，颜色设置为白色，取消轮廓线，将圆角矩形复制一份，移动到圆角矩形下方，如图13.84所示。

❷ 单击工具箱中的【透明度工具】♈按钮，选中上面的圆角矩形，从下到上垂直拖动，如图13.85所示，即可应用透明效果，同样选中下方的圆角矩形，从上到下垂直拖动，将制作好的高光群组，如图13.86所示。

图13.84　绘制圆角矩形　　　　图13.85　添加透明度　　　　图13.86　应用透明度效果

❸ 选中群组后的高光，将其移动到正面包装图形的左侧，调整合适的位置和大小，复制一份，移动到正面包装图形的右侧，如图13.87所示。

❹ 将高光再次复制一份，双击进入旋转编辑模式，改变高光的大小和角度，将其移动到正面包装图形的左上角，复制一份，单击属性栏中的【水平镜像】按钮，将图形水平翻转，移动到正面包装图形的左下角，如图13.88所示。

图13.87　制作侧面高光　　　　　　　　图13.88　制作边角高光

13.2.4　绘制背面图形效果

❶ 选择工具箱中的【贝塞尔工具】 ，在图中绘制一条轮廓线，设置轮廓宽度为1.5mm，轮廓颜色为黑色，将之前绘制的英文"AFLOM"和"cafe"复制一份，移动到轮廓线上方，调整大小和位置，如图13.89所示，将咖啡豆图形复制一份，填充颜色为黑色，移动到文字的右侧，调整其位置大小，如图13.90所示。

图13.89　复制图形　　　　　　　　图13.90　调整图形位置大小

❷ 单击工具箱中的【文本工具】字按钮，在页面中按住鼠标左键拖动，绘制一个段落文本框，输入咖啡的配料说明，设置文字颜色为蓝色（C：100；M：0；Y：0；K：0），设置字体为"方正兰亭细黑"，字体大小为"9pt"，如图13.91所示。

❸ 再次选择工具箱中的【文本工具】字按钮，创建一个段落文本框，输入咖啡的英文配料说明，设置文字颜色为蓝色（C：100；M：0；Y：0；K：0），设置字体为"Arial"，字体大小为7pt，完成段落文本后单击工具箱中的【形状工具】 ，改变段落文本的间距到合适的距离，如图13.92所示。

图13.91 输入段落文字

图13.92 调整段落文字间距

❹ 选择工具箱中的【文本工具】**字**按钮，输入英文"AFLOMER CAFFEE"，设置字体为【Century725 Cn BT】，字体大小为38pt，字体颜色为蓝色（C：100；M：0；Y：0；K：0），将其拖动到如图13.93所示的位置。

❺ 将咖啡豆图形复制一份放在英文的下方，调整合适的大小，执行菜单栏中的【排列】|【变换】|【位置】命令，打开【变换】泊坞窗，设置【x】为6mm，相对位置为右方中间，【副本】为12，如图13.94所示，单击【应用】按钮，即可得到复制并移动的图形效果，如图13.95所示。

图13.93 输入字母

图13.94 【变换】泊坞窗

图13.95 复制并移动图形

❻ 单击工具箱中的【文本工具】**字**按钮，输入英文"www.aflom-cafe.com"，设置字体为【Franklin Gothic Heavy】，字体大小为18pt，单击属性栏中的【斜体】**斜**按钮，将文本设置为斜体，如图13.96所示。

❼ 选择工具箱中的【文本工具】**字**按钮，创建一个段落文本框，输入公司电话和地址，设置文字字体为【方正准圆简体】，设置字体大小为8pt，调整文本的位置如图13.97所示。

图13.96　输入英文　　　　　　　　　　图13.97　创建段落文本

❽ 执行菜单栏中的【编辑】|【插入条码】命令，打开【条码向导】对话框，如图13.98所示。在【条码向导】对话框中首先选择一个行业标准格式，再输入需要的数字，一直单击【下一步】命令，设置好各个数值以后，单击【完成】按钮，如图13.99所示。

图13.98　【条码向导】对话框　　　　　　　图13.99　完成设置

❾ 将自定义生成的条形码拖动到段落文本的下方，调整其大小，如图13.100所示。执行菜单栏中的【文件】|【导入】命令，打开【导入】对话框。选择配套光盘中的"调用素材\第13章\质量安全标示.jpg"文件，单击【导入】按钮。此时光标变成┌状，单击将图形导入到页面中，拖动到条形码右侧，调整位置大小，如图13.101所示。

图13.100　调整条形码位置　　　　　　　图13.101　导入素材

❿ 将之前绘制正面包装的高光全部复制一份，拖动到背面包装图形中，将高光的位置和大小略作调整，至此完成了背面包装的立体效果，如图13.102所示。

图13.102　制作高光

13.2.5　绘制立体展示效果

❶ 用同样的方法绘制多个咖啡包装，更改不同的颜色效果，调整不同的大小，如图13.103所示不同层次摆放。

图13.103　绘制多个包装

❷ 单击工具箱中的【矩形工具】□按钮，绘制一个矩形，如图13.104所示，设置【轮廓】为无，并填充为灰色（C：60；M：49；Y：49；K：5）到淡灰色（C：23；M：18；Y：18；K：0）的辐射渐变，如图13.105所示。

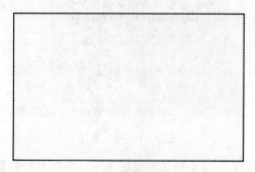

图13.104　绘制矩形

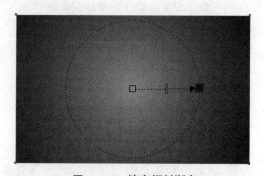

图13.105　填充辐射渐变

❸ 单击工具箱中的【矩形工具】□按钮，绘制一个小矩形，设置【轮廓】为无，填充为淡灰色（C：0；M：0；Y：0；K：10）。将小矩形放置到大矩形的左侧并与边贴齐，如图13.106所示。

❹ 将之前绘制的咖啡豆图形复制多个，填充不同深浅的颜色，调整不同大小角度，拖动到小矩形上摆放，如图13.107所示。

图13.106　绘制矩形

图13.107　添加图形

❺ 将之前绘制的多个包装拖动到矩形中的中间，摆放到合适的位置，如图13.108所示，单击工具箱中的【阴影工具】□按钮，按住鼠标从左下角向右上角直线拖动，释放鼠标，为包装应用阴影效果，如图13.109所示。

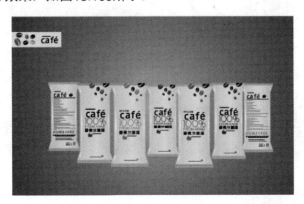

图13.108　移动图形

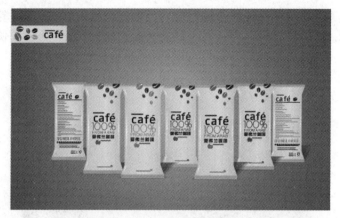

图13.109 添加阴影效果

Section 13.3 酷乐运动饮料包装设计

实例说明

易拉罐包装多为铝制包装，绘制时要多注意反光和高光的变化，功能型的饮料应突出活力，所以本设计采用丰富的颜色和不同层次的线性来营造健康活力的感觉，整个系列采用冷色调，给人以凉爽的感觉，更加突出饮料的功能性和视觉冲击力。

本实例主要使用【矩形工具】□、【贝塞尔工具】等制作出易拉罐饮料包装的形状和轮廓，使用【透明度工具】制造金属的质地感与空间感极强的立体效果。本实例的最终效果如图13.110所示。

图13.110 最终效果

学习目标

- 掌握【贝塞尔工具】的应用
- 掌握【文本工具】的应用
- 掌握【填充工具】的应用
- 掌握【渐变工具】的应用
- 掌握【透明度工具】的应用
- 掌握易拉罐设计的技巧

13.3.1 制作罐体形状

❶ 单击工具箱中的【矩形工具】□按钮，绘制一个矩形，复制一份以作备用，将图形转换为曲线。单击工具箱中的【封套工具】▧按钮，将矩形变形，如图13.111所示。

❷ 单击工具箱中的【椭圆形工具】○按钮，绘制一个椭圆形。单击工具箱中的【贝塞尔工具】✎按钮，沿着椭圆形的外圈绘制一个封闭图形，将其与椭圆形吻合，如图13.112所示。

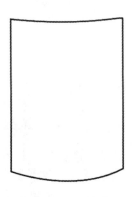 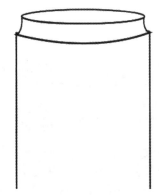

图13.111 变形矩形　　　　　　　　图13.112 绘制罐颈部分

❸ 单击工具箱中的【椭圆形工具】○按钮，绘制一个椭圆形，并将椭圆形复制一份，上下叠加摆放，如图13.113所示。

❹ 将两个椭圆形全部选中，单击属性栏中的【相交】🔲按钮，删除不需要的椭圆形，留下的就是罐口部分，如图13.114所示。

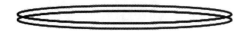 

图13.113 叠加椭圆形　　　　　　　　图13.114 罐口部分

❺ 单击工具箱中的【贝塞尔工具】✎按钮，沿着罐口下方绘制一块弧形长条，将其与罐口相连，如图13.115所示。

❻ 按【Ctrl+G】组合键将绘制的图形进行【群组】，然后与罐颈部分相接，效果如图13.116所示。

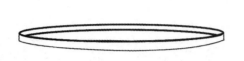

图13.115　制作罐口　　　　　　　　　　　　　　图13.116　连接完成

❼　复制罐口部分，将后来绘制的弧形长条复制两份，并放置在图形下部，如图13.117
所示。至此，罐体形状基本完成，效果如图13.118所示。

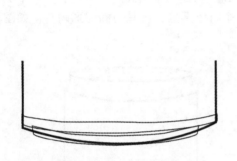

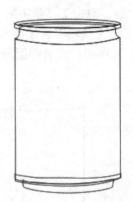

图13.117　底座的完成　　　　　　　　　　　　图13.118　罐体合成效果

❽　分别选中罐体各个部分，单击工具箱中【渐变填充】■按钮，打开【渐变填充】
对话框。在【类型】下拉列表框中选择【线性】渐变，并在【颜色调和】下方选中【自定
义】单选按钮，填充不同深浅的灰色。如果调色窗中没有适合的颜色，可以单击下方的
【其它】按钮，进行选择，如图13.119所示。

❾　填充完毕单击【确定】按钮，为罐体应用渐变效果。然后再对罐体做最后的修改，调
整之后将完成的罐体重新按【Ctrl+G】组合键进行群组，罐体最终效果如图13.120所示。

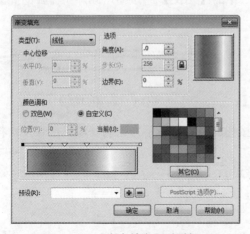

图13.119　【渐变填充】对话框　　　　　　　　图13.120　罐体完成立体效果图

Questions 为铝制罐体绘制高光有什么需要注意的吗？

Answered：在使用【渐变填充】■进行立体化处理时，一定要遵从光线的一致原则，以及高光和反光的分布关系，往往瓶口与瓶身以及瓶底的光线是处于不断变化的，尤其是这种光泽度极高的金属制品、玻璃制品、抛光处理的光滑表面等，切不可一成不变地向一个方向渐变。

13.3.2 设计罐体花色底纹

❶ 选择工具箱中的【矩形工具】□，在页面中绘制一个矩形。单击工具箱中的【渐变填充】■按钮，打开【渐变填充】对话框。

❷ 在【渐变填充】对话框中设置【类型】为辐射，【水平】为49%，【垂直】为45%，【边界】为8%，颜色为深蓝色（C：100；M：75；Y：35；K：0）到蓝色（C：80；M：25；Y：30；K：0）到蓝绿色（C：65；M：0；Y：45；K：0）再到浅蓝色（C：30；M：0；Y：20；K：0），如图13.121所示，单击【确定】按钮，完成对矩形的渐变填充，如图13.122所示。

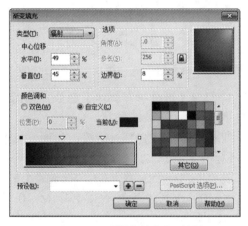

图13.121 【渐变填充】对话框

图13.122 填充效果

❸ 选择工具箱中的【矩形工具】□，在页面中绘制一个小矩形。执行菜单栏中的【排列】|【变换】|【位置】命令，打开【变换】泊坞窗，设置【x】为180mm，【副本】为1，如图13.123所示，单击【应用】按钮，复制并移动的效果如图13.124所示。

图13.123 【变换】泊坞窗

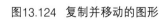

图13.124 复制并移动的图形

❹ 选择工具箱中的【调和工具】，从左侧的矩形向右侧的矩形拖动为其创建调和效果，如图13.125所示。执行【窗口】|【泊坞窗】|【调和】命令，打开【调和】泊坞窗，设置【步长】为15，如图13.126所示，单击【应用】按钮，调和效果如图13.129所示。

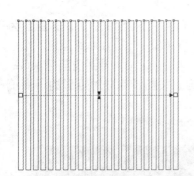
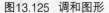

图13.125　调和图形

图13.126　【调和】泊坞窗

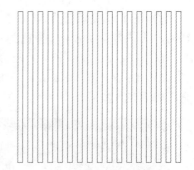

图13.127　调和效果

❺ 选择调和后的图形，执行菜单栏中的【排列】|【拆分调和群组】命令，然后再单击属性栏中的【合并】按钮，将拆分后的图形进行合并。

❻ 单击工具箱中的【渐变填充】按钮，打开【渐变填充】对话框，如图13.128所示，设置【类型】为辐射，【水平】为−11%，【垂直】为14%，【边界】为12%，将刚合并后的图形填充为深蓝色（C：90；M：65；Y：35；K：0）到蓝色（C：75；M：15；Y：25；K：0）到蓝绿色（C：65；M：0；Y：45；K：0）再到浅蓝色（C：30；M：0；Y：20；K：0）的辐射渐变，轮廓设置为无，如图13.129所示。

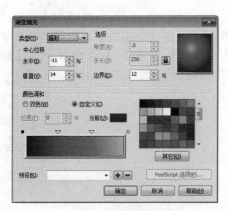

图13.128　填充渐变颜色

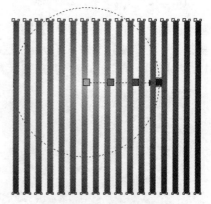

图13.129　填充渐变颜色

❼ 将填充颜色的合并图形与之前所绘制的矩形选中，在属性栏中单击【对齐与分布】按钮，打开【对齐与分布】对话框，如图13.130所示，单击【水平居中对齐】和【垂直居中对齐】按钮，单击【应用】按钮，关闭对话框，对齐的图形如图13.131所示。

图13.130 【对齐与分布】对话框

图13.131 对齐图形

⑧ 选择工具箱中的【椭圆形工具】○，在页面中绘制一个正圆。设置【轮廓宽度】为0.5mm，设置轮廓颜色为白色，如图13.132所示（为了看清图形的效果，在此将背景设置为黑色）。选择工具箱中的【阴影工具】▣，从正圆的左侧向右侧拖动鼠标为其添加阴影，如图13.133所示。

图13.132 绘制正圆

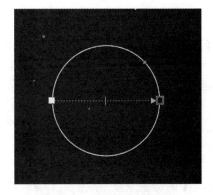

图13.133 添加阴影效果

⑨ 在属性栏中设置【阴影颜色】为白色，【透明度操作】为常规，【羽化方向】为中间，【阴影羽化】为15，【阴影的不透明度】为100，如图13.134所示，各项参数设置完成后，就完成了正圆的阴影效果，如图13.135所示。

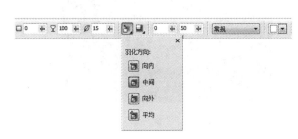

图13.134 设置参数

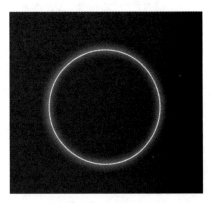

图13.135 添加阴影效果

⑩ 在正圆的阴影处右击，在弹出的快捷菜单中选择【拆分阴影群组】命令，将描边正圆与其阴影进行拆分，或者按【Ctrl+K】组合键也可以将描边正圆与其阴影进行拆分，如图13.136所示。

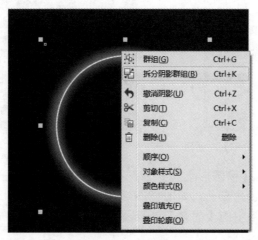

图13.136 【拆分阴影群组】命令

⑪ 单击工具箱中的【选择工具】 ，选择描边正圆，执行菜单栏中的【窗口】|【泊坞窗】|【造形】命令，打开【造形】泊坞窗，选择【相交】选项，并取消勾选【保留原始源对象】和【保留原目标对象】复选框，如图13.137所示，单击【相交对象】按钮，将鼠标指针移至阴影图形上单击，完成图形的相交效果如图13.138所示。

⑫ 单击工具箱中的【椭圆形工具】 ，在页面中绘制一个正圆，将其填充为白色，轮廓设置为无，如图13.139所示。选择工具箱中的【阴影工具】 ，从正圆的左侧向右侧拖动鼠标为其添加阴影。

⑬ 在属性栏中设置【阴影颜色】为白色，【透明度操作】为常规，【羽化方向】为向外，【阴影羽化】为20，【阴影的不透明度】为80，如图13.140所示，完成了正圆的阴影效果后，按【Ctrl+K】组合键将其拆分，选择正圆并按Delete键将其删除，如图13.141所示。

图13.137 【造形】泊坞窗

图13.138 图形的相交效果

⑭ 单击工具箱中的【椭圆形工具】 ，在页面中绘制一大一小两个正圆，并选择位于上方大圆，如图13.142所示。

图13.139 绘制正圆

图13.140 添加阴影效果

图13.141 删除图形

⑮ 执行菜单栏中的【窗口】|【泊坞窗】|【造形】命令，打开【造形】泊坞窗，选择【修剪】选项，并取消勾选【保留原始源对象】和【保留原目标对象】复选框，如图13.143所示，单击【修剪】按钮，将鼠标指针移至小圆上单击，完成图形的修剪效果，如图13.144所示。

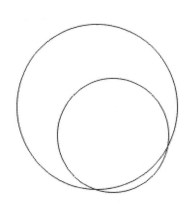
图13.142 绘制正圆

图13.143 【造形】泊坞窗

图13.144 修剪图形

⑯ 将修剪后的图形移至图形中，再将其填充为白色，轮廓设置为无，如图13.145所示。选择工具箱中的【阴影工具】▣，再从图形的左上方向右下方拖动鼠标为其添加阴影。

⑰ 在属性栏中设置【阴影颜色】为白色，【透明度操作】为常规，【阴影羽化】为15，【阴影的不透明度】为100，如图13.146所示。完成图形的阴影效果后，再按【Ctrl + K】组合键将其拆分，选择修剪后的图形并按Delete键将其删除，如图13.147所示。至此气泡绘制完成。

图13.145 移动图形

图13.146 添加阴影效果

图13.147 删除图形

⓲ 将绘制好的气泡选中并进行群组，并将稍加缩小，复制多份并分别调整其大小和位置，如图13.148所示。将其移动到之前绘制的花色底纹上，如图13.149所示。

图13.148 复制图形

图13.149 移动图形

⓳ 选择之前复制的罐体矩形，将绘制好的花色底纹移动到矩形中，调整位置大小，如图13.150所示

图13.150 调整图形位置

⓴ 选择之前复制的罐体矩形，单击工具箱中的【渐变填充】█按钮，打开【渐变填充】对话框，在【渐变填充】对话框中设置一个从10%黑色到白色再到10%黑色的颜色渐变，如图13.151所示，设置完成后单击【确定】按钮。将绘制好的花色底纹移动到矩形中，调整位置大小，如图13.152所示。

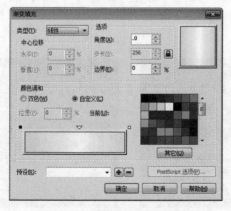
图13.151 【渐变填充】对话框

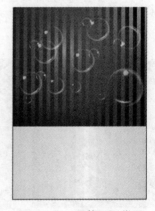
图13.152 调整图形位置

㉑ 将底纹中的背景和细长矩形分别选中，单击工具箱中的【橡皮擦工具】 ✒，将花色底纹的下方不规则擦除，形成参差不齐的形状效果，如图13.153所示，将擦除后的图形进行群组。

图13.153　擦除图形

13.3.3　添加罐体文字效果

❶ 选择工具箱中的【文本工具】字，输入字母"COLE"，设置文字【字体列表】为"Capture it 2"，将文字调整到合适的大小，放置到底纹颜色的下方，如图13.154所示。

❷ 再次选择工具箱中的【文本工具】字，输入文字"酷乐运动饮料"，设置文字【字体列表】为"方正兰亭黑简体"，字体颜色设为深蓝色（C：100；M：75；Y：35；K：0），将文字调整到合适的大小，放置到字母"COLE"的下方，如图13.155所示。

图13.154　输入字母

图13.155　调整字体位置

❸ 单击工具箱中的【文本工具】字，输入文字"万乐多"，设置文字【字体列表】为"汉仪雪峰体简"，字体颜色设为黑色，将文字调整到合适的大小，放置到合适的位置，如图13.156所示。

④ 单击工具箱中的【椭圆形工具】◯按钮，绘制一个小正圆形，单击工具箱中的【文本工具】字，输入字母"R"，设置字体为"Arial"，将其放置到正圆中调整合适的大小和位置，如图13.157所示。

图13.156 输入文字

图13.157 绘制注册商标

⑤ 将绘制好的正圆和字母"R"群组，将其放置到文字"万乐多"的右上方，如图13.158所示，再输入字母"WANLEDUO"，设置字体为"Arial"，为字母添加【粗体】、【斜体】效果，放置到"万乐多"后方，调整字体大小，如图13.159所示。

图13.158 调整注册商标位置

图13.159 输入英文

⑥ 同样选择工具箱中的【文本工具】字，输入文字"爱运动 爱生活 爱上喝酷乐"，设置文字【字体列表】为"方正兰亭黑简体"，输入英文"Love sports Love life Love cole"，设置字体为"Arial"，调整两组文字的大小位置，如图13.160所示。

⑦ 单击英文"Love sports Love life Love cole"，执行菜单栏中的【排列】|【拆分美术字】命令，将英文拆分，选中"sports"和"cole"，将其颜色设置为深蓝色（C：100；M：75；Y：35；K：0），选中"life"，将其颜色设置为蓝色（C：82；M：38；Y：30；K：0），如图13.161所示。

图13.160 输入文字

图13.161 擦除图形

❽ 单击工具箱中的【矩形工具】□按钮，绘制一个【宽度】为9mm，【长度】为12mm的圆角矩形，执行菜单栏中的【排列】|【变换】|【位置】命令，打开【变换】泊坞窗，在【变换】泊坞窗中设置【x】为12mm，相对位置在右方中间，副本为2，如图13.162所示，单击【确定】按钮，复制并移动的图形如图13.163所示。

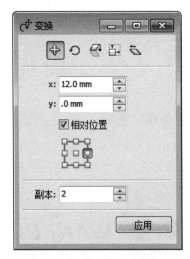

图13.162 【变换】泊坞窗

图13.163 复制并移动的图形

❾ 将三个圆角矩形全选中，在打开的【变换】泊坞窗中设置【y】为−15mm，副本为2，如图13.164所示，单击【确定】按钮，复制并移动的图形如图13.165所示。

图13.164 【变换】泊坞窗

图13.165 复制并移动的图形

❿ 将深蓝色（C：100；M：75；Y：35；K：0）和蓝色（C：82；M：38；Y：30；K：0）两种颜色交替填充在圆角矩形中，设置轮廓为无，如图13.166所示，将其群组，移动到罐体花色底纹的下方，如图13.167所示。

⓫ 单击工具箱中的【矩形工具】□按钮，绘制一个圆角矩形，将其填充为深蓝色（C：100；M：75；Y：35；K：0），轮廓设置为无，如图13.168所示。

图13.166　填充颜色　　　　　　　　　　　图13.167　移动图形

⑫ 单击工具箱中的【文本工具】字，输入英文"Movement without limit"，设置字体为"Arial"，字体颜色设置为白色，将文字调整到合适的大小，放置到刚绘制的深蓝色矩形上，如图13.169所示。

图13.168　绘制圆角矩形　　　　　　　　　　图13.169　输入文字

13.3.4　设计罐体高光效果

❶ 将罐体的花色底纹和文字效果全选，设置轮廓为无，全部群组，如图13.170所示。执行菜单栏中的【效果】|【图框精确剪裁】|【置于文本框内部】命令，将其放置到罐体的正面形状中，调整大小位置，如图13.171所示。

图13.170　群组图形　　　　　　　　　　图13.171　【置于文本框内部】命令

❷ 单击工具箱中的【矩形工具】□按钮，绘制一个圆角矩形，双击进入旋转编辑模式，将光标移动到左边" ↕ "状编辑点时，拖动鼠标对图形应用扭曲效果，单击工具箱中的【透明度工具】🔍为其添加透明度效果，将圆角矩形复制一份，同样添加透明度效果，如图13.172所示。

❸ 将两个圆角矩形组合起来，放置到罐体的左侧作为高光，调整大小和位置，摆放的效果如图13.173所示。

图13.172 添加透明度效果

图13.173 调整高光位置

Tip 在此为了让大家看着方便，将绘制高光的背景设置为黑色。

❹ 用同样的方法绘制右侧的高光，单击工具箱中的【透明度工具】🔍按钮，调整明暗关系，也可复制叠加，绘制的高光效果如图13.174所示，将高光群组，移动到罐体右侧，调整合适的位置和大小，如图13.175所示。

图13.174 绘制高光

图13.175 调整高光位置

❺ 选择工具箱中的【贝塞尔工具】✍，绘制一个如图13.176所示的封闭图形，将其填充为白色，轮廓设置为无。单击工具箱中的【透明度工具】🔍按钮，为其添加线性透明度效果，如图13.177所示。

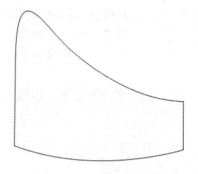

图13.176 绘制封闭图形

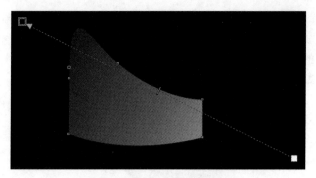

图13.177 添加透明度效果

⑥ 将添加透明效果的封闭图形放置到罐体下方作为高光，如图13.178所示，至此，易拉罐包装设计制作完成。

图13.178 添加透明效果

13.3.5 绘制背景和立体展示效果

❶ 单击工具箱中的【矩形工具】□按钮，绘制两个一样宽度的矩形，设置【轮廓】为无，上下排列并分别填充为深灰色（C：0；M：0；Y：0；K：90）和浅灰色（C：0；M：0；Y：0；K：80），如图13.179所示。

❷ 将罐体上的文字"COLE"和"酷乐运动饮料"复制一份，移动到深灰色矩形左侧上方，设置字体颜色为白色，调整文字大小如图13.180所示。

❸ 将绘制好的易拉罐移动到矩形背景上，复制一份，执行菜单栏中的【位图】|【转换为位图】命令，将复制出的易拉罐图形转换为位图，单击属性栏中的【垂直镜像】❸按钮，将图形垂直翻转，并放置于易拉罐正面下方。单击工具箱中的【透明度工具】☷按钮，为位图添加透明度效果，如图13.181所示。

❹ 选择工具箱中的【贝塞尔工具】🖊，绘制一个封闭图形作为易拉罐的阴影，填充黑色，设置轮廓为无，单击工具箱中的【透明度工具】☷按钮，为阴影添加透明度效果，如图13.182所示。

图13.179 绘制矩形背景

图13.180 添加文字

图13.181 绘制倒影

图13.182 添加阴影

❺ 将易拉罐图形和倒影阴影全选，复制两个，分别调整其位置和大小，如图13.183所示，分别选择后面两个易拉罐图形，执行菜单栏中的【效果】|【图框精确剪裁】|【编辑PowerClip】命令，选中罐体花色底纹，再次执行菜单栏中的【效果】|【调整】|【色度/饱和度/亮度】命令，对图形颜色进行修改，修改后的图形效果如图13.184所示，至此，图形的立体展示效果完成。

图13.183 调整图形位置

图13.184 调整易拉罐颜色

红酒包装设计

实例说明

红酒又称葡萄酒，属于比较高端的产品，在设计制作过程中一定要注重色彩的协调搭配、造型庄重大气、构图简约质朴。另外，一般的玻璃器皿，由于光照或其他原因，高光部分很难处理，太亮有点浮、太暗又没效果，因此，在制作时，不妨好好观察酒瓶或类似物品。

本例设计采用了对比强烈的颜色，标签和文字采用厚重的颜色和样式来"稳住"对比强烈的黄蓝色，这就在保证设计有视觉冲击力的同时，也仍保留着红酒本身的厚重效果，本实例主要使用【矩形工具】□、【形状工具】↖等制作出红酒包装的立体效果。本实例的最终效果如图13.185所示。

图13.185　最终效果

学习目标

- 掌握【贝塞尔工具】的应用
- 掌握【文本工具】的应用
- 掌握【填充工具】的应用
- 掌握【阴影工具】的应用
- 掌握【透明度工具】的应用
- 掌握玻璃材质包装设计的技巧

13.4.1　制作罐体形状

❶ 单击工具箱中的【贝塞尔工具】✎按钮，绘制一个如图13.186所示的瓶身封闭图形，单击工具箱中的【矩形工具】□按钮，绘制一个圆角矩形1，设置下方的圆角半径为2mm，如图13.187所示，将圆角矩形放置到瓶身封闭图形上方，如图13.188所示。

图13.186　绘制瓶身封闭图形　　　　图13.187　设置参数　　　　图13.188　调整图形位置

❷ 单击工具箱中的【矩形工具】□按钮，绘制一个圆角矩形2，放置到圆角矩形1的上方，如图13.189所示。用同样的方法再绘制一个圆角矩形3，摆放在圆角矩形2的上方，将圆角矩形3复制一份作为瓶塞，调整顺序大小，将瓶塞放置到如图13.190所示的位置。

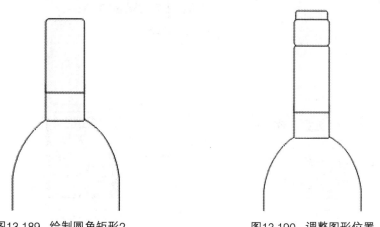

图13.189　绘制圆角矩形2　　　　　　图13.190　调整图形位置

❸ 单击工具箱中的【渐变填充】▆按钮，打开【渐变填充】对话框，设置一个从灰绿色（C：60；M：40；Y：55；K：0）到暗绿色（C：60；M：45；Y：60；K：40）到暗绿色（C：60；M：45；Y：60；K：80）再到深绿色（C：60；M：45；Y：60；K：90），如图13.191所示，将设置好的渐变颜色填充到瓶身封闭图形上，设置轮廓为无，如图13.192所示。

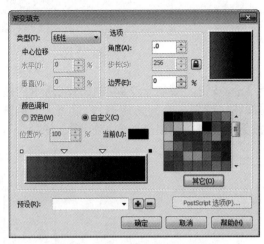

图13.191 【渐变填充】对话框

图13.192 添加渐变颜色

❹ 在填充好渐变颜色的瓶身上右击，在弹出的快捷菜单中选择【对象样式】|【从以下项新建样式】|【填充】命令，在弹出的【从以下项新建样式】对话框中输入新样式名称，如图13.193所示，单击【确定】按钮。

❺ 选择圆角矩形1，执行菜单栏中的【窗口】|【泊坞窗】|【对象样式】命令，打开【对象样式】泊坞窗，选择之前新建的填充样式，单击【应用于选定对象】按钮，如图13.194所示，即可将瓶身颜色的填充样式复制到圆角矩形1上，完成填充后，将圆角矩形1的轮廓设置为无，如图13.195所示。

图13.194 【对象样式】泊坞窗

图13.195 填充颜色

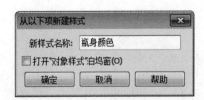

图13.193 【从以下项新建样式】对话框

❻ 单击工具箱中的【渐变填充】■按钮，打开【渐变填充】对话框，设置一个从浅绿色（C：15；M：5；Y：10；K：0）到浅绿色（C：7；M：0；Y：5；K：0）到浅绿色（C：15；M：5；Y：10；K：0）到深绿色（C：65；M：35；Y：45；K：0）再到浅绿色（C：30；M：10；Y：20；K：0），如图13.196所示，将设置好的渐变颜色填充到圆角矩形2上，设置轮廓为无，如图13.197所示。

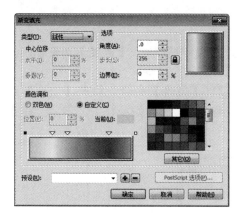

图13.196 【渐变填充】对话框

图13.197 添加渐变颜色

❼ 用之前新建对象样式的方法，为圆角矩形3应用圆角矩形2的颜色样式，如图13.198所示，将填充好颜色的圆角矩形的轮廓设置为无，如图13.199所示。

图13.198 【对象样式】泊坞窗

图13.199 取消轮廓

❽ 选择最上方的瓶塞，单击工具箱中的【底纹填充】 ▓ 按钮，打开【底纹填充】对话框，在【底纹库】下拉栏中选择"样本8"，在【底纹列表】中选择"木纹"，如图13.200所示，单击【确定】按钮，可将瓶塞填充上木纹的底纹，如图13.201所示。

图13.200 【底纹填充】对话框

图13.201 添加底纹颜色

13.4.2 绘制酒瓶瓶身设计

❶ 单击工具箱中的【矩形工具】▢ 按钮，绘制一个【宽度】为30mm，【长度】为250mm的矩形，设置圆角半径为15mm，如图13.202所示。

❷ 执行菜单栏中的【排列】|【变换】|【位置】命令，打开【变换】泊坞窗，设置【x】为30mm，相对位置为右边居中，【副本】为4，如图13.203所示，单击【确定】按钮，复制并移动的图形如图13.204所示。

  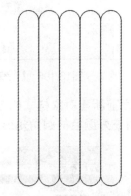

图13.202　绘制圆角矩形　　　图13.203　【变换】泊坞窗　　　图13.204　复制并移动图形

❸ 将圆角矩形全部选中并单击属性栏中的【合并】⬚ 按钮，如图13.205所示，单击工具箱中的【渐变填充】▮ 按钮，打开【渐变填充】对话框，设置一个从50%黑色（C：0；M：0；Y：0；K：50）到80%黑色（C：0；M：0；Y：；K：80）到黑色（C：0；M：0；Y：0；K：100）到90%黑色（C：0；M：0；Y：0；K：90）再到60%黑色（C：0；M：0；Y：0；K：60）的线性渐变，如图13.206所示。

 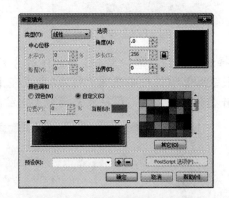

图13.205　合并图形　　　　　图13.206　【渐变填充】对话框

❹ 将设置好的渐变颜色填充到合并的圆角矩形上，如图13.207所示，将圆角矩形放置到酒瓶的瓶身上，调整大小位置如图13.208所示。

❺ 单击工具箱中的【贝塞尔工具】🖊 按钮，绘制一些梭形图形，调整其顺序，放置到合并的圆角矩形下方，如图13.209所示。

❻ 从左起选择第1、3、5个梭形图形，为其填充为黄色（C：0；M：30；Y：80；K：0），设置轮廓为无，如图13.210所示；另外几个梭形图形填充为蓝色（C：50；M：5；Y：30；K：0），同样设置轮廓为无，如图13.211所示。

图13.207　添加渐变颜色

图13.208　调整图形位置

图13.209　绘制形状

图13.210　添加颜色

图13.211　取消轮廓

❼ 单击工具箱中的【椭圆形工具】◯按钮，按住Ctrl键绘制一个正圆，将其复制三份，填充和梭形图形相同的颜色，轮廓设置为无，如图13.212所示。

❽ 将4个小正圆拖动到合并的圆角矩形的上方，调整大小，摆放在如图所示的位置，将其群组，复制一份，拖动到圆角矩形的下方，如图13.213所示。

图13.212　绘制正圆

图13.213　调整图形位置

13.4.3 绘制酒瓶瓶口设计

❶ 单击工具箱中的【矩形工具】□按钮，绘制一个如图13.214所示的矩形，设置其圆角半径为20mm，如图13.215所示，得到的圆角矩形如图13.216所示。

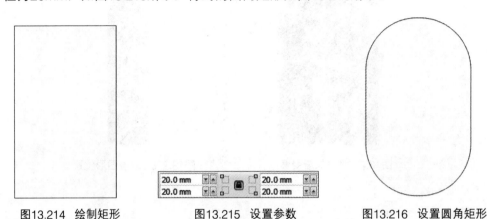

图13.214 绘制矩形　　　　图13.215 设置参数　　　　图13.216 设置圆角矩形

❷ 将圆角矩形原地复制一份，将位于下方的圆角矩形稍微调大一些，填充为灰色（C：30；M：22；Y：24；K：4），位于上方的圆角矩形添加30%黑色（C：0；M：0；Y：0；K：30），将两个圆角矩形的轮廓设置为无，如图13.217所示。

❸ 用同样的方法再绘制一个小一些的矩形，设置圆角半径为15mm，原地复制一份，稍微缩小一些，如图13.218所示，将位于下方的圆角矩形填充为灰色（C：30；M：22；Y：24；K：4），位于上方的圆角矩形填充为暗绿色（C：60；M：45；Y：60；K：60），将二者的轮廓设置为无，如图13.219所示。

图13.217 填充颜色　　　　图13.218 复制图形　　　　图13.219 取消轮廓

❹ 单击工具箱中的【椭圆形工具】◯按钮，按住Ctrl键绘制一个正圆，将其填充为灰色（C：30；M：22；Y：24；K：4）。

❺ 单击工具箱中的【星形工具】☆按钮，按住Ctrl键绘制一个正星形，设置其【点数或边数】为5，【锐度】为40，将设置好属性的星形放置到正圆中，如图13.220所示。填充星形为暗绿色（C：60；M：45；Y：60；K：60），将正圆和星形的轮廓取消，如图13.221所示，放置到之前绘制的圆角矩形中，如图13.222所示。

图13.220　绘制正圆

图13.221　绘制正星形

图13.222　调整图形位置

❻ 单击工具箱中的【矩形工具】□按钮，绘制一个矩形，原地复制一份，稍微缩小一些，将位于下方的矩形填充为灰色（C：30；M：22；Y：24；K：4），位于上方的矩形填充为暗绿色（C：60；M：45；Y：60；K：60），将二者的轮廓设置为无，如图13.223所示。

❼ 将绘制好的两个矩形放置到圆角矩形的中间，调整其位置和大小，将绘制的瓶口设计全部选中，进行群组，如图13.224所示。将群组后的瓶口设计图形移动到酒瓶的瓶口处，如图13.225所示。

图13.223　绘制矩形

图13.224　群组图形

图13.225　调整图形位置

❽ 单击工具箱中的【矩形工具】□按钮，绘制一个矩形，设置为倒角矩形，圆角半径为1mm。

❾ 单击工具箱中的【渐变填充】■按钮，打开【渐变填充】对话框，在【渐变填充】对话框中设置一个从黄色（C：0；M：0；Y：100；K：0）到暗黄色（C：55；M：50；Y：100；K：10）再到黄色（C：0；M：0；Y：100；K：0）的线性渐变，如图13.226所示，单击【确定】按钮，将填充上颜色的倒角矩形的轮廓设置为无，如图13.227所示。

❿ 将倒棱角矩形放置到瓶口上如图13.228所示的位置，调整到合适的大小，将其复制一份，移动到瓶口下方的位置，如图13.229所示。

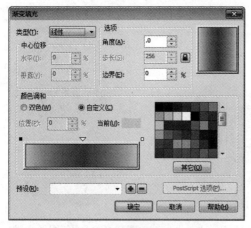

图13.226 【渐变填充】对话框

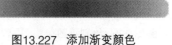

图13.227 添加渐变颜色

图13.228 调整图形位置

图13.229 复制图形

13.4.4 绘制酒瓶文字效果

❶ 选择工具箱中的【矩形工具】▢，绘制一个矩形，为其填充灰色（C：20；M：25；Y：30；K：0），设置轮廓为无，如图13.230所示。

❷ 选择工具箱中的【文本工具】字，输入英文"Chateau Ausone"，设置字体为"Base 02"，单击英文，在属性栏中设置角度为90°，将其旋转，放置到矩形中，如图13.231所示。

图13.230 绘制矩形

图13.231 添加文字

❸ 选择工具箱中的【文本工具】**字**，输入英文"AUSONE LOOK"，设置字体为 "Aurora BdCn BT"，输入段落文字，设置段落文字字体为"Arial"，将二者全选，调整到合适的大小，设置颜色为灰色（C：20；M：25；Y：30；K：0），将其放置到矩形标签的右侧上方，如图13.232所示。

❹ 用同样的方法输入其他文字，将三组文本全部选中，执行菜单栏中的【窗口】|【对齐与分布】，打开【对齐与分布】泊坞窗，如图13.233所示，选中【水平居中对齐】**中**按钮，单击【应用】按钮，关闭对话框，对齐后的图形如图13.234所示。

图13.232 输入文本   图13.233 【对齐与分布】泊坞窗   图13.234 对齐文本

❺ 单击工具箱中的【文本工具】**字**按钮，输入英文"SATISFACTION"，设置字体为 "Arial"。选择工具箱中的【贝塞尔工具】，沿着瓶口贴的上半部分绘制一个半圆形的路径，如图13.235所示。

❻ 执行菜单栏中的【文本】|【使文本适合路径】命令，将英文"SATISFACTION"放置到路径上，调整位置，如图13.236所示。

图13.235 绘制路径   图13.236 【使文本适合路径】命令

❼ 选择路径上的文字，执行菜单栏中的【排列】|【拆分在一路径上的文本】命令，或者按【Ctrl+K】组合键，将文字与路径拆分，选择路径，将其删除，如图13.237所示。将拆分的文字放置到瓶口贴的上方，调整大小和位置如图13.238所示。

图13.237　删除路径

图13.238　调整图形位置

⑧ 单击工具箱中的【文本工具】**字**，输入英文"GUARANTEED"，设置文字字体为"Arial"，用之前绘制路径的方法同样绘制一个半圆路径，形状如图13.239所示，执行菜单栏中的【文本】|【使文本适合路径】命令，将英文"GUARANTEED"放置到路径上，调整位置，如图13.240所示。

图13.239　绘制路径

图13.240　【使文本适合路径】命令

⑨ 选择路径上的文字，执行菜单栏中的【排列】|【拆分在一路径上的文本】命令，或者按【Ctrl+K】组合键，将文字与路径拆分，选择路径，将其删除，如图13.241所示。将拆分的文字放置到瓶口贴的上方，调整大小和位置如图13.242所示。

图13.241　删除路径

图13.242　调整图形位置

⓾ 单击工具箱中的【文本工具】字，输入英文"TUREMIE"和"TUHEION"，设置字体为"Arial"，将文字放置在瓶口中间的矩形上，如图13.243所示。将字体调整到合适的位置和大小，设置颜色为30%黑色（C：0；M：0；Y：0；K：30），如图13.244所示。

图13.243 输入文字

图13.244 设置文字颜色

13.4.5 绘制酒瓶高光及立体展示效果

❶ 单击工具箱中的【贝塞尔工具】按钮，为罐体绘制高光条，并单击工具箱中的【透明度工具】按钮，调整明暗关系，也可复制叠加，绘制好的高光效果如图13.245所示，至此，酒瓶的外形设计制作完成。用同样的方法制作酒瓶的各个角度的图形，如图13.246所示。

图13.245 绘制高光效果

图13.246 绘制其他两个酒瓶

❷ 选择工具箱中的【矩形工具】按钮，绘制一个矩形，单击工具箱中的【渐变填充】按钮，打开【渐变填充】对话框，如图13.247所示，在【渐变填充】对话框中设置一个从暗绿色（C：60；M：45；Y：60；K：80）到暗绿色（C：60；M：45；Y：60；K：60）到暗绿色（C：60；M：45；Y：60；K：45）再到暗绿色（C：60；M：40；Y：55；K：5）的辐射渐变，将矩形填充渐变颜色，轮廓设置为无，如图13.248所示。

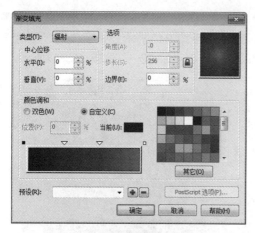

图13.247 【渐变填充】对话框

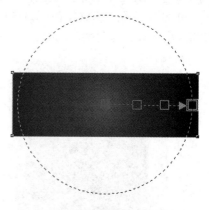

图13.248 添加渐变颜色

❸ 选择工具箱中的【矩形工具】□ 按钮，绘制一个矩形，填充为暗绿色（C：60；M：45；Y：60；K：80），设置轮廓为无，将其放置到上一步绘制的矩形上方，如图13.249所示，将两个矩形编组作为背景。

图13.249 绘制背景

❹ 将绘制的3个酒瓶拖动到背景矩形上，调整合适的位置和大小，如图13.250所示，选择工具箱中的【阴影工具】□，分别为其添加阴影效果如图13.251所示。

图13.250 调整图形位置

图13.251 添加阴影效果

⑤ 将酒瓶复制一份，执行菜单栏中的【位图】|【转换为位图】命令，打开【转换为位图】对话框，单击【确定】按钮，将酒瓶图形转换为位图。单击工具箱中的【橡皮擦工具】✎按钮，将酒瓶包装以上部分全部擦除，如图13.252所示。

⑥ 选中剩余的部分，单击属性栏中的【垂直镜像】▣按钮，将图形垂直翻转，并放置于瓶底，调整顺序，放置在酒瓶下面，如图13.253所示。

图13.252　擦除图形

图13.253　镜像图形

⑦ 单击工具箱中的【透明度工具】♟按钮，选中图形，从上到下垂直拖动，即可应用透明效果，如图13.254所示，用同样的方法为其他两个酒瓶制作投影效果，如图13.255所示。

图13.254　添加透明效果

图13.255　为其他酒瓶添加透明效果

⑧ 将绘制的标签复制一份，拖动到背景的右上角，调整合适的位置和大小，如图13.256所示，将之前输入的文字"Chateau Ausone"复制一份，放置到背景的右下角，调整大小，设置颜色为灰色（C：20；M：25；Y：30；K：0），如图13.257所示，酒瓶的立体展示效果制作完成。

图13.256 添加标签

图13.257 添加文字效果

画册装帧设计

书籍装帧设计是指从书籍文稿到成书出版的整个设计过程，也是完成从书籍形式的平面化到立体化的过程，它包含艺术思维、构思创意和技术手法的系统设计。书籍的开本、装帧形式、封面、腰封、字体、版面、色彩、插图、以及纸张材料、印刷、装订及工艺等各个环节的艺术设计。在书籍装帧设计中，从事整体设计的称为装帧设计或整体设计，只完成封面或版式等部分设计的，称作封面设计或版式设计等。折页设计是企业宣传中必不可缺的一部分，三折页即将宣传单按照一定的顺序规则折两次均匀折叠起来，所以，又称为三折页广告，它便于阅读理解，宣传效果很好。本章讲述书籍封面设计和房地产宣传折页设计的技巧方法。

Chapter

14

 教学视频

○ 书籍封面设计　　　　　　视频时间47:37
○ 宣传折页设计　　　　　　视频时间30:10

实例说明

本实例主要使用【矩形工具】、【文本工具】、【形状工具】绘制出书籍的轮廓图，使用【造形】命令修剪图形，再使用【贝塞尔工具】为其制作书籍整体效果，最后使用【透明度工具】制作出书籍的立体效果。本实例的最终效果如图14.1所示。

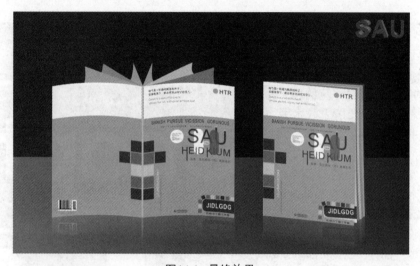

图14.1 最终效果

学习目标

- 掌握【矩形工具】的应用
- 掌握【文本工具】的应用
- 掌握【形状工具】的应用
- 掌握【造形】命令的应用
- 掌握【贝塞尔工具】的应用
- 掌握【透明度工具】的应用
- 掌握书籍设计的技巧

操作步骤

14.1.1 制作书籍封面内容

❶ 选择工具箱中的【矩形工具】▢，绘制一个如图14.2所示的矩形作为页面1，再使用【矩形工具】▢绘制一个圆角矩形，填充颜色为紫红色（C：20；M：80；Y：0；K：20），轮廓设置为无，如图14.3所示。

图14.2　绘制矩形

图14.3　填充颜色

❷ 将圆角矩形放置到页面1的右下方，调整大小和位置如图14.4所示，单击工具箱中的【文本工具】**字**按钮，输入英文字母，设置字体为"Arial"，字体颜色为白色，放置到圆角矩形上，调整大小和位置如图14.5所示。

图14.4　调整图形位置

图14.5　输入文字

❸ 选择工具箱中的【文本工具】**字**，为页面1添加文字，填充不同的颜色，调整不同大小，放置在页面1的左上方，如图14.6所示。

❹ 单击工具箱中的【椭圆形工具】○，按住Ctrl键绘制一个正圆，填充颜色为浅蓝色（C：40；M：5；Y：10；K：0），轮廓设置为无，单击工具箱中的【文本工具】**字**，输入英文，填充为紫红色（C：20；M：80；Y：0；K：20），调整合适的大小，与正圆一起放置到页面1的右上方，如图14.7所示。

❺ 选择工具箱中的【矩形工具】□，沿着页面1的轮廓绘制一个宽度相当，高度稍低的矩形作为封面，设置颜色为浅蓝色（C：40；M：5；Y：10；K：0），轮廓设置为无，如图14.8所示。

❻ 将之前绘制的圆角矩形复制一份，复制的圆角矩形放置到封面矩形的右下方，和在页面1中的位置相同，如图14.9所示。

图14.6 输入文字

图14.7 调整图形位置

图14.8 绘制矩形

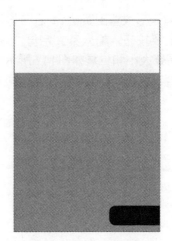

图14.9 调整矩形位置

⑦ 选中复制出的圆角矩形，执行菜单栏中的【窗口】|【泊坞窗】|【造形】命令，打开【造形】泊坞窗，在【造形】泊坞窗中选择【修剪】选项，取消选中【保留原始源对象】和【保留原目标对象】复选框，如图14.10所示，单击【修剪】按钮，在蓝色矩形上单击进行修剪，得到的图形效果如图14.11所示。

图14.10 【造形】泊坞窗

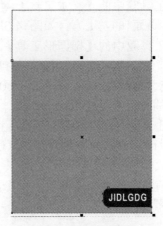

图14.11 修剪图形

⑧ 单击工具箱中的【矩形工具】口按钮，按住Ctrl键绘制一个正方形，将其复制一份，移动到合适的位置，如图14.12所示，选择复制出的正方形，执行菜单栏中的【编辑】|【再制】命令，或者按住【Ctrl+D】组合键，再制作出其他正方形，如图14.13所示。

⑨ 将所有的正方形全选，复制一份，移动到右侧合适的位置，将除第二个以外的正方形全部删除，最后的效果如图14.14所示。

图14.12 绘制矩形　　　　　图14.13 【再制】命令　　　　　图14.14 删除图形

⑩ 选择最上面和最下面还有右侧的正方形，单击工具箱中的【渐变填充】■按钮，打开【均匀填充】对话框，为其添加紫红色（C：20；M：80；Y：0；K：20），第二个和第四个正方形填充为浅绿色（C：55；M：0；Y：50；K：15），中间的正方形填充为黄色（C：0；M：0；Y：100；K：0），如图14.15所示。

⑪ 将所有正方形选中，轮廓设置为无，放置到封面的左侧，调整到合适的大小和位置，如图14.16所示。

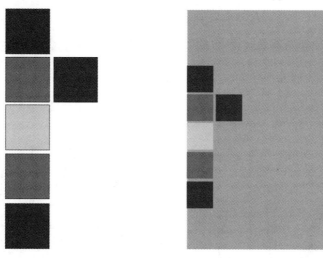

图14.15 填充不同颜色　　　　　图14.16 调整图形位置

⑫ 单击工具箱中的【矩形工具】口按钮，按住Ctrl键绘制一个正方形，复制多个，沿着修剪的图形形状排列放置，调整合适的角度和大小如图14.17所示，分别为正方形填充不

同的颜色，轮廓设置为无，如图14.18所示。

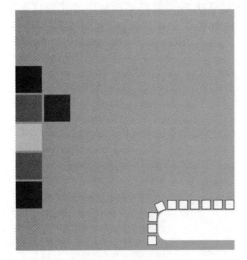
图14.17　绘制矩形

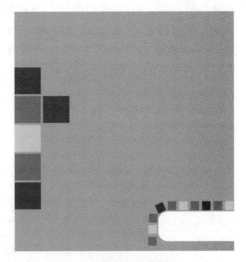
图14.18　填充不同颜色

⓭ 选择工具箱中的【文本工具】字，输入英文"SAU"和"HEID KIUM"，设置文字字体为"Arial"，调整字体到合适的大小，设置颜色为紫红色（C：20；M：80；Y：0；K：20），如图14.19所示，将"SAU"复制一份以作备用。

SAU
HEID KIUM

图14.19　输入文字

⓮ 选择英文"SAU"，执行菜单栏中的【排列】|【拆分美术字】命令，将文字拆分，选中字母"U"，执行菜单栏中的【排列】|【转换为曲线】命令，单击工具箱中的【形状工具】按钮，调整字母"U"的形状如图14.20所示。

⓯ 用同样的方法拆分英文"HEID KIUM"，将英文转曲后，单击工具箱中的【形状工具】按钮，调整字母"H"和"K"的形状，如图14.21所示。

图14.20　编辑文字 　　　　　　　　　　图14.21　调整文字形状

⓰ 将文字全部选中并进行群组命令，将其放置到封面的右上方，调整合适的位置和大小，如图14.22所示。

图14.22　调整文字位置

⓱ 单击工具箱中的【矩形工具】▢按钮，绘制一个圆角矩形，填充颜色为绿色（C：60；M：0；Y：60；K：20），轮廓设置为无，如图14.23所示，将圆角矩形复制一份，选中两个圆角矩形，将其覆盖到英文文字上，调整合适的位置和大小，如图14.24所示。

图14.23　绘制圆角矩形

图14.24　调整图形位置

⓲ 单击工具箱中的【透明度工具】🖫按钮，为左侧的圆角矩形添加透明度效果，在属性栏的【透明度类型】中选择【标准】选项，设置【透明度操作】为【除】，【开始透明度】设置为20，设置好透明度的圆角矩形如图14.25所示。

⓳ 用同样的方法单击工具箱中的【透明度工具】🖫按钮，为右侧的圆角矩形添加透明度效果，在属性栏中的【透明度类型】中选择【标准】选项，设置【透明度操作】为【常规】，【开始透明度】设置为20，设置好透明度的圆角矩形如图14.26所示。

图14.25 为左侧圆角矩形添加透明度效果　　　　　图14.26 为右侧圆角矩形添加透明度效果

Questions 　【属性滴管工具】 🖉 能复制的属性都有哪些？

Answered：在【属性滴管工具】属性栏中可以看到【属性滴管工具】所能复制的属性选项，只要勾选前面的复选框就能复制。

⑳ 单击工具箱中的【矩形工具】□按钮，绘制一个圆角矩形，设置颜色为紫红色（C：20；M：80；Y：0；K：20），轮廓设置为无。单击工具箱中的【透明度工具】⬚按钮，在属性栏的【透明度类型】中选择【标准】选项，设置【透明度操作】为【除】，【开始透明度】设置为20，设置好透明度的圆角矩形如图14.27所示。

㉑ 选择工具箱中的【文本工具】字，输入文字"闪电湖"，设置文字字体为"时尚中黑简体"，调整字体到合适的大小，设置颜色为紫红色（C：20；M：80；Y：0；K：20），如图14.28所示。

图14.27 添加透明度效果　　　　　　　　图14.28 输入文字

㉒ 选择工具箱中的【文本工具】字，输入文字"海蒂·克拉姆绘《苏》画册系列"，设置文字字体为"文鼎细圆简"，调整字体到合适的大小，设置颜色为紫红色（C：20；M：80；Y：0；K：20），放置到如图14.29所示的位置。

㉓ 同样选择工具箱中的【文本工具】字，输入文字"这是一个关于放逐与追寻的故事，一起走上华丽而又沧桑的旅程…"，设置文字字体为"文鼎细圆简"，调整字体到合适的大小，设置颜色为紫红色（C：20；M：80；Y：0；K：20），放置到如图14.30所示的位置。

图14.29　输入文字

图14.30　调整文字位置

❷❹ 单击工具箱中的【椭圆形工具】 ○，按住Ctrl键绘制一个正圆，将其填充为黄色（C：0；M：0；Y：100；K：0），轮廓设置为无，如图14.31所示。同样再绘制一个正圆，填充为白色，将其放置到黄色圆形上方，如图14.32所示。

图14.31　绘制圆形

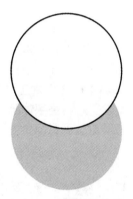

图14.32　调整图形位置

❷❺ 将两个正圆形全部选中，执行菜单栏中的【窗口】|【泊坞窗】|【造形】命令，打开【造形】泊坞窗，在【造形】泊坞窗中选择【修剪】选项，取消选中【保留原始源对象】和【保留原目标对象】复选框，如图14.33所示，单击【修剪】按钮，在黄色正圆上单击进行修剪，得到的图形效果如图14.34所示。

图14.33　【造形】泊坞窗

图14.34　修剪图形

㉖ 将修剪后的图形复制一份，单击属性栏中的垂直镜像闾按钮，将图形垂直翻转，如图14.35所示。将两个半月形移动到字母"U"的上方，调整合适的大小和位置，如图14.36所示。

图14.35　镜像图形　　　　　　　　　　　　　　　图14.36　调整图形位置

㉗ 选择工具箱中的【文本工具】字，输入英文"BANISH PURSUE VICISSION GORUNOUS"，设置文字字体为"Arial"，调整字体到合适的大小，设置颜色为紫红色（C：20；M：80；Y：0；K：20），放置到如图14.37所示的位置。

㉘ 选择工具箱中的【文本工具】字，输入文字"彩色沙丁鱼工作室"，设置文字字体为"时尚中黑简体"，调整字体到合适的大小，设置颜色为紫红色（C：20；M：80；Y：0；K：20），将其放置到封面的右下角，如图14.38所示。

图14.37　输入文字　　　　　　　　　　　　　　　图14.38　调整文字位置

Questions 在【调色板】中怎样快速设置填充颜色和描边颜色？

Answered：选择对象后，在【调色板】中所要填充的颜色上单击就能将所选颜色设置为填充色，右击将所选颜色设置为轮廓色。

㉙ 选择工具箱中的【椭圆形工具】◯，在页面中绘制一个直径为180mm的正圆，如图14.39所示。执行菜单栏中的【排列】|【变换】|【缩放和镜像】命令，打开【变换】泊坞窗，设置【x】为95%，【y】为95%，【副本】为1，如图14.40所示，单击【应用】按钮，复制并缩放的图形如图14.41所示。

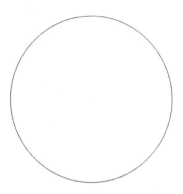
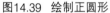

图14.39 绘制正圆形

图14.40 【变换】泊坞窗

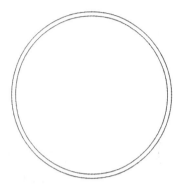

图14.41 复制并缩放的图形

㉚ 执行菜单栏中的【排列】|【变换】|【位置】命令，打开【变换】泊坞窗，设置【y】为5，【副本】为0，如图14.42所示，单击【应用】按钮，移动的图形如图14.43所示。

图14.42 【变换】泊坞窗

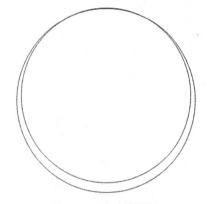

图14.43 移动的图形

㉛ 选择缩小后的正圆，执行菜单栏中的【窗口】|【泊坞窗】|【造形】命令，打开【造形】泊坞窗，选择【修剪】选项，取消选中【保留原始源对象】和【保留原目标对象】复选框，如图14.44所示，单击【修剪】按钮，将鼠标指针移至大的正圆上单击，对其进行修剪。

㉜ 将修剪后的图形填充为紫红色（C：20；M：80；Y：0；K：20），轮廓设置为无，如图14.45所示。在属性栏中设置【旋转角度】为15度，将修剪后的图形稍加旋转，如图14.46所示。

㉝ 执行菜单栏中的【排列】|【变换】|【缩放和镜像】命令，打开【变换】泊坞窗，设置【x】为40%，【y】为40%，设置【副本】为1，如图14.47所示，单击【应用】按钮，复制并缩放的图形如图14.48所示。

图14.44 【造形】泊坞窗

图14.45 填充颜色

图14.46 旋转图形

图14.47 【变换】泊坞窗

图14.48 复制并缩放的图形

❸❹ 在打开的【变换】泊坞窗中单击 ⭯ 按钮，设置【角度】为150度，【副本】为0，如图14.49所示，单击【应用】按钮，旋转后的图形如图14.50所示，将【变换】泊坞窗关闭。

图14.49 【变换】泊坞窗

图14.50 旋转图形

❸❺ 选择工具箱中的【调和工具】 🔳 ，按住鼠标的同时从小图形向大图形中拖动，为其添加调和效果，如图14.51所示。

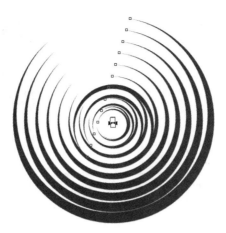

图14.51 添加调和效果

㊱ 执行菜单栏中的【窗口】|【泊坞窗】|【调和】命令，打开【调和】泊坞窗，设置【步长】为10，【旋转】为−180度，勾选【环绕】复选框，如图14.52所示，单击【应用】按钮，得到的图形效果如图14.53所示。

图14.52 【调和】泊坞窗

图14.53 添加调和效果

㊲ 选择工具箱中的【文本工具】字，输入文字"同萌话语出版社"和英文"TONG MENG HUA YU"，设置文字字体为"文鼎细圆简"，调整到合适的位置和大小，如图14.54所示。

㊳ 选择工具箱中的【矩形工具】□，绘制一个细长的矩形，填充为黑色，轮廓设置为无，将其放置到文字的中间如图14.55所示。

同萌话语出版社
TONG MENG HUA YU

图14.54 输入文字

同萌话语出版社
TONG MENG HUA YU

图14.55 绘制矩形

㊴ 选择绘制好的标志图形，将其放置到文字的左侧，如图14.56所示，将其全部群组，放置到书籍封面上，调整合适的位置和大小，如图14.57所示。

同萌话语出版社
TONG MENG HUA YU

图14.56　群组图形

图14.57　调整图形位置

⑩ 单击工具箱中的【椭圆形工具】○，按住Ctrl键绘制一个正圆，填充为白色，轮廓设置为无，选择工具箱中的【文本工具】字，输入段落文字，填充不同的颜色，调整合适的位置和大小，如图14.58所示。将其放置到封面图形上，调整合适的位置和大小，如图14.59所示

图14.58　输入段落文字

图14.59　调整图形位置

Tip　为了方便看清白色圆形，这里添加一个黑色的背景。

⑪ 选择工具箱中的【文本工具】字，输入文字，填充不同颜色，设置不同大小，将其旋转至如图14.60所示的角度，至此，封面的绘制就完成了。

图14.60　旋转文字

14.1.2　制作书籍整体效果

❶ 将绘制的封面全部选择并群组，选择之前绘制的页面1，将其群组，轮廓设置为无，调整顺序到封面的后面，如图14.61所示。

❷ 选中封面和页面1，双击进入旋转编辑模式，将光标移动到右边"⬍"状编辑点时，拖动鼠标对图形应用扭曲效果，调整到合适的位置，如图14.62所示。

图14.61　调整图形顺序

图14.62　扭曲图形

❸ 单击工具箱中的【封套工具】，调整封面和页面1的形状，如图14.63所示，选择工具箱中的【阴影工具】，为封面添加一个阴影效果。

❹ 将指针置于阴影处右击，在弹出的快捷菜单中选择【拆分阴影群组】命令，将阴影与封面拆分，调整阴影的角度大小和位置，如图14.64所示。

图14.63　添加封套效果

图14.64　添加阴影效果

❺ 选择工具箱中的【矩形工具】，绘制多个和页面1一样大小的矩形，填充不同的

颜色，放置到页面1的后方，单击工具箱中的【封套工具】 🔲 ，调整各个矩形的形状，做出纸张的效果，如图14.65所示，至此，合起来的书籍制作完成。

⑥ 将封面和页面1复制一份，选择工具箱中的【矩形工具】 □ ，绘制一个矩形，为其填充20%黑色，轮廓设置为无，放置在封面的左侧，作为书脊，如图14.66所示。

图14.65　调整矩形形状

图14.66　绘制矩形

⑦ 选择工具箱中的【矩形工具】 □ ，绘制一个和页面1一样大小的矩形，设置颜色为白色，一个和封面一样大小的矩形，设置颜色为浅黄色（C：40；M：5；Y：10；K：0），将两个矩形的轮廓取消，放置到书脊的左侧，作为封底，如图14.67所示。

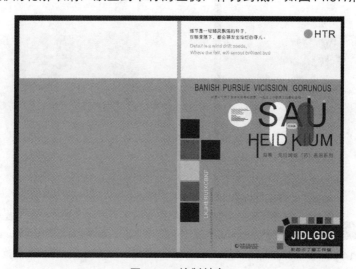

图14.67　绘制封底

⑧ 将之前绘制的彩色小矩形复制一份，单击属性栏中的【水平镜像】按钮，将其水平镜像，放置到封底的右方，和封面上的彩色矩形相对称。

⑨ 执行菜单栏中的【编辑】|【插入条码】命令，打开【条码向导】对话框。在【条码向导】对话框中首先选择一个行业标准格式，再输入需要的数字，一直单击【下一步】命令，设置好各个数值以后，单击【完成】按钮，将生成的条形码放置到封底的左下方，选择工具箱中的【文本工具】字，输入文字"定价：19.90元"，设置字体为"微软雅黑"，调整合适的大小，放置到条形码下方，如图14.68所示。

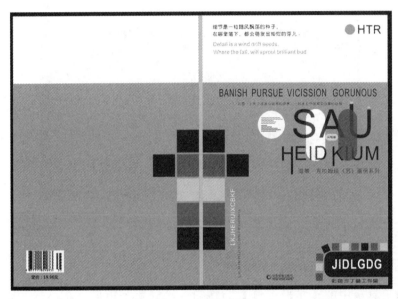

图14.68　输入文字

⑩ 将封底群组和封面分别群组，单击工具箱中的【封套工具】按钮，调整封面和封底的形状，如图14.69所示。

图14.69　添加封套效果

⑪ 选择工具箱中的【贝塞尔工具】 ，绘制多个不同封闭图形作为内页，填充不同颜色，轮廓设置为无，单击工具箱中的【形状工具】 ，调整各个封闭图形的形状，如图14.70所示，至此，书籍的展开效果绘制完成。

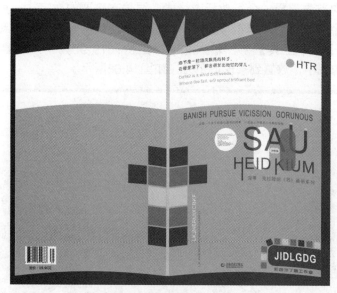

图14.70 调整图形形状

14.1.3 制作书籍立体展示效果

❶ 单击工具箱中的【矩形工具】 按钮，绘制两个矩形，将小矩形填充为浅灰色（C：13；M：10；Y：10；K：0）到青灰色（C：77；M：65；Y：65；K：36）的线性渐变，将大矩形填充为80%黑色（C：0；M：0；Y：0；K：80）到黑色的线性渐变，轮廓设置为无，如图14.71所示。

图14.71 制作背景矩形

❷ 将绘制的两种书籍整体效果分别进行群组命令，放置到绘制好的背景上，调整合适的大小和位置，如图14.72所示。

❸ 将封面图形、书脊和封底图形各复制一份，单击属性栏中的【垂直镜像】 按钮，将图形垂直翻转，并放置于展开的书籍下方。单击工具箱中的【透明度工具】 按钮，为图形添加透明度效果，用同样的方法为右侧合起来的书籍添加倒影效果，如图14.73所示。

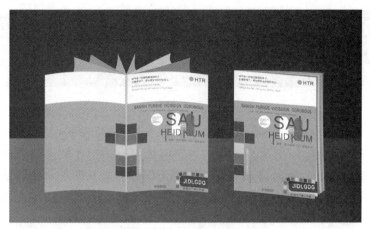

图14.72 调整书籍位置

图14.73 添加倒影

❹ 将之前复制的英文"SAU"放置到背景的右上角，单击工具箱中的【立体化工具】，为其添加立体化效果，设置立体化颜色为从紫红色（C：20；M：80；Y：0；K：20）到紫红色（C：40；M：100；Y：0；K：0），至此，书籍的立体展示效果完成，如14.74所示。

图14.74 添加立体化效果

实例说明

　　本实例主要使用【矩形工具】制作出折页的轮廓、使用【艺术笔工具】、【文本工具】绘制出折页的内容，再为其添加填充颜色及相应的素材图形，最后使用【透明度工具】和【贝塞尔工具】制作出折页的整体效果。本实例的最终效果如图14.75所示。

图14.75　最终效果

学习目标

- 掌握【矩形工具】的应用
- 掌握【文本工具】的应用
- 掌握【艺术笔工具】的应用
- 掌握【透明度工具】的应用
- 掌握【贝塞尔工具】的应用
- 掌握折页设计的技巧

操作步骤

14.2.1　制作折页背景

　　❶ 选择工具箱中的【矩形工具】□按钮，绘制一个如图14.76所示的矩形即页面1，向右复制两个矩形，放置到如图14.77所示的位置，中间的为页面2，右侧的为页面3。

> **Questions　怎样快速选择【矩形工具】？**
>
> **Answered**：按快捷键F6键，可以快速选择【矩形工具】。

图14.76　绘制矩形　　　　　　　　　　　图14.77　复制矩形

❷ 选择页面1，单击工具箱中的【渐变填充】■按钮，打开【渐变填充】对话框，设置一个从淡黄色（C：0；M：10；Y：45；K：0）到淡黄色（C：10；M：10；Y：45；K：0）再到深黄色（C：30；M：35；Y：60；K：0）的线性渐变，如图14.78所示，将其填充到页面1上，轮廓设置为无，如图14.79所示。

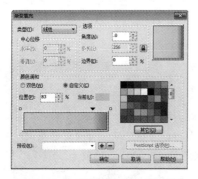

图14.78　【渐变填充】对话框1

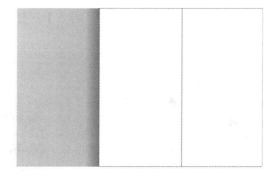

图14.79　填充颜色1

❸ 选择页面2，单击工具箱中的【渐变填充】■按钮，打开【渐变填充】对话框，设置一个从红褐色（C：55；M：85；Y：80；K：30）到红褐色（C：60；M：90；Y：80；K：30）再到深褐色（C：60；M：100；Y：90；K：50）的线性渐变，如图14.80所示，将其填充到页面2上，轮廓设置为无，如图14.81所示。

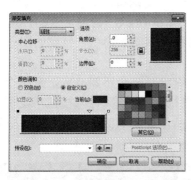

图14.80　【渐变填充】对话框2

图14.81　填充颜色2

❹ 选择页面3，单击工具箱中的【渐变填充】■按钮，打开【渐变填充】对话框，设置一个从红褐色（C：60；M：90；Y：80；K：30）到深褐色（C：60；M：100；Y：90；K：

50）的线性渐变，如图14.82所示，将其填充到页面3上，轮廓设置为无，如图14.83所示。

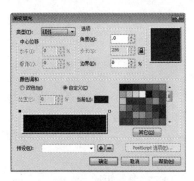

图14.82 【渐变填充】对话框3

图14.83 填充颜色3

14.2.2 制作折页内容

❶ 单击工具箱中的【椭圆形工具】○，按住Ctrl键绘制一个正圆，如图14.84所示，执行菜单栏中的【文件】|【导入】命令，打开【导入】对话框。选择配套光盘中的"调用素材\第14章\楼盘1.psd"文件，单击【导入】按钮。此时光标变成┌状，单击将图形导入到页面中，如图14.85所示。

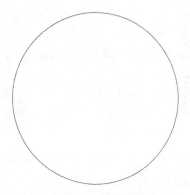

图14.84 绘制圆形

图14.85 导入素材

❷ 选择素材"楼盘1"，执行菜单栏中的【效果】|【图框精确剪裁】|【置于文本框内部】命令，将素材"楼盘1"置于圆形中，如图14.86所示，调整合适的位置和大小后，执行菜单栏中的【效果】|【图框精确剪裁】|【结束编辑】命令，得到的图形效果如图14.87所示。

❸ 单击工具箱中的【椭圆形工具】○，按住Ctrl键绘制一个正圆，将正圆保持选定的状态，选择工具箱中的【艺术笔工具】♥，单击属性栏中的【笔刷】╏按钮，设置一个比较宽的【笔触宽度】，在【类别】中选择【底纹】选项，在底纹的【笔刷笔触】中选择合适的笔触，设置完成后绘制的墨点图形如图14.88所示。

Questions 使用艺术画笔可以填充对象吗？

Answered：用户可以对使用预设艺术笔绘制的图形进行各种填充。

图14.86 置于圆形内部　　　　　　　　　　　图14.87 圆形剪裁效果

❹ 将墨点图形复制一份以作备用，将之前经过剪裁的"楼盘1"图形放置到墨点图形中，调整到合适的位置和大小，调整顺序在墨点图形上方，如图14.89所示，全选墨点图形和"楼盘1"图形，进行群组命令。

图14.88 置于墨点图形内部　　　　　　　　　图14.89 墨点图形剪裁效果

❺ 执行菜单栏中的【文件】|【导入】命令，打开【导入】对话框。选择配套光盘中的"调用素材\第14章\楼盘2.psd"文件，单击【导入】按钮。此时光标变成「状，单击将图形导入到页面中。用之前剪裁"楼盘1"图形的方法剪裁"楼盘2"图形，将其放置到复制的墨点图形上，调整合适的位置和大小，同样将其群组。

❻ 全选两个群组后的图形，执行菜单栏中的【效果】|【图框精确剪裁】|【置于文本框内部】命令，将两个群组后的图形放置到黄色的页面1上，调整合适的位置和大小后，执行菜单栏中的【效果】|【图框精确剪裁】|【结束编辑】命令，如图14.90所示。

图14.90 【置于文本框内部】命令

⑦ 选择工具箱中的【文本工具】字，输入文字"物业"，设置文字字体为"汉鼎简新艺体"，输入英文"PROPERTY"，设置字体为"Adobe Devanagari"，如图14.91所示。

⑧ 选择文字"物业"，单击属性栏中的【将文本更改为垂直方向】||||按钮，将文字垂直方向排列，选择英文"PROPERTY"，在其属性栏的【旋转角度】中设置为"270°"，将文字"物业"和英文"PROPERTY"全选，执行菜单栏中的【排列】|【对齐和分布】|【垂直居中对齐】命令，将文字对齐，调整合适的大小，如图14.92所示。

图14.91　输入文字

图14.92　对齐文字

⑨ 选择工具箱中的【文本工具】字，同样单击属性栏中的【将文本更改为垂直方向】||||按钮，输入文字"中式管家的极致服务"，设置文字字体为"汉仪细中圆简"，输入英文"The perfection of Chinese style butler service"，设置文字字体为"Arial"，在属性栏中设置【旋转角度】为"270°"，如图14.93所示。

⑩ 选择工具箱中的【文本工具】字，单击属性栏中的【将文本更改为垂直方向】||||按钮，输入段落文字，设置文字字体为"金桥简细圆"，如图14.94所示。

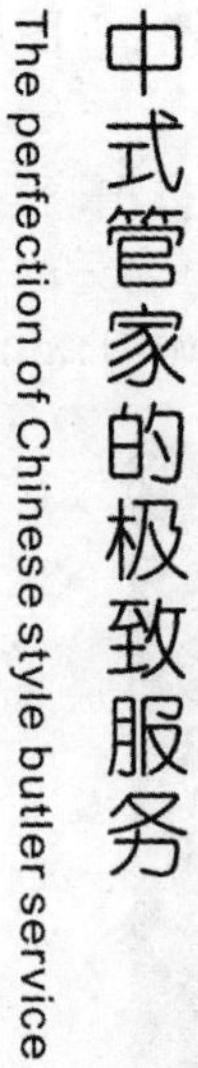

图14.93　调整文字方向

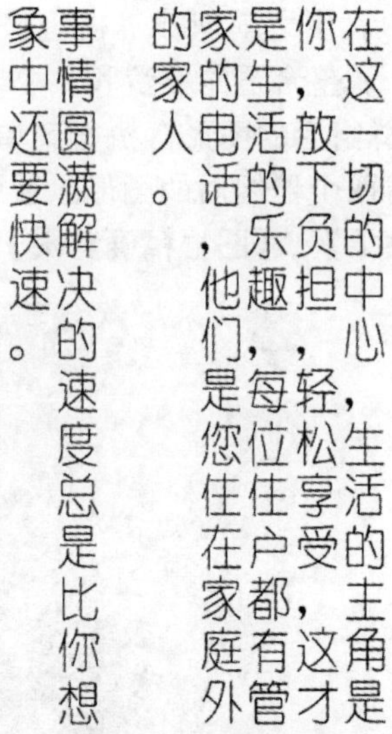

图14.94　输入段落文字

⑪ 将之前编辑的文字全部选中，放置在一起，执行菜单栏中的【排列】|【对齐和分布】|【顶端对齐】 ⬚命令，将文字顶端对齐，如图14.95所示。

⑫ 选择工具箱中的【矩形工具】 ⬚按钮，绘制三个细长的矩形，填充为黑色，轮廓设置为无，长度与文本的长度相当，调整不同的粗细，放置到文字的中间，如图14.96所示。

图14.95　对齐文字

图14.96　绘制矩形

Questions　文字字体在使用时有什么需要注意的?

Answered：一般来说，当输入的是汉字时就要使用汉字字体。当输入的是英文或是字母时，一般使用英文字体。当输入的是阿拉伯数字时都能使用，有的字体不能完全显示阿拉伯数字。

⑬ 用同样的方法输入另外一组文字，将两组文字分别群组，放置到黄色的页面1上，调整合适的位置和大小，如图14.97所示。

图14.97　调整文字位置

⑭ 选择工具箱中的【矩形工具】□按钮，按住Ctrl键绘制一个正方形，正方形颜色设置为无，设置轮廓宽度为"0.25mm"，轮廓颜色为淡黄色（C：0；M：20；Y：50；K：0），设置完成后，复制一个正方形，按住Shift键放大到合适的大小，设置轮廓宽度为"0.50mm"，如图14.98所示。

⑮ 将两个正方形全选，在属性栏中的【旋转角度】中输入"45°"，将图形旋转，旋转后的图形如图14.99所示。

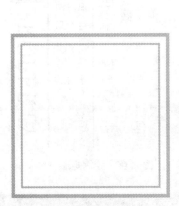

图14.98　绘制正方形

图14.99　调整正方形角度

⑯ 执行菜单栏中的【文件】|【导入】命令，打开【导入】对话框。选择配套光盘中的"调用素材\第14章\花纹1.cdr"文件，单击【导入】按钮。此时光标变成下状，单击将图形导入到页面中，如图14.100所示，将花纹素材放置到矩形轮廓中，调整合适的大小和位置，将其全部选中，进行群组命令，如图14.101所示。

图14.100　导入素材

图14.101　群组命令

⑰ 将群组后的图形放置到页面2的左侧边缘中间位置，将其复制一份，复制的图形放置到页面2的右侧边缘中间位置。

⑱ 选择左侧的图形，执行菜单栏中的【效果】|【图框精确剪裁】|【置于文本框内部】命令，将其置入到页面2中，调整位置和大小，再执行菜单栏中的【效果】|【图框精确剪裁】|【结束编辑】命令，退出编辑状态，用同样的方法将右侧的图形置入到页面3中，如图14.102所示。

图14.102　【置于文本框内部】命令

Questions　【图框精确剪裁】真的将对象裁剪了吗?

Answered：【图框精确剪裁】命令并不是真的将对象剪裁，只是将图框内的图形显示出来，图框外的隐藏，可以进行修改和提取。

⑲ 执行菜单栏中的【文件】|【导入】命令，打开【导入】对话框。选择配套光盘中的"调用素材\第14章\花纹2.cdr"文件，单击【导入】按钮。此时光标变成┏状，单击将图形导入到页面中，如图14.103所示。

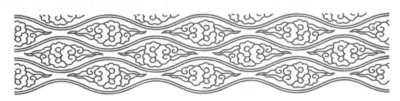

图14.103　导入素材

⑳ 将花纹素材放置到页面3上，调整到合适的位置和大小，将其复制一份，单击属性栏中的【垂直镜像】 按钮，将垂直翻转的图形放置到页面3的下方，调整位置，如图14.104所示。

图14.104　垂直翻转图形

㉑ 将两个花纹2素材复制一份，同样放置在页面2中，单击工具箱中的【透明度工具】
按钮，分别为复制出的花纹2素材添加线性透明效果，如图14.105所示。

图14.105　添加透明效果

14.2.3　制作标志和折页整体效果

❶ 选择工具箱中的【矩形工具】□，在属性栏中输入【圆角半径】为2mm，按住Ctrl
键绘制一个圆角正方形，填充颜色为淡黄色（C：0；M：20；Y：50；K：0），轮廓设置
为无，如图14.106所示。选择工具箱中的【文本工具】字，输入文字"碧水"，设置字体
为"草檀斋毛泽东字体"。

❷ 执行菜单栏中的【排列】|【拆分美术字】命令，将"碧"和"水"分别放置在圆
角正方形上，调整位置和大小，如图14.107所示。

图14.106 绘制圆角正方形

图14.107 调整图形位置

❸ 将"碧"和"水"选中,执行菜单栏中的【排列】|【群组】命令,将其群组,将群组后的文字保持选定状态,执行菜单栏中的【窗口】|【泊坞窗】|【造形】命令,打开【造形】泊坞窗,在【造形】泊坞窗中选择【修剪】选项,取消选中【保留原始源对象】和【保留原目标对象】复选框,如图14.108所示,单击【修剪】按钮,在黄色圆角正方形上单击进行修剪,得到的图形效果如图14.109所示。

图14.108 【造形】泊坞窗

图14.109 修剪图形

❹ 执行菜单栏中的【文件】|【导入】命令,打开【导入】对话框。选择配套光盘中的"调用素材\第14章\碧水名苑.psd"文件,单击【导入】按钮。此时光标变成╔状,单击将图形导入到页面中。

❺ 选中"碧水名苑"位图素材,执行菜单栏中的【位图】|【轮廓描摹】|【高质量图像】命令,打开【PowerTRACE】对话框,在【PowerTRACE】对话框中设置参数,如图14.110所示,完成后单击【确定】按钮,即可将"碧水名苑"位图素材转换为矢量图。

Questions 位图转换为矢量图后有什么区别?

Answered:将位图矢量化后,图像即具有矢量图的所有特征,可以对其形状进行调整,或填充渐变色、图案及添加透视点等。

图14.110 【PowerTRACE】对话框

⑥ 将转换为矢量图的字体填充为淡黄色（C：0；M：20；Y：50；K：0），选择工具箱中的【文本工具】字，输入英文"BISHUIMINGYUAN"，设置文字字体为"Arial"，同样填充颜色为淡黄色（C：0；M：20；Y：50；K：0），如图14.111所示。

⑦ 将矢量字体与英文全选，放置到之前剪切的图形下方，将三者全部选中，执行菜单栏中的【排列】|【对齐和分布】|【垂直居中对齐】中命令，将三者垂直居中对齐，如图14.112所示，将其全部群组，至此，标志的绘制完成。

图14.111 输入文字　　　　　　　　　　　图14.112 对齐图形

⑧ 单击工具箱中的【贝塞尔工具】按钮，沿着花纹2的轮廓绘制线条，将第二个和第五个线条的轮廓设置为深黄色（C：30；M：40；Y：100；K：10），除此之外的线条填

充为淡黄色（C：0；M：20；Y：50；K：0），如图14.113所示，将线条进行群组命令。

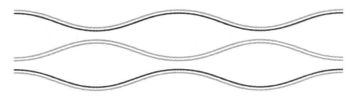

图14.113　绘制线条

⑨ 选择工具箱中的【文本工具】字，输入需要的文字，填充文字颜色为淡黄色（C：0；M：20；Y：50；K：0），设置文字字体为"汉仪字典宋简"，调整合适的大小，将其放置到上一步绘制的线条下方，如图14.114所示。

⑩ 将线条和文字全选，放置到之前绘制的标志下方，将三者全部选中，执行菜单栏中的【排列】|【对齐和分布】|【垂直居中对齐】命令，将三者垂直居中对齐，如图14.115所示。

图14.114　输入文字　　　　　　　　　　　　　　　图14.115　对齐图形

Questions　怎样快速将对象水平和垂直居中对齐？

Answered：将要对齐的对象全部选中，按快捷键E和C键，可以快速将对象水平和垂直居中对齐。

⑪ 选择工具箱中的【矩形工具】□按钮，绘制一个圆角矩形，填充为淡黄色（C：0；M：20；Y：50；K：0），轮廓设置为无。单击工具箱中的【文本工具】字按钮，输入需要的文字，设置字体为"微软雅黑"，字体颜色为红褐色（C：60；M：90；Y：80；K：30）。

⑫ 输入段落文字，设置字体为"Arial"，字体颜色为淡黄色（C：0；M：20；Y：50；K：0），将文字如图14.116所示排列对齐并且进行群组命令。

⑬ 将之前绘制的标志和上一步绘制的段落文字分别选中放置到页面2和页面3的中间，

调整合适的位置和大小，如图14.117所示，至此，宣传页的正面平面图设计完成。

图14.116 对齐图形

图14.117 调整图形位置

14.2.4 制作宣传页立体效果

❶ 单击工具箱中的【矩形工具】□按钮，绘制一个矩形，如图14.118所示，单击工具箱中的【渐变填充】■按钮，打开【渐变填充】对话框，在【渐变填充】对话框中设置【角度】为30.6，【边界】为32%，设置一个从深灰色（C：0；M：0；Y：0；K：80）到深灰色（C：0；M：0；Y：0；K：90）的线性渐变颜色，如图14.119所示。

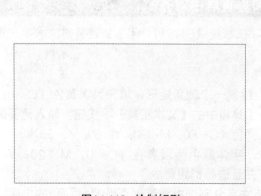

图14.118 绘制矩形

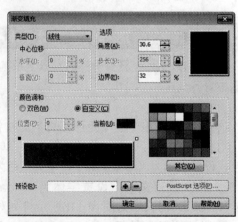

图14.119 【渐变填充】对话框

❷ 设置好渐变颜色后，单击【确定】按钮关闭【渐变填充】对话框，设置好渐变颜色的图形，如图14.120所示。

图14.120　填充渐变颜色

❸ 选择工具箱中的【矩形工具】□，绘制一个长度与填充了渐变颜色的矩形相同，高度不同的矩形，将其填充为黑色，放置到填充了渐变颜色的矩形上方，如图14.121所示，至此，背景图形的绘制完成。

图14.121　绘制矩形

❹ 选择折页图形，分别调整每个页面的角度和倾斜程度，做出折页的立体效果，如图14.122所示。将折页图形复制一份，同样调整页面的形状，做出另一种立体效果的展示，如图14.123所示。

图14.122　调整页面形状

图14.123 复制图形

❺ 将两个折页立体效果一起选中，放置到背景图形中，调整合适的位置和大小，如图14.124所示。

图14.124 调整图形位置

❻ 选择工具箱中的【贝塞尔工具】🖊，沿着左边折页立体图形的轮廓绘制一个三角形封闭图形，单击工具箱中的【透明度工具】🍸按钮，为三角形添加一个透明度效果，在属性栏中设置合适的数值，最终添加了透明度效果的三角形如图14.125所示。

图14.125 添加透明度效果

❼ 将步骤❻中绘制的添加了透明度效果的三角形复制一份，放置到右侧折页立体图形上，如图14.126所示。

图14.126 复制图形

⑧ 将每个页面都复制一份，分别执行菜单栏中的【位图】|【转换为位图】命令，打开【转换为位图】对话框，如图14.127所示，将复制出的页面全部转换为位图，放置到原折页立体图形的下方，单击属性栏中的【垂直镜像】 按钮，将位图水平翻转，双击位图图形，调整其形状，如图14.128所示。

图14.127 【转换为位图】对话框

图14.128 水平翻转图形

⑨ 分别选中位图图形，单击工具箱中的【透明度工具】 按钮，为其添加透明度效果，制作出投影效果，如图14.129所示。

图14.129 添加透明度效果

⑩ 将之前绘制的标志复制一份，放置到背景图形的右下角，调整合适的大小，如图14.130所示，折页的立体展示效果绘制完成。

图14.130 完成设计

读 者 意 见 反 馈 表

亲爱的读者：

感谢您对中国铁道出版社的支持，您的建议是我们不断改进工作的信息来源，您的需求是我们不断开拓创新的基础。为了更好地服务读者，出版更多的精品图书，希望您能在百忙之中抽出时间填写这份意见反馈表发给我们。随书纸制表格请在填好后剪下寄到：北京市西城区右安门西街8号中国铁道出版社综合编辑部 王宏 收（邮编：100054）。或者采用传真（010-63549458）方式发送。此外，读者也可以直接通过电子邮件把意见反馈给我们，E-mail地址是：lych@foxmail.com 我们将选出意见中肯的热心读者，赠送本社的其他图书作为奖励。同时，我们将充分考虑您的意见和建议，并尽可能地给您满意的答复。谢谢！

所购书名：_____

个人资料：

姓名：_____ 性别：_____ 年龄：_____ 文化程度：_____

职业：_____ 电话：_____ E-mail：_____

通信地址：_____ 邮编：_____

您是如何得知本书的：

□书店宣传 □网络宣传 □展会促销 □出版社图书目录 □老师指定 □杂志、报纸等的介绍 □别人推荐
□其他（请指明）_____

您从何处得到本书的：

□书店 □邮购 □商场、超市等卖场 □图书销售的网站 □培训学校 □其他

影响您购买本书的因素（可多选）：

□内容实用 □价格合理 □装帧设计精美 □带多媒体教学光盘 □优惠促销 □书评广告 □出版社知名度
□作者名气 □工作、生活和学习的需要 □其他

您对本书封面设计的满意程度：

□很满意 □比较满意 □一般 □不满意 □改进建议

您对本书的总体满意程度：

从文字的角度 □很满意 □比较满意 □一般 □不满意

从技术的角度 □很满意 □比较满意 □一般 □不满意

您希望书中图的比例是多少：

□少量的图片辅以大量的文字 □图文比例相当 □大量的图片辅以少量的文字

您希望本书的定价是多少：

本书最令您满意的是：

1.

2.

您在使用本书时遇到哪些困难：

1.

2.

您希望本书在哪些方面进行改进：

1.

2.

您需要购买哪些方面的图书？对我社现有图书有什么好的建议？

您更喜欢阅读哪些类型和层次的计算机书籍（可多选）？

□入门类 □精通类 □综合类 □问答类 □图解类 □查询手册类 □实例教程类

您在学习计算机的过程中有什么困难？

您的其他要求：